"十四五"职业教育国家规划教材   国家职业教育机电一体化技术专业   类课程
教学资源库配套教材

公差选用
与零件测量

（第3版）

▶ 主编　王颖
▶ 副主编　吴萍　魏仕华

中国教育出版传媒集团
高等教育出版社·北京

内容提要

本书是"十四五"职业教育国家规划教材。

本书以培养高素质技术技能人才为出发点,针对高职毕业生从事加工、检测、维修等职业岗位群的实际需要,结合"互换性与技术测量"课程的项目化教学改革实践,按单元组织内容,项目化编排,每单元内容基本由各项目公差的识读、选用和零件测量3个项目组成。每个项目均由任务引领,任务—知识—应用贯穿始终。学生学习后应达到能读图、懂选用、会测量的教学目标。

全书内容包括:零件线性尺寸公差与配合的识读、选用与测量,零件几何公差的识读、选用与测量,零件表面粗糙度的识读、选用与测量,圆锥公差的选用与测量,键公差的选用与测量,普通螺纹的识读、选用与测量,滚动轴承公差与配合的选用,圆柱齿轮传动精度的识读、选用与测量。在关键知识点配有 flash 动画、微课视频、演示操作等数字化资源。

本书可作为高等职业院校机电一体化技术、模具设计与制造技术、数控技术、工业机器人技术船舶工程技术等有关专业的学生用书及从事机械设计与制造的工程技术人员的参考用书。

授课教师如需配套的教学课件等资源,可发送邮件至邮箱 gzjx@ pub.hep.cn 获取。

图书在版编目(CIP)数据

公差选用与零件测量 / 王颖主编. --3 版. --北京:高等教育出版社,2024.2

ISBN 978-7-04-061358-2

Ⅰ.①公… Ⅱ.①王… Ⅲ.①公差-高等职业教育-教材②机械元件-技术测量-高等职业教育-教材 Ⅳ.①TG801

中国国家版本馆 CIP 数据核字(2023)第 211813 号

Gongcha Xuanyong yu Lingjian Celiang

| 策划编辑 吴睿韬 | 责任编辑 吴睿韬 | 封面设计 王 琰 | 版式设计 徐艳妮 |
| 责任绘图 于 博 | 责任校对 张 然 | 责任印制 刁 毅 | |

出版发行	高等教育出版社	网 址	http://www.hep.edu.cn
社 址	北京市西城区德外大街4号		http://www.hep.com.cn
邮政编码	100120	网上订购	http://www.hepmall.com.cn
印 刷	天津嘉恒印务有限公司		http://www.hepmall.com
开 本	850mm×1168mm 1/16		http://www.hepmall.cn
印 张	21	版 次	2013 年 8 月第 1 版
字 数	540 千字		2024 年 2 月第 3 版
购书热线	010-58581118	印 次	2024 年 2 月第 1 次印刷
咨询电话	400-810-0598	定 价	49.80 元

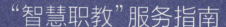

"智慧职教"(www.icve.com.cn)是由高等教育出版社建设和运营的职业教育数字教学资源共建共享平台和在线课程教学服务平台,与教材配套课程相关的部分包括资源库平台、职教云平台和 App 等。用户通过平台注册,登录即可使用该平台。

● 资源库平台:为学习者提供本教材配套课程及资源的浏览服务。

登录"智慧职教"平台,在首页搜索框中搜索"公差选用与零件测量",找到对应作者主持的课程,加入课程参加学习,即可浏览课程资源。

● 职教云平台:帮助任课教师对本教材配套课程进行引用、修改,再发布为个性化课程(SPOC)。

1. 登录职教云平台,在首页单击"新增课程"按钮,根据提示设置要构建的个性化课程的基本信息。

2. 进入课程编辑页面设置教学班级后,在"教学管理"的"教学设计"中"导入"教材配套课程,可根据教学需要进行修改,再发布为个性化课程。

● App:帮助任课教师和学生基于新构建的个性化课程开展线上线下混合式、智能化教与学。

1. 在应用市场搜索"智慧职教 icve"App,下载安装。

2. 登录 App,任课教师指导学生加入个性化课程,并利用 App 提供的各类功能,开展课前、课中、课后的教学互动,构建智慧课堂。

"智慧职教"使用帮助及常见问题解答请访问 help.icve.com.cn。

第3版前言

为深入贯彻落实习近平总书记关于职业教育工作和教材工作的重要指示批示精神,全面贯彻党的教育方针,落实立德树人根本任务,强化教材建设国家事权,突显职业教育类型特色,坚持"统分结合、质量为先、分级规划、动态更新"原则,完善国家和省级职业教育教材规划建设机制,教材的适时更新与不断完善及配套数字化资源的补充势在必行。

本次修订本着"融合课程思政、对接企业案例、跟踪最新国家标准、体现职业教育特点"的原则,在尽量保持教材的"原版特色、组织架构和内容体系"的前提下,努力在建设课程思政内容、跟踪最新国家标准、对接企业工程案例、丰富动画演示、补充操作演示视频、优化教学课件等方面有所突破和更新。修订的主要内容有:

第一,增设了项目目标,设置了每个项目的"知识目标""技能目标"和"素质目标"。

第二,对有关的项目按照国家标准进行更新,教材内容参照最新国家标准编写。

第三,将各实训项目任务与企业真实案例相结合,增加项目任务的工程背景介绍。同时配以企业真实案例的相关实物照片、三维模型图和操作视频,以增加学习的兴趣,激发求知的欲望。

第四,跟踪新技术、新工艺,增加了齿轮测量中心测量齿轮齿形参数的任务及实施教学视频。

第五,增加了零件测量实验活页式工作手册,方便教师根据学校的实际条件和教学要求选择使用。

第六,在教材侧边栏以二维码的形式增加了与项目案例有关的问题和拓展知识,以帮助学生理解项目案例的应用场景和要求,增加感性认知。

第七,在教材侧边栏以二维码的形式融入了"榜样力量""哲言名句"和"警钟长鸣"等课程思政内容。

第八,对第2版中有关排版、编辑、内容等方面存在的纰漏和差错进行订正。通过修订,力求做到概念准确、表述正确、数字精确。

第九,对教材配套的 Flash 动画演示文件、习题答案、教学课件和操作演示视频等数字化资源进行了更新和优化,通过手机扫描二维码可以观看。数字化资源的建设力求做到教学简便、自学方便。

教材的单元一、单元四由泰州职业技术学院魏仕华修订,单元二、单元三、单元五由泰州职业技术学院王颖修订,单元六、单元七、单元八由泰州职业技术学院吴萍修订,补充的相关实验视频拍摄工作主要由江苏泰隆减速机股份有限公司的朱秀文和泰州职业技术学院的王颖、吴萍完成。由王颖负责全书的架构设计、内容修订、进程安排和统稿定稿。

在教材的修订过程中,江苏泰隆减速机股份有限公司和江苏泰源数控机床有限公司提供了协助和技术支持。另外还参考了有关文献、同行的相关教材和动画文件等网络资料。在此对以上单位和资源作者们表示衷心感谢!

由于编者水平有限,加之时间仓促,书中疏漏和不妥之处在所难免,恳请专家、同行和读者批评指正,以尽早修订完善。编者信箱:wlz1022@163.com。

编者

2023 年 7 月

第2版前言

近年来,随着信息技术的迅速发展,教学方法和手段也越来越丰富,本书适时更新与不断完善,其配套数字化资源的建设也势在必行。本次修订本着"形象化、通俗化、实用化"的原则,在尽量保持第1版教材的"原版特色、组织架构和内容体系"不变的前提下,努力在 flash 动画、微课视频、操作演示视频、教学课件等方面有所突破和更新。修订的主要内容有:

1)为加快推进党的二十大精神进教材、进课堂、进头脑,教材基于公差选用与零件测量课程的特质,挖掘课程思政教育的融入点,对教材课程思政内容进行了全面修订。各单元设立教学素养目标,增加拓展阅读等思政学习内容,帮助学生进一步树立正确的思想观念、价值观点、职业道德、工匠精神和爱国主义精神。

2)对第1版教材中有关排版、编辑、内容等方面存在的纰漏和差错进行修正。通过修订,力求做到概念准确、表述正确、数据精确。

3)对有关项目参考的国家标准进行更新。力求达到教材内容参考最新国家标准编写。

4)教材配套建设了相关 flash 动画、微课视频和操作演示视频等数字化资源,扫描二维码可以直接观看。数字化资源的建设力求做到教学简便、自学方便。

本书由泰州职业技术学院王颖、陈静、吴萍、树龙珍、魏仕华和陕西理工大学崔红编写。全书由王颖负责架构设计、修订进程安排和统稿、定稿。

在本书的修订过程中,我们还参考了有关文献及同行的相关教材和 flash 动画文件等网络资料,在此对以上资源作者们表示衷心感谢!

由于编者水平有限,加之时间仓促,书中错漏和不妥之处在所难免,恳请读者批评指正,以尽早修订完善。

编者

2022 年 11 月

第1版前言

"互换性与技术测量"是机电类专业课程体系中一门实用性和操作性很强的专业基础课程。它是联系机械设计课程与机械制造课程的纽带,是基础课学习过渡到专业课学习的桥梁。

本书是在专业建设和课程项目化教学改革的基础上编写而成的。以培养实用型、技能型技术人才为出发点,瞄准高职高专毕业生职业岗位群的实际需要,着重培养高素质技能型人才。

本书执行最新国家标准,结合"互换性与技术测量"课程的项目化教学改革实践,按单元组织内容,项目化编排,每单元内容基本包括各项目公差的识读、选用和零件测量等。教材理论教学以够用为度,实践教学以操作性、针对性为要领,可操作性强,方便教学做一体化、项目化教学的实施,符合职业教育规律和高端技能型人才成长规律。

为适应高职高专机电类大部分专业的需要,本书对大纲中的一些模块做了合理取舍,将难度较大且应用不普遍的内容,如圆锥公差的选用与测量、圆柱齿轮传动精度的选用与测量等知识点加注"*",设为选学内容,学校可根据专业不同,按需选学。为满足学有余力的学生提高和扩大知识面的需要,本教材还配有项目拓展知识。

本书的单元一、单元四由泰州职业技术学院陈静编写,单元二、单元五由泰州职业技术学院王颖编写,单元六、单元八由泰州职业技术学院吴萍编写,单元三、单元七由泰州职业技术学院树龙珍编写。全书由王颖主编并负责统稿和定稿。

在本书编写的过程中,我们还参考了有关文献,在此对文献作者表示衷心感谢!

由于编者水平有限,加之时间仓促,书中错误和不妥之处在所难免,恳请读者批评指正,以尽早修订完善。

编者

2014 年 3 月

目　录

单元三　零件表面粗糙度的识读、选用与测量

*单元四　圆锥公差的选用与测量

单元五　键公差的选用与测量

单元六　普通螺纹的识读、选用与测量

单元七　滚动轴承公差配合的选用

*单元八　圆柱齿轮传动精度的识读、选用与测量

单元一

零件线性尺寸公差与配合的识读、选用与测量

项目一

减速器输出轴尺寸公差与配合的识读

项目目标

知识目标

掌握公称尺寸、极限尺寸、偏差、极限偏差、公差、公差带图等基本术语；

掌握配合的定义及类别，掌握公差与配合图解；

掌握标准公差、基本偏差的概念，理解轴、孔的基本偏差的制定和换算规则，掌握基准制的制定；

掌握配合公差的组成；

了解一般公差——线性尺寸的未注公差。

技能目标

能进行公称尺寸、极限尺寸、极限偏差、公差之间的尺寸换算；

能绘制公差带图，并根据公差带图分析配合性质，会计算极限间隙量和极限过盈量；

能看懂公差带（基本偏差）相对于公称尺寸位置的示意说明，能查阅标准公差数值表和孔、轴基本偏差数值表；

会计算配合公差；

能在图样上正确标注孔、轴公差。

素质目标

培养认识量变引起质变规律以及严谨治学的学习态度；

培养敬业爱岗和攻坚克难的工作作风。

项目任务与要求

任务一

如图 1-1-1 所示为一减速器输出轴,图样给出了输出轴各尺寸公差要求,本任务的要求是:

（1）$\phi45m6$、$\phi55j6$、$\phi60r6$ 等直径尺寸数字后面的字母及数字表示什么意思?
36、57、12 长度尺寸和 $\phi52$ 等直径尺寸有公差要求吗?

（2）计算 $\phi45m6$、$\phi55j6$、$\phi60r6$ 的极限尺寸。

（3）绘制 $\phi45m6$、$\phi55j6$、$\phi60r6$ 的公差带图。

📱 拓展阅读
互换性的精度
要求

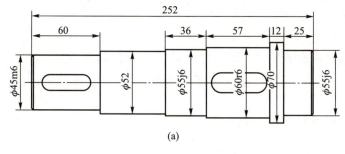

(a)

(b)

图 1-1-1　减速器输出轴

任务二

试用查表法确定配合 $\phi32H7/p6$ 中孔和轴的极限偏差,计算该配合的极限过盈,并画出公差带图。

项目预备知识

互换性是指事物之间可以相互替换的性能。在机械制造业中,零部件的互换性包括几何量、力学性能和物理化学性能等方面的互换性。本书仅讨论几何量的互换性。

为了使零件具有互换性,应保证零件的尺寸、几何形状和相互位置以及表面粗糙度等的一致性。对尺寸的一致性而言,是指要求把尺寸控制在某一合理的范围之内。这个范围既要满足零件的使用要求,又要在制造上经济合理,因此就产生了"线性尺寸公差 ISO 代号体系"制度。

一、线性尺寸公差与配合的基本术语和定义

📱 微课扫一扫
尺寸、偏差与公差

1. 孔和轴的定义

（1）孔:工件的内尺寸要素,包括非圆柱形的内尺寸要素。

（2）轴:工件的外尺寸要素,包括非圆柱形的外尺寸要素。

由单一尺寸所形成的内、外表面如图 1-1-2 所示,该图是孔和轴的定义示意图。

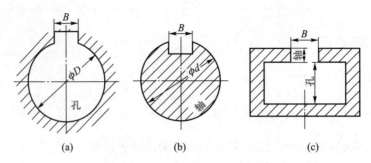

图 1-1-2   孔和轴的定义示意图

2. 有关尺寸的术语和定义

（1）尺寸

尺寸是指以特定单位表示线性尺寸值的数值。如直径、半径、长度、宽度、高度、深度等都是尺寸。尺寸表示长度的大小，由数字和长度单位（如 mm）组成。

（2）公称尺寸（D、d）

公称尺寸是指由图样规范定义的理想形状要素的尺寸。通过它应用上、下极限偏差可算出极限尺寸，用 D 和 d 表示，孔用大写字母，轴用小写字母。公称尺寸可以是一个整数或是一个小数值。

（3）组成要素

组成要素是属于工件的实际表面或表面模型的几何要素。

（4）实际尺寸

实际尺寸是拟合组成要素的尺寸，也是通过测量得到的尺寸。

（5）极限尺寸

极限尺寸是指尺寸要素的尺寸所允许的极限值。尺寸要素允许的最大尺寸称为上极限尺寸，孔、轴的上极限尺寸分别用 D_{max}、d_{max} 表示；尺寸要素允许的最小尺寸称为下极限尺寸，孔、轴的下极限尺寸分别用 D_{min}、d_{min} 表示，如图 1-1-3 所示。

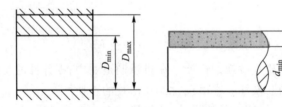

图 1-1-3   极限尺寸

实际尺寸位于上、下极限尺寸之间，并包含极限尺寸。

3. 有关公差、极限偏差和偏差的术语和定义

（1）偏差

偏差是指某值与其参考值之差。对于尺寸偏差，参考值是公称尺寸，某值是实际尺寸。

尺寸、偏差与公差

（2）极限偏差

极限偏差是相对于公称尺寸的上极限偏差和下极限偏差。孔的上、下极限偏差代号分别用大写字母 ES、EI 表示，轴的上、下极限偏差代号分别用小写字母 es、ei 表示，如图 1-1-4 所示。

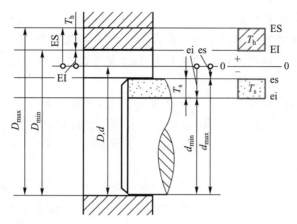

图 1-1-4　公称尺寸、极限尺寸、极限偏差与公差

上极限尺寸减其公称尺寸所得的代数差称为上极限偏差（ES、es），下极限尺寸减其公称尺寸所得的代数差称为下极限偏差（EI、ei），即

孔的上、下极限偏差　　　　　　$ES = D_{max} - D$　　　　$EI = D_{min} - D$

轴的上、下极限偏差　　　　　　$es = d_{max} - d$　　　　$ei = d_{min} - d$

由于极限尺寸可以大于、等于或小于公称尺寸，所以极限偏差可以为正、零或负值。极限偏差值除零外，应标上相应的"＋"号或"－"号。尤其应注意，当极限偏差值为正时，"＋"号不能省略。

极限偏差用于控制偏差。

（3）公差

公差是指上极限尺寸减下极限尺寸之差，也是上极限偏差减下极限偏差之差。它是允许尺寸的变动量，公差是一个没有正负号的绝对值，如图 1-1-4 所示。

孔的公差　　　　$T_h = |D_{max} - D_{min}| = |ES - EI|$

轴的公差　　　　$T_s = |d_{max} - d_{min}| = |es - ei|$

（4）公差带图

公差带的图解方式简称为公差带图。用公差带的大小和相互位置表示尺寸、极限偏差和公差大小及配合性质。如图 1-1-4 所示为孔和轴公差带的详细画法，如图 1-1-5 所示的尺寸公差带图为孔公差带和轴公差带的简化画法。

微课扫一扫
尺寸公差带图

（5）公差带

确定允许值上界限和/或下界限的特定值称为公差极限。

公差带就是公差极限之间（含公差极限）的尺寸变动值。它由代表上极限偏差和下极限偏差或上极限尺寸和下极限尺寸的两条直线所限定的一个区域。如图 1-1-4、图 1-1-5 所示孔、轴的公差带。

公差带图中，尺寸的单位用 mm 表示，极限偏差和公差的单位可用 mm 也可用 μm 表示。

由图 1-1-5 可知，公差带由公差带大小和相对于公称尺寸的位置确定。在公差带图中前者由公差数值的大小确定，后者由最接近公称尺寸的那个上极限偏差或下极限偏差来确定。

（6）偏差、极限偏差与公差的比较

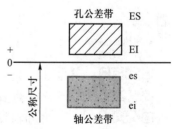

图 1-1-5　尺寸公差带图

① 数值上的偏差是指某值与参考值之差,尺寸偏差是指实际尺寸与公称尺寸之差,可为正值、负值或零;极限偏差是极限尺寸减公称尺寸所得的代数差,同样可为正值、负值或零;而公差是上极限尺寸减下极限尺寸之差,是一个没有正负号的绝对值,由于加工误差不可避免,故公差值不能为零,只能是正值。

② 从公差带图看,极限偏差是边界值,是指上下两个边界值,用于限制偏差,是判别尺寸是否合格的依据,确定公差带相对公称尺寸的位置,影响配合的松紧;而公差是介于上下边界范围的高度值,用于限制尺寸误差大小,确定公差带大小,影响配合的精度。

③ 工艺上的尺寸偏差取决于加工时机床的调整(进刀),不反映加工难易的程度,而公差反映零件尺寸制造精度的大小,即加工制造的难易程度,公差值越小,制造精度越高,制造难度也越高。

4. 有关配合的术语和定义

(1) 配合

配合是指类型相同且待装配的外尺寸要素(轴)和内尺寸要素(孔)之间的关系。根据孔和轴公差带之间的不同关系,配合可分为间隙配合、过盈配合和过渡配合三大类。

(2) 间隙或过盈

当轴的直径小于孔的直径时,孔和轴的尺寸之差为正值时称为间隙,用符号 X 表示;当轴的直径大于孔的直径时,相配孔和轴的尺寸之差为负值时称为过盈,用符号 Y 表示。

(3) 间隙配合

孔和轴配合时总是存在间隙的配合称为间隙配合。此时,孔的公差带在轴的公差带之上,如图 1-1-6 所示。

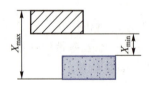
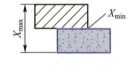

图 1-1-6　间隙配合

间隙配合的性质用最大间隙 $X_{\max}$、最小间隙 $X_{\min}$ 和平均间隙 X_{av} 来表示,即

$$X_{\max} = D_{\max} - d_{\min} = \mathrm{ES} - \mathrm{ei}$$

$$X_{\min} = D_{\min} - d_{\max} = \mathrm{EI} - \mathrm{es}$$

$$X_{\mathrm{av}} = \frac{X_{\max} + X_{\min}}{2}$$

(4) 过盈配合

孔和轴装配时总是存在过盈的配合称为过盈配合。此时,孔的公差带在轴的公差带之下,如图 1-1-7 所示。

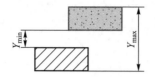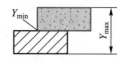

图 1-1-7　过盈配合

过盈配合的性质用最大过盈 Y_{max}、最小过盈 Y_{min} 和平均过盈 Y_{av} 来表示,即

$$Y_{min} = D_{max} - d_{min} = ES - ei$$
$$Y_{max} = D_{min} - d_{max} = EI - es$$
$$Y_{av} = \frac{Y_{max} + Y_{min}}{2}$$

（5）过渡配合

孔和轴装配时可能具有间隙或过盈的配合称为过渡配合。此时,孔的公差带与轴的公差带相互交叠,如图 1-1-8 所示。它是介于间隙配合和过盈配合之间的一类配合,但其间隙或过盈都不大。

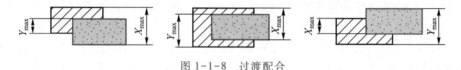

图 1-1-8　过渡配合

过渡配合的性质用最大间隙 X_{max}、最大过盈 Y_{max} 和平均间隙 X_{av} 或平均过盈 Y_{av} 来表示,即

$$X_{av}（或\ Y_{av}）= \frac{X_{max} + Y_{max}}{2}$$

按上式计算,所得的值为正时是平均间隙,表示偏松的过渡配合;所得值为负时是平均过盈,表示偏紧的过渡配合。

（6）配合公差（T_f）

组成配合的两个尺寸要素的公差之和称为配合公差,它表示配合所允许的变动量。配合公差是一个没有符号的绝对值,用代号 T_f 表示。由简单推导可得出:

对于间隙配合　　　　$T_f = |X_{max} - X_{min}| = T_h + T_s$

对于过盈配合　　　　$T_f = |Y_{min} - Y_{max}| = T_h + T_s$

对于过渡配合　　　　$T_f = |X_{max} - Y_{max}| = T_h + T_s$

由此可知,对于各类配合,其配合公差都等于相互配合的孔公差和轴公差之和。说明配合精度的高低是由相互配合的孔和轴的精度所决定的。故配合精度要求越高,孔和轴的加工越难,其制造成本也越高。

二、线性尺寸公差 ISO 代号体系国家标准

为了实现互换性生产,极限与配合应标准化。极限与配合的国家标准主要是由 GB/T 1800.1—2020《产品几何技术规范（GPS）　线性尺寸公差 ISO 代号体系　第 1 部分:公差、偏差和配合的基础》、GB/T 1800.2—2020《产品几何技术规范（GPS）　线性尺寸公差 ISO 代号体系　第 2 部分:标准公差带代号和孔、轴的极限偏差表》两项标准组成,这两项标准包括公差、偏差和配合的基础,标准公

差带代号和孔、轴极限偏差表两部分,它们是机械行业重要的基础标准,在整个产品几何技术规范体系中占有重要地位。

1. 标准公差系列

标准公差是线性尺寸公差 ISO 代号体系中的任一公差,用以确定公差带大小,"IT"表示"国际公差"。

（1）标准公差等级及其标示符

标准公差等级:用常用标示符表征的线性尺寸公差组。在线性尺寸公差 ISO 代号体系中,标准公差等级标示符由 IT 及其之后的数字组成,如 IT8。同一公差等级对所有公称尺寸的一组公差被认为具有同等精确程度,也就是确定尺寸精确程度的等级。当其与表示基本偏差标示符的字母一起组成公差带代号时,省略 IT 字母,如 H6。

标准公差等级分 IT01、IT0、IT1、IT2…IT18,共 20 级。

国家标准规定和划分公差等级的目的是为了简化和统一对公差的要求,使规定的等级既能满足不同的使用要求,又能大致表示各种加工方法的精度,从而既有利于设计,又有利于制造。

（2）标准公差数值

在实际应用中,标准公差数值可根据公称尺寸和公差等级直接查表得出,见表 1-1-1,而不必另行计算(计算方法见项目知识拓展)。

从表 1-1-1 中可以看到,同一公差等级的不同公称尺寸段,其标准公差值虽不相等,但其精度和加工难易程度应理解为相等。对于同一公称尺寸,从 IT01 至 IT18,等级数字依次增大,相应的标准公差数值也依次增大,而精度和加工难度逐级降低,加工成本也逐级降低。

2. 基本偏差系列

基本偏差是指确定公差带相对公称尺寸位置的那个极限偏差。它可以是上极限偏差或下极限偏差,一般为最接近公称尺寸的那个极限偏差。设置基本偏差是为了将公差带相对于公称尺寸的位置标准化,以满足各种不同配合性质的需要。

（1）基本偏差标示符及其特点

国家标准 GB/T 1800.1—2020 对孔和轴分别规定了 28 种基本偏差,其标示符用英文字母表示,大写表示孔,小写表示轴。28 种基本偏差标示符,由 26 个英文字母中去掉 5 个容易与其他含义混淆的字母 I(i)、L(l)、O(o)、Q(q)、W(w),再加上 7 个双写字母 CD(cd)、EF(ef)、FG(fg)、JS(js)、ZA(za)、ZB(zb)、ZC(zc)组成。这 28 种基本偏差标示符反映 28 种公差带的位置,如图 1-1-9 所示为孔、轴公差带(基本偏差)相对于公称尺寸位置的示意说明。

图 1-1-9 中,仅绘出了公差带一端的界线,而公差带另一端的界线未绘出。它将取决于公差带的标准公差等级和基本偏差的组合,这个组合称为公差带代号,它由基本偏差标示符与标准公差等级数字组成。因此,任何一个公差带都用公差带代号表示,如孔公差带代号 H7、P8,轴公差带代号 h6、m7 等。

对所有公差带,当位于 0 线上方时,基本偏差为下极限偏差 EI(对孔)或 ei(对轴);当位于 0 线下方时,基本偏差为上极限偏差 ES(对孔)或 es(对轴)。

孔的基本偏差从 A 到 H 为下极限偏差 EI,从 J 到 ZC 为上极限偏差 ES。轴的基本偏差从 a 到 h 为上极限偏差 es,从 j 到 zc 为下极限偏差 ei。其中 JS、js 特殊,形成的公差带在各个公差等级中,完全对称于 0 线,故上极限偏差 $+\dfrac{\mathrm{IT}n}{2}$ 或下极限偏差 $-\dfrac{\mathrm{IT}n}{2}$ 均可为基本偏差。

表 1-1-1　标准公差数值（摘自 GB/T 1800.1—2020）

公称尺寸/mm		标准公差等级																			
大于	至	IT01	IT0	IT1	IT2	IT3	IT4	IT5	IT6	IT7	IT8	IT9	IT10	IT11	IT12	IT13	IT14	IT15	IT16	IT17	IT18
		μm													mm						
—	3	0.3	0.5	0.8	1.2	2	3	4	6	10	14	25	40	60	0.10	0.14	0.25	0.40	0.60	1.0	1.4
3	6	0.4	0.6	1	1.5	2.5	4	5	8	12	18	30	48	75	0.12	0.18	0.30	0.48	0.75	1.2	1.8
6	10	0.4	0.6	1	1.5	2.5	4	6	9	15	22	36	58	90	0.15	0.22	0.36	0.58	0.90	1.5	2.2
10	18	0.5	0.8	1.2	2	3	5	8	11	18	27	43	70	110	0.18	0.27	0.43	0.70	1.10	1.8	2.7
18	30	0.6	1	1.5	2.5	4	6	9	13	21	33	52	84	130	0.21	0.33	0.52	0.84	1.30	2.1	3.3
30	50	0.6	1	1.5	2.5	4	7	11	16	25	39	62	100	160	0.25	0.39	0.62	1.00	1.60	2.5	3.9
50	80	0.8	1.2	2	3	5	8	13	19	30	46	74	120	190	0.30	0.46	0.74	1.20	1.90	3.0	4.6
80	120	1	1.5	2.5	4	6	10	15	22	35	54	87	140	220	0.35	0.54	0.87	1.40	2.20	3.5	5.4
120	180	1.2	2	3.5	5	8	12	18	25	40	63	100	160	250	0.40	0.63	1.00	1.60	2.50	4.0	6.3
180	250	2	3	4.5	7	10	14	20	29	46	72	115	185	290	0.46	0.72	1.15	1.85	2.90	4.6	7.2
250	315	2.5	4	6	8	12	16	23	32	52	81	130	210	320	0.52	0.81	1.30	2.10	3.20	5.2	8.1
315	400	3	5	7	9	13	18	25	36	57	89	140	230	360	0.57	0.89	1.40	2.30	3.60	5.7	8.9
400	500	4	6	8	10	15	20	27	40	63	97	155	250	400	0.63	0.97	1.55	2.50	4.00	6.3	9.7

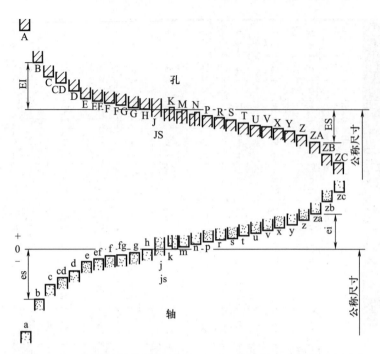

动画
孔、轴公差带（基本偏差）相对于公称尺寸位置的示意说明

图 1-1-9　孔、轴公差带（基本偏差）相对于公称尺寸位置的示意说明

基本偏差中 H 和 h 的基本偏差为 0。

（2）轴的基本偏差的确定

轴的基本偏差数值是以基孔制配合为基础，根据各种配合性质经过理论计算、实验和统计分析得到的，见表 1-1-2。

当轴的基本偏差确定后，轴的另一个极限偏差可根据如下公式计算，即

$$对 a\sim h，ei=es-T_s$$
$$对 j\sim zc，es=ei+T_s$$

（3）孔的基本偏差的确定

孔的基本偏差是由轴的基本偏差换算得到，见表 1-1-3。一般对同一字母的孔的基本偏差与轴的基本偏差相对于 0 线是完全对称的，如图 1-1-9 所示。所以，同一字母的孔与轴的基本偏差对应（如 F 对应 f）时，孔和轴的基本偏差的绝对值相等，而符号相反，即

$$EI=-es \quad 或 \quad ES=-ei$$

上述规则适用于所有孔的基本偏差，但下列情况除外：

公称尺寸>3~500 mm，标准公差等级≤IT8 的 K~N 和标准公差等级≤IT7 的 P~ZC，孔和轴的基本偏差的符号相反，而绝对值相差一个 Δ 值，即

$$\begin{cases} ES=-ei（计算值）+\Delta \\ \Delta=IT_n-IT_{(n-1)} \end{cases}$$

当孔的基本偏差确定后，孔的另一个极限偏差可根据如下公式计算，即

$$对 A\sim H，ES=EI+T_h$$
$$对 J\sim ZC，EI=ES-T_h$$

3. 配合制

（1）基孔制配合

孔的基本偏差为零的配合，即其下极限偏差等于零，孔的下极限尺寸与公称尺寸相同的配合制，如图 1-1-10a 所示。基孔制配合的孔为基准孔，用基本偏差 H 表示，它是配合的基准件，而轴是非基准件。

（2）基轴制配合

轴的基本偏差为零的配合，即其上极限偏差等于零，轴的上极限尺寸与公称尺寸相同的配合制，如图 1-1-10b 所示。基轴制配合的轴为基准轴，用基本偏差 h 表示，它是配合的基准件，而孔是非基准件。

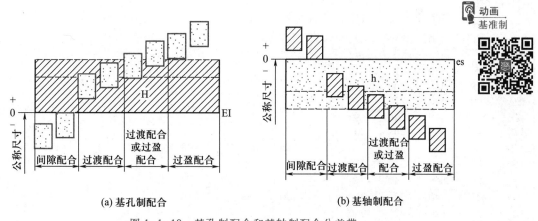

（a）基孔制配合　　　　　　　（b）基轴制配合

图 1-1-10　基孔制配合和基轴制配合公差带

4. 配合制中基本偏差的构成规律

图 1-1-10 中公差带的边界值，水平实线表示孔和轴的基本偏差，虚线表示另一极限偏差，与配合的公差等级有关。

基孔制配合和基轴制配合是规定配合系列的基础。按照孔、轴公差带相对位置的不同，基孔制和基轴制都有间隙配合、过渡配合和过盈配合三类。由图 1-1-9 可看出，一般地，A~H、a~h 与基准件配合时可得到间隙配合；J~N、j~n 与基准件配合时可得到过渡配合；P~ZC、p~zc 与基准件配合时可得到过盈配合。但在 N、P、n、p 这 4 种基本偏差中存在过渡配合与过盈配合交替的情况，如 H7 与 n6 相配形成过渡配合，而 H6 与 n5 相配形成过盈配合；h6 与 N7 相配形成过渡配合，而 h5 与 N6 相配形成过盈配合。

三、一般公差——线性尺寸的未注公差

线性尺寸的一般公差是指在普通工艺条件下，机床设备一般加工能力可保证的公差。在正常维护和操作情况下，它代表经济加工精度，主要用于低精度的非配合尺寸。采用一般公差的尺寸在车间正常生产能保证的条件下，一般可不检验，而主要由工艺装备和加工者自行控制。应用一般公差可简化制图、节省图样设计时间、明确可由一般工艺水平保证的尺寸、突出图样上注出公差的尺寸（这些尺寸大多数是重要而且需要控制的）。

GB/T 1804—2000《一般公差　未注公差的线性和角度尺寸的公差》对线性尺寸的一般公差规定了 4 个公差等级，即 f（精密级）、m（中等级）、c（粗糙级）和 v（最粗级），并对尺寸也采用了大的尺寸

表 1-1-2　轴的基本偏差数值

基本

公称尺寸 /mm		上极限偏差 es　所有标准公差等级												IT5 和 IT6	IT7	IT8	IT4 和 IT7
大于	至	a	b	c	cd	d	e	ef	f	fg	g	h	js	j	j	j	k
−	3	−270	−140	−60	−34	−20	−14	−10	−6	−4	−2	0		−2	−4	−6	0
3	6	−270	−140	−70	−46	−30	−20	−14	−10	−6	−4	0		−2	−4		+1
6	10	−280	−150	−80	−56	−40	−25	−18	−13	−8	−5	0		−2	−5		+1
10	14	−290	−150	−95		−50	−32		−16		−6	0		−3	−6		+1
14	18	−290	−150	−95		−50	−32		−16		−6	0		−3	−6		+1
18	24	−300	−160	−110		−65	−40		−20		−7	0		−4	−8		+2
24	30	−300	−160	−110		−65	−40		−20		−7	0		−4	−8		+2
30	40	−310	−170	−120		−80	−50		−25		−9	0		−5	−10		+2
40	50	−320	−180	−130		−80	−50		−25		−9	0		−5	−10		+2
50	65	−340	−190	−140		−100	−60		−30		−10	0		−7	−12		+2
65	80	−360	−200	−150		−100	−60		−30		−10	0		−7	−12		+2
80	100	−380	−220	−170		−120	−72		−36		−12	0		−9	−15		+3
100	120	−410	−240	−180		−120	−72		−36		−12	0		−9	−15		+3
120	140	−460	−260	−200		−145	−85		−43		−14	0		−11	−18		+3
140	160	−520	−280	−210		−145	−85		−43		−14	0		−11	−18		+3
160	180	−580	−310	−230		−145	−85		−43		−14	0		−11	−18		+3
180	200	−660	−340	−240		−170	−100		−50		−15	0		−13	−21		+4
200	225	−740	−380	−260		−170	−100		−50		−15	0		−13	−21		+4
225	250	−820	−420	−280		−170	−100		−50		−15	0		−13	−21		+4
250	280	−920	−480	−300		−190	−110		−56		−17	0		−16	−26		+4
280	315	−1050	−540	−330		−190	−110		−56		−17	0		−16	−26		+4
315	355	−1200	−600	−360		−210	−125		−62		−18	0		−18	−28		+4
355	400	−1350	−680	−400		−210	−125		−62		−18	0		−18	−28		+4
400	450	−1500	−760	−440		−230	−135		−68		−20	0		−20	−32		+5
450	500	−1650	−840	−480		−230	−135		−68		−20	0		−20	−32		+5
500	560					−260	−145		−76		−22	0					0
560	630					−260	−145		−76		−22	0					0
630	710					−290	−160		−80		−24	0					0
710	800					−290	−160		−80		−24	0					0
800	900					−320	−170		−86		−26	0					0
900	1 000					−320	−170		−86		−26	0					0
1 000	1 120					−350	−195		−98		−28	0					0
1 120	1 250					−350	−195		−98		−28	0					0
1 250	1 400					−390	−220		−110		−30	0					0
1 400	1 600					−390	−220		−110		−30	0					0
1 600	1 800					−430	−240		−120		−32	0					0
1 800	2 000					−430	−240		−120		−32	0					0
2 000	2 240					−480	−260		−130		−34	0					0
2 240	2 500					−480	−260		−130		−34	0					0
2 500	2 800					−520	−290		−145		−38	0					0
2 800	3 150					−520	−290		−145		−38	0					0

js 列：偏差 = ±ITn/2，式中 ITn 是 IT 值数

注：1. 公称尺寸小于或等于 1 mm 时，基本偏差 a 和 b 均不采用。

2. 公差带代号 js7 至 js11，若 ITn 值数是奇数，则取偏差 $= \pm \dfrac{IT_{n-1}}{2}$。

（摘自 GB/T 1800.1—2020）　　　　　　　　　　　　　　　　　　　　　　μm

偏差数值

下极限偏差 ei — 所有标准公差等级（≤IT3、>IT7）

k	m	n	p	r	s	t	u	v	x	y	z	za	zb	zc
0	+2	+4	+6	+10	+14		+18		+20		+26	+32	+40	+60
0	+4	+8	+12	+15	+19		+23		+28		+35	+42	+50	+80
0	+6	+10	+15	+19	+23		+28		+34		+42	+52	+67	+97
0	+7	+12	+18	+23	+28		+33		+40		+50	+64	+90	+130
								+39	+45		+60	+77	+108	+150
0	+8	+15	+22	+28	+35		+41	+47	+54	+63	+73	+98	+136	+188
						+41	+48	+55	+64	+75	+88	+118	+160	+218
0	+9	+17	+26	+34	+43	+48	+60	+68	+80	+94	+112	+148	+200	+274
						+54	+70	+81	+97	+114	+136	+180	+242	+325
0	+11	+20	+32	+41	+53	+66	+87	+102	+122	+144	+172	+226	+300	+405
				+43	+59	+75	+102	+120	+146	+174	+210	+274	+360	+480
0	+13	+23	+37	+51	+71	+91	+124	+146	+178	+214	+258	+335	+445	+585
				+54	+79	+104	+144	+172	+210	+254	+310	+400	+525	+690
0	+15	+27	+43	+63	+92	+122	+170	+202	+248	+300	+365	+470	+620	+800
				+65	+100	+134	+190	+228	+280	+340	+415	+535	+700	+900
				+68	+108	+146	+210	+252	+310	+380	+465	+600	+780	+1 000
0	+17	+31	+50	+77	+122	+166	+236	+284	+350	+425	+520	+670	+880	+1 150
				+80	+130	+180	+258	+310	+385	+470	+575	+740	+960	+1 250
				+84	+140	+196	+284	+340	+425	+520	+640	+820	+1 050	+1 350
0	+20	+34	+56	+94	+158	+218	+315	+385	+475	+580	+710	+920	+1 200	+1 550
				+98	+170	+240	+350	+425	+525	+650	+790	+1 000	+1 300	+1 700
0	+21	+37	+62	+108	+190	+268	+390	+475	+590	+730	+900	+1 150	+1 500	+1 900
				+114	+208	+294	+435	+530	+660	+820	+1 000	+1 300	+1 650	+2 100
0	+23	+40	+68	+126	+232	+330	+490	+595	+740	+920	+1 100	+1 450	+1 850	+2 400
				+132	+252	+360	+540	+660	+820	+1 000	+1 250	+1 600	+2 100	+2 600
0	+26	+44	+78	+150	+280	+400	+600							
				+155	+310	+450	+660							
0	+30	+50	+88	+175	+340	+500	+740							
				+185	+380	+560	+840							
0	+34	+56	+100	+210	+430	+620	+940							
				+220	+470	+680	+1 050							
0	+40	+66	+120	+250	+520	+780	+1 150							
				+260	+580	+840	+1 300							
0	+48	+78	+140	+300	+640	+960	+1 450							
				+330	+720	+1 050	+1 600							
0	+58	+92	+170	+370	+820	+1 200	+1 850							
				+400	+920	+1 350	+2 000							
0	+68	+110	+195	+440	+1 000	+1 500	+2 300							
				+460	+1 100	+1 650	+2 500							
0	+76	+135	+240	+550	+1 250	+1 900	+2 900							
				+580	+1 400	+2 100	+3 200							

表 1-1-3　孔的基本偏差

基本偏差

公称尺寸/mm 大于	至	A	B	C	CD	D	E	EF	F	EG	G	H	JS	J (IT6)	J (IT7)	J (IT8)	K (≤IT8)	K (>IT8)	M (≤IT8)	M (>IT8)	N (≤IT8)	N (>IT8)
−	3	+270	+140	+60	+34	+20	+14	+10	+6	+4	+2	0		+2	+4	+6	0	0	−2	−2	−4	−4
3	6	+270	+140	+70	+46	+30	+20	+14	+10	+6	+4	0		+5	+6	+10	−1+Δ		−4+Δ	−4	−8+Δ	0
6	10	+280	+150	+80	+56	+40	+25	+18	+13	+8	+5	0		+5	+8	+12	−1+Δ		−6+Δ	−6	−10+Δ	0
10	14	+290	+150	+95		+50	+32		+16		+6	0		+6	+10	+15	−1+Δ		−7+Δ	−7	−12+Δ	0
14	18	+290	+150	+95		+50	+32		+16		+6	0		+6	+10	+15	−1+Δ		−7+Δ	−7	−12+Δ	0
18	24	+300	+160	+110		+65	+40		+20		+7	0		+8	+12	+20	−2+Δ		−8+Δ	−8	−15+Δ	0
24	30	+300	+160	+110		+65	+40		+20		+7	0		+8	+12	+20	−2+Δ		−8+Δ	−8	−15+Δ	0
30	40	+310	+170	+120		+80	+50		+25		+9	0		+8	+14	+24	−2+Δ		−9+Δ	−9	−17+Δ	0
40	50	+320	+180	+130		+80	+50		+25		+9	0		+8	+14	+24	−2+Δ		−9+Δ	−9	−17+Δ	0
50	65	+340	+190	+140		+100	+60		+30		+10	0		+10	+18	+28	−2+Δ		−11+Δ	−11	−20+Δ	0
65	80	+360	+200	+150		+100	+60		+30		+10	0		+10	+18	+28	−2+Δ		−11+Δ	−11	−20+Δ	0
80	100	+380	+220	+170		+120	+72		+36		+12	0		+13	+22	+34	−3+Δ		−13+Δ	−13	−23+Δ	0
100	120	+410	+240	+180		+120	+72		+36		+12	0		+13	+22	+34	−3+Δ		−13+Δ	−13	−23+Δ	0
120	140	+460	+260	+200		+145	+85		+43		+14	0		+16	+26	+41	−3+Δ		−15+Δ	−15	−27+Δ	0
140	160	+520	+280	+210		+145	+85		+43		+14	0		+16	+26	+41	−3+Δ		−15+Δ	−15	−27+Δ	0
160	180	+580	+310	+230		+145	+85		+43		+14	0		+16	+26	+41	−3+Δ		−15+Δ	−15	−27+Δ	0
180	200	+660	+340	+240		+170	+100		+50		+15	0		+18	+30	+47	−4+Δ		−17+Δ	−17	−31+Δ	0
200	225	+740	+380	+260		+170	+100		+50		+15	0		+18	+30	+47	−4+Δ		−17+Δ	−17	−31+Δ	0
225	250	+820	+420	+280		+170	+100		+50		+15	0		+18	+30	+47	−4+Δ		−17+Δ	−17	−31+Δ	0
250	280	+920	+480	+300		+190	+110		+56		+17	0		+22	+36	+55	−4+Δ		−20+Δ	−20	−34+Δ	0
280	315	+1 050	+540	+330		+190	+110		+56		+17	0		+22	+36	+55	−4+Δ		−20+Δ	−20	−34+Δ	0
315	355	+1 200	+600	+360		+210	+125		+62		+18	0		+25	+39	+60	−4+Δ		−21+Δ	−21	−37+Δ	0
355	400	+1 350	+680	+400		+210	+125		+62		+18	0		+25	+39	+60	−4+Δ		−21+Δ	−21	−37+Δ	0
400	450	+1 500	+760	+440		+230	+135		+68		+20	0		+29	+43	+66	−5+Δ		−23+Δ	−23	−40+Δ	0
450	500	+1 650	+840	+480		+230	+135		+68		+20	0		+29	+43	+66	−5+Δ		−23+Δ	−23	−40+Δ	0
500	560					+260	+145		+76		+22	0		+33			0		−26		−44	
560	630					+260	+145		+76		+22	0		+33			0		−26		−44	
630	710					+290	+160		+80		+24	0					0		−30		−50	
710	800					+290	+160		+80		+24	0					0		−30		−50	
800	900					+320	+170		+86		+26	0					0		−34		−56	
900	1 000					+320	+170		+86		+26	0					0		−34		−56	
1 000	1 120					+350	+195		+98		+28	0					0		−40		−66	
1 120	1 250					+350	+195		+98		+28	0					0		−40		−66	
1 250	1 400					+390	+220		+110		+30	0					0		−48		−78	
1 400	1 600					+390	+220		+110		+30	0					0		−48		−78	
1 600	1 800					+430	+240		+120		+32	0					0		−58		−92	
1 800	2 000					+430	+240		+120		+32	0					0		−58		−92	
2 000	2 240					+480	+260		+130		+34	0					0		−68		−110	
2 240	2 500					+480	+260		+130		+34	0					0		−68		−110	
2 500	2 800					+520	+290		+145		+38	0					0		−76		−135	
2 800	3 150					+520	+290		+145		+38	0					0		−76		−135	

（JS 列：偏差 = ±ITn/2，式中 ITn 是 IT 值数）

注：1. 公称尺寸小于或等于 1 mm 时，基本偏差 A 和 B 及大于 IT8 的 N 均不采用。

2. 公差带代号 JS7 至 JS11，若 ITn 数值是奇数，则取偏差 $= \pm \dfrac{IT_{n-1}}{2}$。

3. 对小于或等于 IT8 的 K、M、N 和小于或等于 IT7 的 P 至 ZC，所需 Δ 值从表内右侧选取。例如，18~30 mm 段的 K7：Δ = 8 μm，所以 ES = (−2+8) μm = +6 μm；18~30 mm 段的 S6：Δ = 4 μm，所以 ES = (−35+4) μm = −31 μm。

4. 特殊情况：250~315 mm 段的 M6，ES = −9 μm（代替−11 μm）。

（摘自 GB/T 1800.1—2020）　　　　　　　　　　　　　　　　μm

上极限偏差 ES（数值）；Δ值。标准公差等级：≤IT7 列为 P；大于 IT7 列为 R 至 ZC。左侧说明：在大于 IT7 的相应数值上增加一个 Δ值。

P (≤IT7)	R	S	T	U	V	X	Y	Z	ZA	ZB	ZC	IT3	IT4	IT5	IT6	IT7	IT8
−6	−10	−14		−18		−20		−26	−32	−40	−60	0	0	0	0	0	0
−12	−15	−19		−23		−28		−35	−42	−50	−80	1	1.5	1	3	4	6
−15	−19	−23		−28		−34		−42	−52	−67	−97	1	1.5	2	3	6	7
−18	−23	−28				−40		−50	−64	−90	−130	1	2	3	3	7	9
				−39		−45		−60	−77	−108	−150						
−22	−28	−35		−41	−47	−54	−63	−73	−98	−136	−188	1.5	2	3	4	8	12
			−41	−48	−55	−64	−75	−88	−118	−160	−218						
−26	−34	−43	−48	−60	−68	−80	−94	−112	−148	−200	−274	1.5	3	4	5	9	14
			−54	−70	−81	−97	−114	−136	−180	−242	−325						
−32	−41	−53	−66	−87	−102	−122	−144	−172	−226	−300	−405	2	3	5	6	11	16
	−43	−59	−75	−102	−120	−146	−174	−210	−274	−360	−480						
−37	−51	−71	−91	−124	−146	−178	−214	−258	−335	−445	−585	2	4	5	7	13	19
	−54	−79	−104	−144	−172	−210	−254	−310	−400	−525	−690						
−43	−63	−92	−122	−170	−202	−248	−300	−365	−470	−620	−800	3	4	6	7	15	23
	−65	−100	−134	−190	−228	−280	−340	−415	−535	−700	−900						
	−68	−108	−146	−210	−252	−310	−380	−465	−600	−780	−1 000						
−50	−77	−122	−166	−236	−284	−350	−425	−520	−670	−880	−1 150	3	4	6	9	17	26
	−80	−130	−180	−258	−310	−385	−470	−575	−740	−960	−1 250						
	−84	−140	−196	−284	−340	−425	−520	−640	−820	−1 050	−1 350						
−56	−94	−158	−218	−315	−385	−475	−580	−710	−920	−1 200	−1 550	4	4	7	9	20	29
	−98	−170	−240	−350	−425	−525	−650	−790	−1 000	−1 300	−1 700						
−62	−108	−190	−268	−390	−475	−590	−730	−900	−1 150	−1 500	−1 900	4	5	7	11	21	32
	−114	−208	−294	−435	−530	−660	−820	−1 000	−1 300	−1 650	−2 100						
−68	−126	−232	−330	−490	−595	−740	−920	−1 100	−1 450	−1 850	−2 400	5	5	7	13	23	34
	−132	−252	−360	−540	−660	−820	−1 000	−1 250	−1 600	−2 100	−2 600						
−78	−150	−280	−400	−600													
	−155	−310	−450	−660													
−88	−175	−340	−500	−740													
	−185	−380	−560	−840													
−100	−210	−430	−620	−940													
	−220	−470	−680	−1 050													
−120	−250	−520	−780	−1 150													
	−260	−580	−840	−1 300													
−140	−300	−640	−960	−1 450													
	−330	−720	−1 050	−1 600													
−170	−370	−820	−1 200	−1 850													
	−400	−920	−1 350	−2 000													
−195	−440	−1 000	−1 500	−2 300													
	−460	−1 100	−1 650	−2 500													
−240	−550	−1 250	−1 900	−2 900													
	−580	−1 400	−2 100	−3 200													

分段。该项国家标准对孔、轴与长度的极限偏差均采用与国际标准 ISO 2768-1:1989 一致的双向对称分布偏差。其极限偏差值全部采用对称偏差值,线性尺寸的未注极限偏差数值见表 1-1-4。

表 1-1-4   线性尺寸的未注极限偏差数值(摘自 GB/T 1804—2000)   mm

公差等级	尺寸分段							
	0.5~3	>3~6	>6~30	>30~120	>120~400	>400~1 000	>1 000~2 000	>2 000~4 000
f(精密级)	±0.05	±0.05	±0.1	±0.15	±0.2	±0.3	±0.5	—
m(中等级)	±0.1	±0.1	±0.2	±0.3	±0.5	±0.8	±1.2	±2
c(粗糙级)	±0.2	±0.3	±0.5	±0.8	±1.2	±2	±3	±4
v(最粗级)	—	±0.5	±1	±1.5	±2.5	±4	±6	±8

采用一般公差的尺寸,在图样上只注公称尺寸,不注极限偏差,而在图样上或技术文件中用国家标准号和公差等级代号并在两者之间用一短画线隔开表示。例如,选用 m(中等级)时,表示 GB/T 1804-m。这表明图样上凡未注公差的线性尺寸(包含倒圆半径与倒角高度)均按 m(中等级)加工和检验。

四、极限与配合在图样上的标注

在零件图上,一般有如下三种标注方法,如图 1-1-11 所示。

(1)在公称尺寸后标注所要求的公差带代号,如 40H8、80P7、ϕ50g6。

(2)在公称尺寸后标注所要求的公差带对应的偏差值,如 $\phi50^{+0.025}_{0}$。

(3)在公称尺寸后标注所要求的公差带代号和对应的偏差值,如 $100f7\left(^{-0.036}_{-0.071}\right)$。

在装配图上,在公称尺寸后标注所要求的孔、轴公差带,如图 1-1-12 所示。国家标准规定,孔、轴公差写成分数形式,分子为孔公差带,分母为轴的公差带,如 ϕ50H8/f7 或 $\phi50\dfrac{H8}{f7}$。

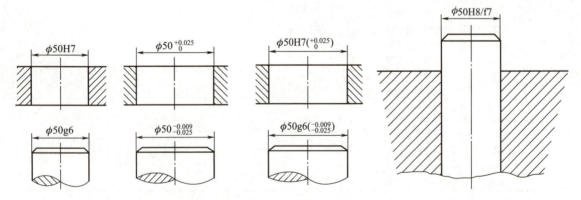

图 1-1-11   孔、轴公差带在零件图上的标注   图 1-1-12   孔、轴公差带在装配图上的标注

 项目任务实施

任务一

任务分析与思考

减速器输出轴如图 1-1-1 所示，$\phi45m6$ 轴颈处安装带轮，两处 $\phi55j6$ 轴颈安装轴承，$\phi60r6$ 轴颈处安装齿轮。应选择合理的尺寸公差，才能既满足使用要求，又有效地控制成本。

任务实施

一、识读公差带代号

国家标准规定，一个完整的尺寸公差带代号是由基本偏差标示符和公差等级数字组成的。

图 1-1-1 中，$\phi55j6$、$\phi45m6$、$\phi60r6$ 等尺寸在公称尺寸的后面标有字母和数字，这些字母和数字为该尺寸的公差带代号。查表 1-1-1 和表 1-1-2 可得到它们的极限偏差值。

36、57、12 和 $\phi52$ 等无公差带代号的尺寸属于未注公差要求，这些未注公差要求的线性尺寸，是在普通工艺条件下，机床设备一般加工能力就可保证的精度。

二、求 $\phi55j6$、$\phi45m6$、$\phi60r6$ 的上、下极限尺寸

1. $\phi55j6$ 的上、下极限尺寸

尺寸 $\phi55j6$ 的公差带代号"j6"表示：基本偏差标示符 j，标准公差等级 6 级，基本偏差标示符为小写字母，表明是轴，其公称尺寸为 $\phi55$。

查表 1-1-2（轴的基本偏差数值表）可知，$\phi55j6$ 的下极限偏差为 $ei = -7$ μm；查表 1-1-1（标准公差数值表），在公称尺寸段"大于 50 至 80"行与公差等级"IT6"列交汇处查得 $\phi55j6$ 的尺寸公差值为 $T_s = 19$ μm。

则 $\phi55j6$ 的上极限偏差为 $es = ei + T_s = -7$ μm $+ 19$ μm $= +12$ μm

所以，尺寸 $\phi55j6$ 也可表示为 $\phi55^{+0.012}_{-0.007}$。

2. $\phi45m6$ 的上、下极限尺寸

查表 1-1-2（轴的基本偏差数值表）可知，$\phi45m6$ 的下极限偏差为 $ei = +9$ μm；标准公差等级 6 级，查表 1-1-1（标准公差数值表），在公称尺寸段"大于 30 至 50"行与公差等级"IT6"列交汇处查得公差值为 16 μm，则 $\phi45m6$ 的尺寸公差值为 $T_s = 16$ μm。

则 $\phi45m6$ 的上极限偏差为 $es = ei + T_s = +9$ μm $+ 16$ μm $= +25$ μm

所以，尺寸 $\phi45m6$ 也可表示为 $\phi45^{+0.025}_{+0.009}$。

3. $\phi60r6$ 的上、下极限尺寸

查表 1-1-2（轴的基本偏差数值表）可知，$\phi60r6$ 的上极限偏差为 $ei = +41$ μm；标准公差等级 6 级，查表 1-1-1（标准公差数值表），在公称尺寸段"大于 50 至 80"行与公差等级"IT6"列交汇处查得公差值为 19 μm，则 $\phi60r6$ 的公差值为 $T_s = 19$ μm。

则 $\phi60r6$ 的上极限偏差为 $es=ei+T_s=+41\ \mu m+19\ \mu m=+60\ \mu m$

所以,尺寸 $\phi60r6$ 也可表示为 $\phi60^{+0.060}_{+0.041}$。

三、绘制公差带图

1. 绘制 $\phi55j6$ 的公差带图

$\phi55j6$ 的公差带图如图 1-1-13a 所示,其绘图步骤如下:

1）用细实线绘制 0 线,在其左侧标注"0""-""+"。

2）在 0 线左下方绘制带单箭头的尺寸线,标注公称尺寸 $\phi55$ mm。

3）根据极限偏差的大小选择 200:1 的比例作图,作上、下极限偏差线。上极限偏差为正值,画在 0 线上方;下极限偏差为负值,画在 0 线下方。

4）用粗实线绘制表示公差带的矩形线框,在线框内打上阴影表示轴的公差带。

5）在公差带旁标注上、下极限偏差值。

2. 绘制 $\phi45m6$ 的公差带图

$\phi45m6$ 的公差带图如图 1-1-13b 所示,其下极限偏差为负值,画在 0 线下方;上极限偏差为正值,画在 0 线上方。

3. 绘制 $\phi60r6$ 的公差带图

$\phi60r6$ 的公差带图如图 1-1-13c 所示。

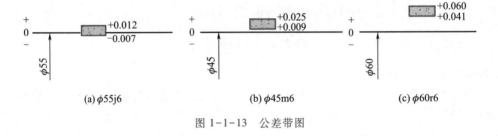

图 1-1-13　公差带图

任 务 二

任务回顾

本任务要求用查表法确定配合 $\phi32H7/p6$ 中孔和轴的极限偏差,计算该配合的极限过盈,并画出公差带图。

任务实施

一、求孔、轴极限偏差

1. 查表确定孔和轴的标准公差

查表 1-1-1(标准公差数值表)得 IT7 = 25 μm,IT6 = 16 μm

2. 查表确定孔和轴的基本偏差

孔:查表 1-1-3(孔的基本偏差数值表),H 的基本偏差 EI = 0

轴:查表 1-1-2(轴的基本偏差数值表),p 的基本偏差 ei = +26 μm

3. 计算孔和轴的另一个极限偏差

孔:H7 的另一个极限偏差 ES = EI+IT7 = 0 μm+25 μm = +25 μm

轴:p6 的另一个极限偏差 es = ei+IT6 = +26 μm+16 μm = +42 μm

二、计算极限过盈

$$Y_{max} = EI-es = 0\ μm-42\ μm = -42\ μm$$

$$Y_{min} = ES-ei = 25\ μm-26\ μm = -1\ μm$$

三、绘制公差带图

$\phi32H7/p6$ 的公差带图如图 1-1-14 所示,其孔、轴的上、下极限偏差均为正值,都画在 0 线上方。由于轴的公差带在孔的公差带之上,所以该配合为过盈配合。

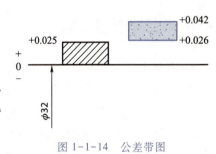

图 1-1-14　公差带图

 项目知识拓展

标准公差数值的计算方法

国家标准规定,标准公差等级分为 IT01、IT0、IT1、IT2、…、IT18,共 20 级。从 IT01 至 IT18 等级数字依次增大,相应的标准公差数值也依次增大,而精度逐级降低。

(1) 标准公差因子 i

标准公差因子(单位:μm)是制定标准公差数值表的基础,在尺寸小于或等于500 mm 时

$$i = 0.45\sqrt[3]{D}+0.001D$$

榜样力量
一丝一毫,攻坚克难

式中:D——公称尺寸段的几何平均值,mm。

(2) 标准公差数值

在公称尺寸和公差等级确定的情况下,按国家标准规定的标准公差计算式算出并经过圆整得到相应的标准公差数值。在公称尺寸小于 500 mm 时,IT5～IT18 的标准公差(单位为 μm)计算式为

$$T = ai$$

式中:a——公差等级系数,其数值见表 1-1-5。

表 1-1-5　IT5～IT18 的公差等级系数

公差等级	IT5	IT6	IT7	IT8	IT9	IT10	IT11	IT12	IT13	IT14	IT15	IT16	IT17	IT18
a	7	10	16	25	40	64	100	160	250	400	640	1 000	1 600	2 500

标准公差 IT01～IT4 级的公差值,因主要考虑测量误差等影响,故采用其他公式计算,此处不再赘述。

标准公差数值见表 1-1-1。从表中可看出:公称尺寸越大,公差值也越大。

(3) 公称尺寸分段

根据标准公差的计算公式,不同的公称尺寸就有相应的公差值,这会使公差表格非常庞大。为了

简化公差与配合的表格,便于应用,国家标准对公称尺寸进行了分段。对同一尺寸段内的所有公称尺寸都规定同样的标准公差因子。在同一尺寸段内,将首尾两个尺寸(D_1 和 D_2)的几何平均值作为 D 值($D = \sqrt{D_1 \times D_2}$)代入公式计算公差值。例如,大于 30 mm 且小于 50 mm 尺寸段,其几何平均值为 $D = \sqrt{D_1 \times D_2} = \sqrt{30 \times 50}$ mm = 38.73 mm。

　　常用尺寸($\leqslant 500$ mm)分为十三个尺寸段,见表 1-1-1,这样的尺寸段叫主段落。标准将主段落又分成两个中间段落,用在基本偏差表中。

 项目思考与习题

　　1. 查表确定下列各尺寸的公差带代号。

　　(1) $\phi 18_{-0.011}^{0}$(轴)

　　(2) $\phi 120_{0}^{+0.087}$(孔)

　　(3) $\phi 50_{-0.075}^{-0.050}$(轴)

　　(4) $\phi 65_{-0.041}^{+0.005}$(孔)

　　2. 根据下列配合,求孔与轴的公差带代号、极限偏差、极限尺寸、公差、极限间隙或极限过盈、平均间隙或平均过盈、配合公差和配合类别,并画出公差带图。

　　(1) $\phi 35 \dfrac{\text{P7}}{\text{h6}}$
　　(2) $\phi 50 \dfrac{\text{K7}}{\text{h6}}$
　　(3) $\phi 10 \dfrac{\text{M8}}{\text{h7}}$
　　(4) $\phi 48 \dfrac{\text{H7}}{\text{f6}}$

项目二

钻模尺寸公差与配合的选用

项目目标

知识目标

掌握一般、常用和优先公差带与配合；
掌握基准制的选择、公差等级的选择和配合选择的原则、方法。

技能目标

能熟练选择基孔制与基轴制、公差等级及配合；
当给定配合的间隙或过盈范围时，能熟练地确定孔、轴公差带与配合代号。

素质目标

培养实事求是、精益求精的工匠精神；
培养敬业爱岗、团结协作的工作作风。

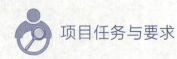 项目任务与要求

任务一

某相互配合的孔和轴的公称尺寸为 $\phi40$ mm，要求间隙 X 范围为 $0.022 \sim 0.066$ mm。试确定孔、轴的配合代号，并画出尺寸公差带图。

任务二

如图 1-2-1 所示为某钻模的装配图，轴 4 与底座 1、衬套 7 之间，钻模板 2 与衬套 7、钻套 3 之间都是配合表面，要求选择它们的基准制、公差等级和配合。

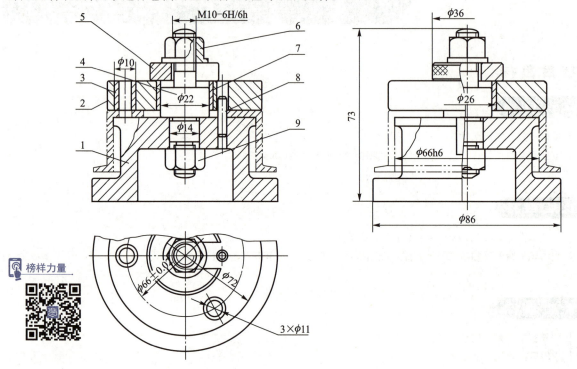

 榜样力量

图 1-2-1　钻模装配图

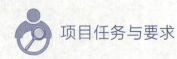 项目预备知识

一、一般性用途和优先公差带与配合

国家标准规定的 20 个公差等级的标准公差和 28 个基本偏差可组合成 543 个孔公差带和 544 个轴公差带。这么多公差带可相互组成近 30 万种配合。但实际上不需要这么多种配合。因此，为了简

化统一,以利于互换,并尽可能减少定值刀具、量具的品种和规格,GB/T 1800.1—2020 规定,公差带代号应尽可能从图 1-2-2 和图 1-2-3 中孔和轴相应的公差带代号中选取,框中所示的公差带代号应优先选取。

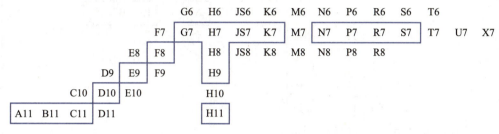

图 1-2-2　一般性用途和优先孔公差带代号

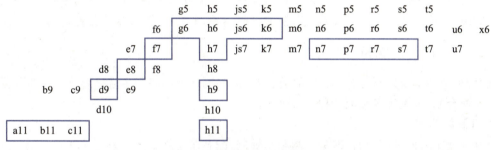

图 1-2-3　一般性用途和优先轴公差带代号

如图 1-2-2 所示,列出了 45 种孔的一般性用途公差带,方框内为 17 种优先选取公差带。

如图 1-2-3 所示,列出了 50 种轴的一般性用途公差带,方框内为 17 种优先选取公差带。

图 1-2-2 和图 1-2-3 中的公差带代号仅应用于不需要对公差带代号进行选取的一般性用途。例如,键槽需要特定选取。

对于通常的工程机构,只需要许多组合中的少数配合。表 1-2-1、表 1-2-2 中的配合可满足普通工程机构需要。基于经济因素,如有可能,配合应优先选择框中所示的公差带代号。

表 1-2-1　基孔制配合优先配合

基准孔	轴公差带代号																	
	间隙配合						过渡配合					过盈配合						
H6					g5	h5	js5	k5	m5		n5	p5						
H7				f6	g6	h6	js6	k6	m6	n6		p6	r6	s6	t6	u6	x6	
H8			e7	f7		h7	js7	k7	m7					s7		u7		
		d8	e8	f8		h8												
H9		d8	e8	f8		h8												
H10	b9	c9	d9	e9		h9												
H11	b11	c11	d10			h10												

表 1-2-2　基轴制配合优先配合

基准轴	孔公差带代号																
	间隙配合							过渡配合				过盈配合					
h5						G6	H6	JS6	K6	M6		N6	P6				
h6					F7	G7	H7	JS7	K7	M7	N7	P7	R7	S7	T7	U7	X7
h7				E8	F8		H8										
h8			D9	E9	F9		H9										
h9				E8	F8		H8										
			D9	E9	F9		H9										
	B10	C10	D10				H10										

在某些特定功能的情形下,需要计算由相配零件的功能要求所导出的允许间隙和/或过盈。由计算得到的间隙和/或过盈以及配合公差应转换成极限偏差,如有可能,转换成公差带代号。

二、公差与配合的选择

正确、合理地选择公差与配合,对产品的使用性能和制造成本将产生直接影响。公差与配合的选择主要包括配合制、公差等级和配合种类三个方面。

1. 配合制的选择

国家标准规定有两种配合制,即基孔制和基轴制,配合制是规定配合系列的基础。设计人员可以通过国家标准规定的基孔制或基轴制来实现各种配合。

配合制的选择主要是从经济层面考虑,同时兼顾到功能、结构、工艺条件和其他方面的要求。一般优先选择基孔制。因为从工艺上看,加工中等尺寸的孔通常要用价格较贵的定值刀具,而加工轴则用一把车刀或砂轮就可加工不同的尺寸。因此,采用基孔制可以减少备用定值刀具和量具的规格数量,降低成本,提高加工的经济性。对于尺寸较大的孔及低精度孔,虽然一般不采用定值刀、量具加工与检验,但从工艺上讲,采用基孔制或基轴制都一样,为了统一,也优先选用基孔制。

但在某些情况下,由于结构和原材料等原因,选择基轴制配合更适宜。基轴制一般用于以下情况:

(1) 由冷拉棒材制造的零件,其配合表面不经切削加工。

(2) 与标准件相配合的孔和轴,应以标准件为基准件来选择基准制。例如,与滚动轴承配合时,因滚动轴承是标准件,所以滚动轴承内圈与轴颈的配合是基孔制配合,滚动轴承外圈与机座孔的配合是基轴制配合。

(3) 同一根轴上(公称尺寸相同)与几个零件孔配合,且有不同的配合性质。

例如,图 1-2-4a 所示为发动机活塞销(轴)与连杆衬套(孔)、活塞销孔之间的配合。活塞销与连杆衬套孔间应能相对转动,所以采用间隙配合(H6/h5);活塞销的两端与活塞销孔间不要求有相对运动,但为了便于装拆又不宜太紧,因此采用过渡配合(M6/h5)。同一公称尺寸的轴需在不同部位与三个孔形成不同松紧的配合,如选用基孔制,则活塞销必须做成两头粗(m5)、中间细(h5)的阶梯形轴,如图 1-2-4b 所示。这种形状的活塞销加工不方便,而且装配时容易将连杆衬套挤坏。从强度方面考虑,受力最大的截面,轴径反而细也不符合设计要求。所以,这种情况下采用基轴制较为有利,如图 1-2-4c 所示。活塞销可制成光轴,这样加工方便,也解决了装配上的问题。

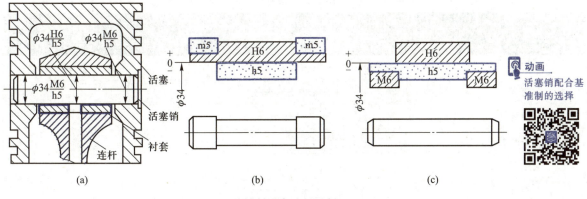

图 1-2-4 基轴制配合选择示例

此外，为了满足配合的特殊需要，允许采用任一孔、轴公差带组成的非配合制配合。例如，某车床床头箱中齿轮轴套和隔圈的配合，如图 1-2-5 所示。

由于齿轮轴套 1 的外径已按滚动轴承配合的要求选定为 $\phi60js6$；而隔套 2 的作用只是隔开两个滚动轴承，作轴向定位，为了装拆方便，它只需松套在齿轮轴套 1 的外圆柱面上。为了便于加工，降低成本，隔套 2 内孔的公差等级可大些，因此齿轮轴套 1 与隔套 2 的配合可选用 $\phi60D10/js6$。同样，隔套 3 与床头箱的配合可选用 $\phi95K7/d11$。

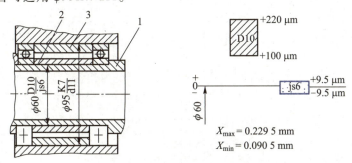

1—齿轮轴套；2—隔圈；3—隔套
图 1-2-5 齿轮轴套和隔圈的配合

2. 公差等级的选择

选择公差等级的原则是，在满足使用要求的前提下，尽可能选择较大的公差等级。为了保证配合精度，对配合尺寸选取适当的公差等级是极为重要的。因为在很多情况下，它将决定配合零件的工作性能、使用寿命及可靠性，同时又决定零件的制造成本和生产效率。

确定公差等级时，应考虑工艺上的可能性。如表 1-2-3 所示是在正常条件下，各种加工方法可达到的公差等级。表 1-2-4 列出了 20 个公差等级的应用，可供类比法选择公差等级时参考。如表 1-2-5 所示为常用配合尺寸公差等级为 5 至 12 级的应用。

用类比法选择公差等级时，还应考虑以下问题：

（1）工艺等价性，即孔和轴的加工难易程度应基本相同。对间隙配合和过渡配合，孔的标准公差等级高于或等于 IT8 时，孔的公差等级应比轴低一级，而孔的标准公差等级低于 IT8 时，孔和轴的公差等级应取相同。对过盈配合，孔的标准公差等级高于或等于 IT7 时，孔的公差等级应比轴低一级，而孔的标准公差等级低于 IT7 时，孔和轴的公差等级应取同一级。

表 1-2-3　各种加工方法可达到的公差等级

加工方法	公差等级																			
	01	0	1	2	3	4	5	6	7	8	9	10	11	12	13	14	15	16	17	18
研磨	—	—	—	—	—	—	—													
珩磨						—	—	—	—											
圆磨							—	—	—	—										
平磨							—	—	—	—										
金刚石车							—	—	—											
金刚石镗							—	—	—											
拉削							—	—	—											
铰孔								—	—	—	—	—								
精车、精镗								—	—	—										
粗车												—	—	—						
粗镗												—	—	—						
铣												—	—							
刨、插												—	—							
钻削												—	—	—	—					
冲压												—	—	—	—	—				
滚压、挤压												—	—							
锻造																	—	—		
砂型铸造																—	—			
金属型铸造																—	—			
气割																	—	—	—	—

表 1-2-4　公差等级的应用

应用	公差等级																			
	01	0	1	2	3	4	5	6	7	8	9	10	11	12	13	14	15	16	17	18
量块	—	—	—																	
量规																				
配合尺寸							—	—	—	—	—	—	—	—						
特别精密零件				—	—	—	—													
非配合尺寸														—	—	—	—	—	—	—
原材料										—	—	—	—	—	—	—				

表 1-2-5　常用配合尺寸公差等级为 5 至 12 级的应用

公差等级	应　用
5 级	主要用在尺寸公差、几何公差要求很小的地方,它的配合性质稳定,一般在机床、发动机、仪表等重要部位应用。如与 5 级滚动轴承配合的箱体孔,与 6 级滚动轴承配合的机床主轴、机床尾座与套筒、精密机械,以及高速机械中的轴径、精密丝杠轴径等
6 级	配合性质能达到较高的均匀性,如与 6 级滚动轴承相配合的孔、轴径,与齿轮、蜗轮、联轴器、带轮、凸轮等连接的轴径,机床丝杠轴径、摇臂钻立柱、机床夹具中导向件外径尺寸,6 级精度齿轮的基准孔,7、8 级精度齿轮基准轴径
7 级	7 级精度比 6 级稍低,应用条件与 6 级基本相似,在一般机械制造中应用较为普遍。如联轴器、带轮、凸轮等的孔径,以及机床夹盘座孔,夹具中的固定钻套、可换钻套,7、8 级齿轮基准孔,9、10 级齿轮基准轴
8 级	在机器制造中属于中等精度。如轴承座衬套沿宽度方向尺寸,9~12 级齿轮基准孔,11、12 级齿轮基准轴
9、10 级	主要用于机械制造中的轴套外径与孔、操纵件与轴、空轴带轮与轴、单键与花键
11、12 级	配合精度很低,装配后可能产生很大的间隙,适用于基本上没有什么配合要求的场合。如机床上的法兰盘与止口,滑块与滑移齿轮,机加工中工序间的尺寸,冲压加工的配合件,机床制造中的扳手孔与扳手座的连接

（2）相关件和相配合件的精度要求。例如,与滚动轴承配合的轴颈和壳体孔的公差等级,应与滚动轴承的精度等级相当;与齿轮孔配合的轴的公差等级,应与齿轮的精度等级相当。

（3）在非配合制配合中,有的零件精度要求不高,可与相配合零件的公差等级相差 2~3 级,如图 1-2-5 所示。

3. 配合的选择

公差等级和配合制确定后,可以确定非基准轴或非基准孔公差带的位置,即选择非基准件基本偏差代号。

选择配合的步骤可分为:配合类别的选择和非基准件基本偏差代号的选择。

（1）配合类别的选择

对孔、轴配合的使用要求,一般有三种情况:装配后有相对运动要求的,应选用间隙配合;装配后需要靠过盈传递载荷的,应选用过盈配合;装配后有定位精度要求或需要拆卸的,应选用过渡配合或小间隙、小过盈的配合。

确定配合类别后,应尽可能地选用优先配合,其次是常用配合,再次是一般配合。如仍不能满足要求,可以按孔、轴公差带组成相应的配合。

（2）非基准件基本偏差代号的选择

选择的方法有计算法、试验法和类比法三种。

① 计算法。根据零件的材料、结构和功能要求,按照一定的理论公式的计算结果选择配合。当用计算法选择配合时,关键是确定所需的极限间隙或极限过盈量。按计算法选取比较科学。

② 试验法。通过模拟试验和分析选择最佳配合。按试验法选取配合最为可靠,但成本较高,一般只用于特别重要的、关键性配合的选取。

③ 类比法。参照同类型机器或机构,经过实践验证的配合的实际情况,通过分析对比来确定配

合的方法。如表1-2-6所示为基孔制一般性用途和优先配合的特征及应用。此外,还要考虑以下一些因素:工作时结合件间是否有相对运动,承受载荷情况、温度变化、润滑条件、装配变形、装拆情况、生产类型,以及材料的物理、化学、机械性能等。根据具体条件不同,结合件配合的间隙量或过盈量应相应地改变,如表1-2-7所示,可供类比时参考。

表 1-2-6   基孔制一般性用途和优先配合的特征及应用

配合类别	配合特征	配合代号	应用
间隙配合	特大间隙	$\left(\dfrac{H11}{b11}\right)$	用于高温或工作时要求大间隙的配合
	很大间隙	$\left(\dfrac{H11}{c11}\right)$	用于工作条件较差、受力变形或为了便于装配而需要大间隙的配合和高温工作的配合
	较大间隙	$\dfrac{H8}{d8}$ $\left(\dfrac{H8}{e8}\right)$	用于高速重载的滑动轴承或大直径的滑动轴承,也可用于大跨距或多支点支承的配合
	一般间隙	$\dfrac{H7}{f6}$ $\left(\dfrac{H8}{f7}\right)$ $\dfrac{H8}{f8}$	用于一般转速的动配合。当温度影响不大时,广泛应用于普通润滑油润滑的支承处
	较小间隙	$\left(\dfrac{H7}{g6}\right)$	用于精密滑动零件或缓慢间歇回转的零件的配合部位
	很小间隙和零间隙	$\dfrac{H6}{g5}$ $\dfrac{H6}{h5}$ $\left(\dfrac{H7}{h6}\right)$ $\left(\dfrac{H8}{h7}\right)$ $\dfrac{H8}{h8}$	用于不同精度要求的一般定位件的配合和缓慢移动和摆动零件的配合
过渡配合	绝大部分有微小间隙	$\dfrac{H6}{js5}$ $\left(\dfrac{H7}{js6}\right)$ $\dfrac{H8}{js7}$	用于易于装拆的定位配合或加紧固件后可传递一定静载荷的配合
	大部分有微小间隙	$\dfrac{H6}{k5}$ $\left(\dfrac{H7}{k6}\right)$ $\dfrac{H8}{k7}$	用于稍有振动的定位配合。加紧固件可传递一定载荷,装拆方便,可用木槌敲入
	大部分有微小过盈	$\dfrac{H6}{m5}$ $\dfrac{H7}{m6}$ $\dfrac{H8}{m7}$	用于定位精度较高且能抗震的定位配合。加键可传递较大载荷。可用铜锤敲入或小压力压入
	绝大部分有微小过盈	$\left(\dfrac{H7}{n6}\right)$	用于精确定位或紧密组合件的配合。加键能传递大力矩或冲击性载荷。只在大修时拆卸
过盈配合	轻型	$\dfrac{H6}{n5}$ $\dfrac{H6}{p5}$ $\left(\dfrac{H7}{p6}\right)$	用于精确的定位配合。一般不能靠过盈传递力矩。要传递力矩尚需加紧固件
	中型	$\left(\dfrac{H7}{s6}\right)$ $\dfrac{H8}{s7}$ $\dfrac{H7}{t6}$	不需加紧固件就可传递较小力矩和轴向力。加紧固件后可承受较大载荷或动载荷的配合
	重型	$\dfrac{H7}{u6}$ $\dfrac{H8}{u7}$	不需加紧固件就可传递和承受大的力矩和动载荷的配合。要求零件材料有高强度
	特重型	$\dfrac{H7}{x6}$	能传递和承受很大力矩和动载荷的配合,需经试验后方可应用

注:括号内的配合为优先配合。

表 1-2-7　工作情况对间隙或过盈的影响

工作状况	间隙应增或减	过盈应增或减
材料许用应力小	—	减
经常拆卸	—	减
有冲击负荷	减	增
工作时,孔的温度高于轴的温度(零件材料相同)	减	增
工作时,轴的温度高于孔的温度(零件材料相同)	增	减
结合长度较大	增	减
配合表面形位误差大	增	减
零件装配时可能偏斜	增	减
旋转速度较高	增	增
有轴向运动	增	—
润滑油的黏度较大	增	—
表面粗糙	减	增
装配精度较高	减	减
装配精度较低	增	增

（3）各类配合的特性与应用

公差等级确定后,若采用基孔制,则选择配合的关键是确定轴的基本偏差代号;若采用基轴制,则选择配合的关键是确定孔的基本偏差代号。因此,各类配合的特性与应用,可根据基本偏差来反映。表 1-2-8 列出了基孔制轴的基本偏差的特性及其应用,供选用时参考。

表 1-2-8　基孔制轴的基本偏差的特性及其应用

基本偏差	间隙配合			
	a、b、c	d、e、f	g	h
特性及应用说明	可以得到很大的间隙。适用于高温下工作的间隙配合及工作条件较差、受力变形大,或为了便于装配的缓慢、松弛的大间隙配合	可以得到较大的间隙。适用于松的间隙配合和一般的转动配合	可以得到很小的间隙,制造成本高,除负荷很轻的精密装置外,不推荐用于转动的配合	广泛用于无相对转动与作为一般定位配合的零件。若没有温度变形的影响,也用于精密的滑动配合
应用举例	柴油机气门与导管的配合	高精度齿轮衬套与轴承套的配合	钻夹具中钻套和衬套的配合;钻头与钻套之间的配合	尾座套筒与尾座体之间的配合

过渡配合			
基本偏差	js	k	m	n
特性及应用说明	偏差完全对称,平均间隙较小,且略有过盈的配合,一般用于易装卸的精密零件的定位配合	平均间隙接近零的配合。用于稍有过盈的定位配合	平均过盈较小的配合。组成的配合定位好,用于不允许游动的精密定位	平均过盈比 m 稍大,很少得到间隙。用于定位要求较高且不常拆的配合
应用举例	与滚动轴承内、外圈的配合	与滚动轴承内、外圈的配合	齿轮与轴的配合 $\frac{H7}{n6}\left(\frac{H7}{m6}\right)$	爪形离合器的配合 $\frac{H7}{n6}$　$\frac{H8}{h8}\left(\frac{H9}{h9}\right)$

过盈配合			
基本偏差	p	r	s	t、u、v、x、y、z
特性及应用说明	钢、铁或铜钢组件装配时,为标准压入配合。非铁类零件为轻的压入配合	铁类零件装配时,为中等打入配合,非铁类零件装配时,为轻的打入配合。必要时可以拆卸	用于钢和铁制零件的永久性和半永久性装配,可产生相当大的结合力。尺寸较大时,为了避免损坏配合表面,需用热膨胀法或冷缩法装配	过盈配合依次增大,一般不采用
应用举例	对开轴瓦与轴承座孔的配合 $\frac{H7}{p6}$　$\frac{H11}{h11}$	蜗轮与轴的配合 $\frac{H7}{r6}$	曲柄销与曲拐的配合 $\frac{H6}{s5}$	联轴器与轴的配合 $\frac{H7}{t6}$

 项目任务实施

任务一

任务回顾

本任务是某相互配合的孔和轴的公称尺寸为 $\phi 40$ mm，要求间隙 X 范围为 $0.022 \sim 0.066$ mm。任务要求是：

（1）确定孔和轴的配合代号；

（2）画出孔和轴尺寸公差带图。

任务实施

一、确定公称尺寸为 $\phi 40$ mm 的相互配合的孔和轴的配合代号

1. 选择配合制

因为没有特殊要求，所以选用基孔制配合，基孔制配合 EI $= 0$。

2. 选择孔、轴公差等级

因为孔、轴公差之和 $T_f = T_h + T_s = |X_{max} - X_{min}|$，根据使用要求，配合公差 $T'_f = |X'_{max} - X'_{min}| = |0.066 - 0.022|$ mm $= 0.044$ mm $= 44$ μm，即所选的孔、轴公差之和 $T_f = T_h + T_s$ 应最接近 T'_f，而不大于 T'_f。

查表 1-1-1 可得，孔和轴的公差等级介于 IT6 和 IT7 之间。因为 IT6 和 IT7 属于较高的公差等级。所以，根据工艺等价性原则，一般取孔比轴低一级，故选为 IT7，$T_h = 25$ μm；轴选为 IT6，$T_s = 16$ μm，则孔、轴公差之和 $T_f = T_h + T_s = 41$ μm，小于且最接近于 T'_f，因此满足使用要求。

3. 确定孔、轴公差带代号

因为是基孔制配合，且孔的标准公差为 IT7，所以孔的公差代号为 $\phi 40$H7$\left(^{+0.025}_{0}\right)$。

又因为是间隙配合，$X_{min} = $ EI $-$ es $= 0 -$ es $= -$ es。由已知条件可知，$X'_{min} = +0.022$ mm，即轴的基本偏差 es 应最接近于 -22 μm。查表 1-1-2，取轴的基本偏差为 f，es $= -25$ μm，则 ei $= $ es $-$ IT6 $= -25$ μm $- 16$ μm $= -41$ μm，所以轴的公差带代号为 $\phi 40$f6$\left(^{-0.025}_{-0.041}\right)$。

4. 验算设计结果

以上所选孔、轴公差带代号组成的配合为 $\phi 40$H7/f6，其最大间隙 $X_{max} = [+25 - (-41)]$ μm $= +66$ μm $= +0.066$ mm $= X'_{max}$；最小间隙 $X_{min} = [0 - (-25)]$ μm $= +25$ μm $= 0.025$ mm $> X'_{min}$，故间隙范围为 $0.022 \sim 0.066$ mm，设计结果满足使用要求。

由以上分析可知，本例所选的配合 $\phi 40$H7/f6 是适宜的。其中，孔为 $\phi 40$H7$\left(^{+0.025}_{0}\right)$，轴为 $\phi 40$f6$\left(^{-0.025}_{-0.041}\right)$。

二、绘制尺寸公差带图

绘制孔 $\phi 40$H7$\left(^{+0.025}_{0}\right)$、轴 $\phi 40$f6$\left(^{-0.025}_{-0.041}\right)$ 的尺寸公差带图，如图 1-2-6

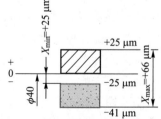

图 1-2-6　公差带图

所示。

任务二

任务回顾

本任务是确定如图 1-2-1 所示钻模的轴 4 与底座 1、衬套 7 之间,钻模板 2 与衬套 7、钻套 3 之间的配合。

任务分析与思考

钻模是一种钻夹具,如图 1-2-7 所示,加工时把工件放在底座上,装上钻模板,钻模板通过圆锥销定位后,再装上开口垫圈,最后用特制螺母旋紧。装卸工件时只需要拧松特制螺母,卸下开口垫圈,即可取下钻模板和工件,方便快捷。

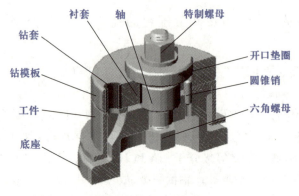

图 1-2-7　钻模

1. 选择配合制

如图 1-2-1 所示的各零件配合没有特殊要求,优先选用基孔制。

2. 选择孔、轴的公差等级

在实际生产中,随着公差等级的提高,生产成本也相应提高。应根据零件在机器中的作用及性能要求,选用适当的公差等级。在满足应用的前提下,应尽量选用较低的公差等级,从而降低生产成本。如表 1-2-5 所示给出了常用配合尺寸公差等级的应用,在选用公差等级时可参照该表。

根据钻模的使用情况,对照表 1-2-5,孔的公差等级可选用 IT7 级,轴的公差等级可选用 IT6 级。

3. 选择配合种类及轴、孔的公差带

选用配合种类时,一般常采用类比法,即与经过生产和使用验证后的某种配合进行比较,然后确定其配合种类。采用类比法时,应先了解配合部位在机器中的作用、使用要求及工作条件,了解各种常用及优先配合的特征和应用场合,熟悉典型配合实例。如表 1-2-6 所示给出了尺寸至 500 mm 基孔制常用和优先配合的特征及应用。选择配合时,应先从优先配合系列中选择,无法满足要求时再考虑选用常用配合系列或一般配合系列。

(1) 轴 4 与底座 1 的配合

轴安装在底座中,工作时一般不需经常装拆。为了保证轴在底座上的准确定位,又便于安装和拆卸,应选用大部分有微小间隙的过渡配合,参照表 1-2-6 选用配合 $\dfrac{H7}{k6}$。

（2）轴 4 与衬套 7 之间的配合

在装拆被加工的零件时,需要将钻模板拆下,所以衬套与轴之间应为间隙配合。但是如果间隙过大,将影响钻模板的定位,从而影响加工精度,因此选用很小间隙和零间隙的间隙配合,参照表 1-2-6 选用配合 $\dfrac{H7}{h6}$。

（3）钻模板 2 与衬套 7、钻套 3 之间的配合

衬套和钻套安装在钻模板上,工作时一般不需拆卸。为了使衬套和钻套既能固定在钻模板上,又不产生太大的变形,以保证钻孔的精度,因此选用绝大部分有微小过盈的过渡配合,参照表 1-2-6 选用配合 $\dfrac{H7}{n6}$。

（4）标注配合代号

将各配合尺寸的配合代号标在图样上,如图 1-2-8 所示。

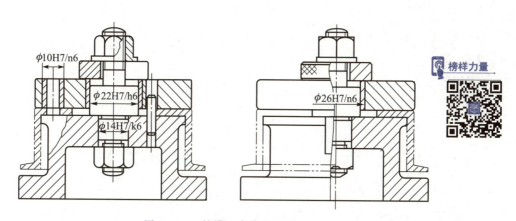

图 1-2-8　钻模配合代号的选用

 项目思考与习题

1. 已知公称尺寸为 $\phi40$ mm 的一对孔、轴配合,要求其配合间隙范围为 41~116 μm,试确定孔与轴的配合种类和公差代号。

2. 如图 1-2-9 所示为车床溜板箱手动机构的部分结构。转动手轮 3 通过键带动轴 4 上的小齿轮、轴 1 右端的齿轮 2、轴 1 以及与床身齿条（未画出）啮合的轴 1 左端的齿轮,使溜板箱沿导轨作纵向移动。各配合面的基本尺寸为:① $\phi40$;② $\phi80$;③ $\phi28$;④ $\phi46$;⑤ $\phi32$;⑥ $\phi32$;⑦ $\phi18$（单位均为 mm）。试确定它们的基准制、公差等级和配合。

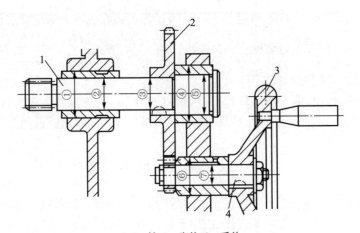

1、4—轴；2—齿轮；3—手轮

图 1-2-9   车床溜板箱手动机构的部分结构

项目目标

知识目标

理解检验范围和验收极限的概念，掌握验收极限的确定方法；

掌握外径千分尺的用途和结构原理、正确使用方法和读数方法；

掌握内径百分表的用途和结构原理、正确使用方法、使用注意点和读数方法。

技能目标

能熟练使用外径千分尺测量零件的外径；

能熟练使用内径百分表测量零件的内孔直径；

能对所测外径尺寸数据进行处理，正确验收合格零件。

素质目标

培养具有重视实践、实事求是的工匠精神；

培养团队协作的精神。

子项目一　连接轴轴径尺寸的测量

 项目任务与要求

如图 1-3-1 所示为某企业加工的连接轴零件图样。本子项目任务的要求是：用外径千分尺测量该连接轴 $\phi45^{+0.001}_{-0.025}$、$\phi25^{-0.020}_{-0.041}$ 的两外圆直径尺寸，并判断该连接轴的两外圆直径是否合格。

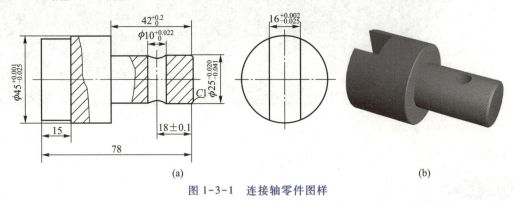

图 1-3-1　连接轴零件图样

 项目预备知识

一、检验范围

为了保证产品质量，国家标准 GB/T 3177—2009《产品几何技术规范（GPS）　光滑工件尺寸的检验》对验收原则、验收极限、计量器具的不确定度允许值和计量器具选用原则等作出了规定。该标准适用于通用计量器具，如游标卡尺、千分尺及车间使用的比较仪、投影仪等量具量仪，对图样上注出的公差等级为 6 级~18 级（IT6~IT18）、公称尺寸至 500 mm 的光滑工件尺寸的检验。该标准也适用于对一般公差尺寸的检验。

二、验收极限

GB/T 3177—2009 规定的验收原则是：所有验收方法应只接收位于规定的尺寸极限之内的工件，即允许有误废而不允许有误收。为了保证零件既满足互换性要求，又将误废减至最少，国家标准规定了验收极限。

验收极限是指判断所检验工件尺寸合格与否的尺寸界限。验收极限可以按以下两种方式确定。

方式一：验收极限是从规定的最大实体尺寸（MMS）和最小实体尺寸（LMS）分别向工件公差带内移动一个安全裕度（A）来确定，如图 1-3-2 所示。

孔尺寸的验收极限：

上验收极限＝最小实体尺寸（LMS）－安全裕度（A）

下验收极限＝最大实体尺寸（MMS）＋安全裕度（A）

轴尺寸的验收极限：

上验收极限 = 最大实体尺寸（MMS）- 安全裕度（A）

下验收极限 = 最小实体尺寸（LMS）+ 安全裕度（A）

方式二：验收极限等于规定的最大实体尺寸（MMS）和最小实体尺寸（LMS），即 A 值等于零，如图 1-3-3 所示。

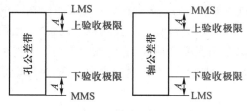

图 1-3-2 验收极限方式一   图 1-3-3 验收极限方式二

验收极限方式的选择要结合尺寸功能要求及其重要程度、尺寸公差等级、测量不确定度和过程能力等因素综合考虑。具体考虑如下：

（1）对遵守包容要求（见单元二）的尺寸、公差等级小的尺寸，其验收极限按方式一确定。

（2）当过程能力指数 $C_p \geqslant 1$ 时，其验收极限可以按方式二确定。但对遵守包容要求的尺寸，其最大实体尺寸一边的验收极限仍应按方式一确定。

过程能力指数 C_p 是指工件公差值 T 与加工设备工艺能力 $c\sigma$ 的比值。c 是常数，工件尺寸遵循正态分布时 $c = 6$；σ 是加工设备的标准偏差，$C_p = T/6\sigma$。

（3）对偏态分布的尺寸，其验收极限可以仅对尺寸偏向的一边按方式一确定。

（4）对非配合和一般公差的尺寸，其验收极限按方式二确定。

三、量具认识

1. 外径千分尺的用途和结构

外径千分尺用于测量精密零件的外径、长度和厚度等尺寸，一般用于测量有两位小数的尺寸，测量精度较游标卡尺高。外径千分尺由尺架、测砧、测微螺杆、锁紧装置、固定套筒、活动套筒、测力装置、隔热装置等组成，如图 1-3-4 所示，图 a 为机械式外径千分尺，图 b 为数显式外径千分尺。尺架左面的测砧为固定测头，测微螺杆为活动测头，固定套筒一端通过带螺纹的轴套与尺架连成一体，另一端有内螺纹并与测微螺杆的高精度外螺纹配合（螺距为 0.5 mm）。固定套筒的外表面刻有上、下两排刻线，间距均为 1 mm，但两排刻线互相错开 0.5 mm。活动套筒套在固定套筒上且与测微螺杆连为一体。当测微螺杆和活动套筒一起转动一周时，就沿轴向移动一个螺距，即 0.5 mm。在活动套筒

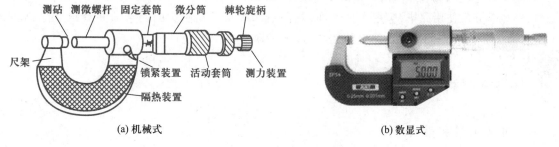

(a) 机械式   (b) 数显式

图 1-3-4 外径千分尺的结构

圆锥形边缘上刻有 50 等分的刻度线,因此活动套管每转动 1 格(1/50 周),测微螺杆就沿轴向移动 0.5/50＝0.01 mm,所以千分尺的读数精度为 0.01 mm。测量时,从固定套筒上读取毫米及 0.5 mm 数值,从活动套筒上读取小于 0.5 mm 的数值,两者相加,则为测量值。

外径千分尺的测量范围有 0～25 mm、25～50 mm、50～75 mm 等,每隔 25 mm 为一挡,直到 500 mm。

2. 外径千分尺的使用

如图 1-3-5 所示,测量时,应握住千分尺的隔热装置,以减少温度对测量的影响。测微螺杆的轴线应垂直于零件被测表面。将工件的被测部位置于两测量面之间,先转动活动套筒,当两测量面快要接触工件时改用转动测力装置,当测微螺杆的测量面紧贴零件表面,听到"咔、咔"的响声后即停止转动,便可读取数值。读数时最好不要取下千分尺,若需取下,应先锁紧测微螺杆,再轻轻取下。

3. 外径千分尺的读数

外径千分尺的读数方法如图 1-3-6 所示。其步骤如下。

① 先读出固定套筒上与活动套筒端面对齐的刻线尺寸,特别注意读数时应细心,不要错读0.5 mm。

② 再读出活动套筒圆周上与固定套筒的水平基准线(中线)对齐的刻线数值,乘以 0.01 mm 便是活动套筒上的尺寸。

③ 最后将上述两部分尺寸相加,就是千分尺上测量的尺寸。

图 1-3-5　外径千分尺的使用

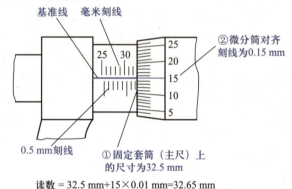

读数 ＝ 32.5 mm+15×0.01 mm=32.65 mm

图 1-3-6　外径千分尺的读数方法

4. 使用外径千分尺的注意事项

① 微分筒和测力装置在转动时不能过分用力。

② 当转动微分筒带动活动测头接近被测工件时,一定要改用测力装置旋转接触被测工件,不能直接旋转微分筒测量工件。

③ 当活动测头与固定测头卡住被测工件或锁住锁紧装置时,不能强行转动微分筒。

④ 测量时,应手握隔热装置,尽量减少手和千分尺金属部分接触。

⑤ 外径千分尺使用完毕,应用布擦干净,在固定测头和活动测头的测量面间留出空隙,放入盒中。如长期不使用可在测量面上涂上防锈油,置于干燥处。

 ## 项目任务实施

一、准备工具和量具

准备测量范围为 25～50 mm,精度为 0.01 mm 的外径千分尺。

二、测量方法与步骤

① 擦干净零件被测表面和千分尺的测量面。

② 测量前,应校对零位。大于 25 mm 的千分尺校对零位时,应在两测量面之间正确安放校对棒。校对零位时,转动棘轮转帽,使两测量面合拢或与校对棒接触,然后检查测量面是否密合,微分筒的零刻线与固定套筒的轴向中线是否对齐,如有偏差,应进行调整。调整时,先使两测量面合拢,然后利用锁紧装置将测微螺杆锁紧,再转动专用扳手插入固定套筒的小孔中。松开固定套筒紧固螺钉转动固定套筒,使其中线对准微分筒的零刻线,再拧紧固定螺钉,最后松开测微螺杆的锁紧装置即可。

③ 测量 $\phi45^{+0.001}_{-0.025}$。左手握住千分尺隔热装置,右手转动微分筒,使测微螺杆靠近工件,然后用右手转动测力装置,保持恒定的测量力。测量时,应保证测微螺杆的轴心线与零件的轴心线相交,且垂直。该方法适用于较大零件或较大尺寸的测量。

④ 测量 $\phi25^{-0.020}_{-0.041}$。由于该尺寸的基本偏差为负值,因此应该选用 0~25 mm 的外径千分尺测量该尺寸,可采用单手测量法。测量时,左手拿工件,右手握千分尺,并同时转动微分筒。此法适用于较小零件或较小尺寸的测量。

⑤ 将两个外圆尺寸测量 3 次,并将各测量尺寸填入表 1-3-1 中。由于千分尺的测量精度较高,测量尺寸时,应进行多次测量,必要时可取平均值作为测量尺寸。

表 1-3-1　连接轴的测定尺寸及尺寸合格性判断　　　　　　　　　　　　mm

序号	被测尺寸	测量尺寸1	测量尺寸2	测量尺寸3	测量尺寸的平均值	上极限尺寸	下极限尺寸	尺寸合格性
1	$\phi45^{+0.001}_{-0.025}$	$\phi44.99$	$\phi45.00$	$\phi44.98$	$\phi44.99$	$\phi45.001$	$\phi44.975$	合格
2	$\phi25^{-0.020}_{-0.041}$	$\phi25.01$	$\phi25.01$	$\phi24.99$	$\phi25.003$	$\phi24.980$	$\phi24.959$	不合格

⑥ 将测量尺寸的平均值与其上极限尺寸和下极限尺寸进行比较,即可判断轴套的实际尺寸是否合格。

从表 1-3-1 中可以看出,$\phi25^{-0.020}_{-0.041}$ 测量尺寸的平均值为 25.003 mm,大于其最大极限尺寸,所以实际尺寸不合格。

子项目二　轴套孔径尺寸的测量

项目任务与要求

如图 1-3-7 所示为某企业加工的轴套零件图样,要求用内径百分表测量 $\phi32^{+0.050}_{0}$ 孔径尺寸,并判断其是否合格。思考:该孔的尺寸能否用游标卡尺或内径百分表测量?为什么?

哲言名句

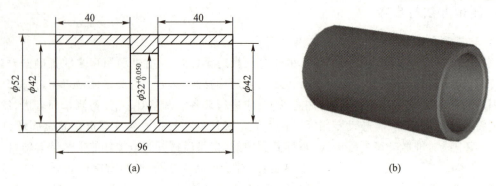

图 1-3-7　轴套零件图样

 项目预备知识

1. 内径百分表的用途和结构

　　尺寸的测量方法和计量器具很多,在生产实际中,内径测量的常用工具是内径千分尺和内径百分表,深孔内径的测量一般用内径百分表,如图 1-3-8 所示,在三通管的一端装着活动测头,另一端装着可换测头,垂直管口一端,通过连杆装有百分表。活动测头的移动,使等臂杠杆回转,通过传动杆推动百分表的测量杆,使百分表指针产生回转。由于杠杆的两侧触点是等距离的,当活动测头移动 1 mm 时,传动杆也移动 1 mm,推动百分表指针回转一圈。所以,活动测头的移动量可以在百分表上读出来。

　　内径百分表是用相对法测量内孔的一种常用量仪。其分度值为 0.01 mm,测量范围一般为 6～10、10～18、18～35、35～50、50～100、100～160、160～250、250～450 等,单位为 mm。

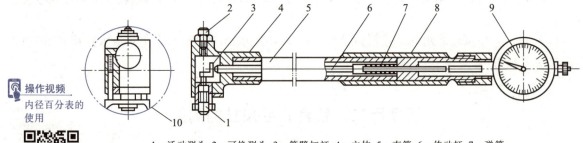

📱 操作视频
内径百分表的
使用

1—活动测头;2—可换测头;3—等臂杠杆;4—主体;5—直管;6—传动杆;7—弹簧;
8—隔热手柄;9—百分表;10—定位护桥

图 1-3-8　内径百分表

2. 内径百分表的使用

　　内径百分表用来测量圆柱孔,它附有成套的可调测量头,使用前应先进行组合和校对零位。组合时,将百分表装入连杆内,使小指针指在 0～1 的位置上,长针和连杆轴线重合,刻度盘上的字应垂直向下,以便于测量时观察,装好后应予以紧固。测量前应根据被测孔径大小用外径百分尺调整好尺寸后才能使用。在调整尺寸时,应正确选用可换测头的长度及其伸出距离,应使被测尺寸在活动测头总移动量的中间位置。测量时,连杆中心线应与工件中心线平行,不得歪斜,同时应在圆周上多测几个点,找出孔径的实际尺寸,看是否在公差范围以内。

　　使用内径百分表时,一手拿住隔热手柄,另一手托住表杆下部靠近测杆的部位。测量时,使内径量表的测杆与孔径轴线保持垂直,才能测量准确。沿内径量表的测杆方向摆动表杆,使圆表盘指针指示到最小数字即圆表盘指针顺时针偏转的终点时,表示测杆已垂直于孔径轴线,如图 1-3-9 所示。

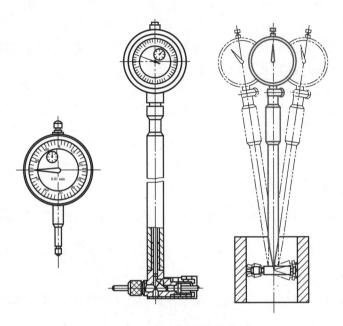

图 1-3-9　内径百分表的使用

3. 内径百分表的读数

　　① 百分表圆表盘刻度为 100,长指针在圆表盘上转动一格为 0.01 mm,转动一圈为 1 mm;小指针偏动一格为 1 mm。

　　② 测量时,当圆表盘指针顺时针方向离开“0”位,表示被测实际孔径小于标准孔径,它是标准孔径与表针离开“0”位格数的差;当圆表盘指针逆时针方向离开“0”位,表示被测实际孔径大于标准孔径,它是标准孔径与表针离开“0”位格数之和。

　　③ 若测量时,表盘小针偏移超过 1 mm,则应在实际测量值中减去或加上 1 mm。

4. 内径百分表使用注意事项

　　① 使用前,首先检查内径百分表是否有影响使用的缺陷,尤其应注意查看可换测头和固定测头球面部分的磨损情况。

　　② 装百分表时,夹紧力不宜过大,并且要有一定的预压缩量(一般为 1 mm 左右)。

　　③ 校对零位时,根据被测尺寸,选取一个相应尺寸的可换测头,并尽量使活动测头在活动范围的中间位置使用(此时杠杆误差最小),校对好零位后,要检查零位是否稳定。

　　④ 装卸百分表时,不允许硬性插入或拔出,要先松开弹簧夹头的紧固螺钉或螺母。

　　⑤ 使用完毕,要把百分表和可换测头取下擦净,并在测头上涂油防锈,放入专用盒内保存。

　　⑥ 如果在使用中发现问题,不允许继续使用和自行拆卸修理,应立即送计量室检修。

项目任务实施

任务分析与思考

由于 $\phi32^{+0.050}_{0}$ 孔很深,而游标卡尺和内径千分尺的量爪较短,无法用它们测量图中的孔径。本项目任务要求用内径百分表检测孔径。步骤如下:

① 安装和调整内径百分表;

② 用内径百分表检测孔径。

任务实施

一、准备工具和量具

准备测量范围为 18~35 mm,精度为 0.01 mm 的内径百分表一把,25~50 mm 外径千分尺一把。

二、测量方法与步骤

1. 安装与调整内径百分表

将百分表装入测量架内,预压 1 mm 左右,使小指针指在 1 的位置上,旋紧锁紧装置。

2. 安装可换测头

内径百分表的活动测头可以沿轴向移动,小尺寸的活动测头只有 0~1 mm 的移动量,大尺寸的活动测头可有 0~3 mm 的移动量。每个内径百分表都配有成套的可换测头,更换或调整可换测头可使内径百分表在一定范围内测量尺寸。在用内径百分表测量尺寸时,应根据被测零件的公称尺寸选择合适的可换测头,并保证可换测头与活动测头之间的长度大于被测尺寸 0.8~1 mm,以便测量时活动测头能在公称尺寸的一定范围内上、下自由移动。

3. 校正内径百分表的零位

内径百分表可用标准环、量块及量块附件、外径千分尺等来校对零位。在此,主要介绍用外径千分尺校正内径百分表的零位,步骤如下:

(1)将外径千分尺调到 32 mm。为了提高测量精度,调整外径千分尺的尺寸时,应从 31 mm 加到 32 mm,并使用测微螺杆。

(2)把内径百分表的两测头放在外径千分尺两测砧之间,转动表盘使其上的零刻线与指针重合,即校零,如图 1-3-10 所示。

外径千分尺校对内径百分表易于操作和实现,但是受千分尺精度的影响,其校对零位的准确性和稳定性不高,所以在精度要求不高的零件检测时经常使用。

4. 测量孔径

(1)压入测头。握着内径百分表的手柄,将内径百分表的活动测头和定位护桥轻轻压入被测孔中,然后再将可换测头放入,如图 1-3-11 所示。

(2)读取测量数值,并判断孔径合格性。当测头达到指定测量部位时,将内径百分表微微地在轴向截面内摆动,如图 1-3-12 所示,同时读出指针指示的最小数值。

读数时,要正确判断实际偏差的正、负值。在内径百分表的测头压入被测孔前,活动测头处于自由状态,内径百分表的示值最大。当内径百分表的测头被压入被测孔内时,活动测头向内收缩测头所测尺寸由大变小,同时百分表的指针沿顺时针旋转。当表针指在"0"位时,被测内径应恰好为 32 mm;当表针未达到"0"位时,说明被测尺寸大于 32 mm,百分表读数为正值;当表针超过"0"位时,说明被测尺寸小于 32 mm,百分表的读数应为负值。如图 1-3-13 所示为测量 φ32 mm 孔的读数,从表中刻度盘上的读数为27 mm,该数值为测量孔径的实际偏差,由于表针已经偏过零线,所以该数值为负值,因此孔径实测尺寸为

$$32 \text{ mm}+(-0.27)\text{mm}=31.73 \text{ mm}$$

很显然,加工的 φ32 mm 孔的实际尺寸(φ31.73 mm)小于该尺寸的最小极限尺寸(φ32 mm),实际尺寸不合格。由于孔小了可以再扩大,因此零件可以返工。

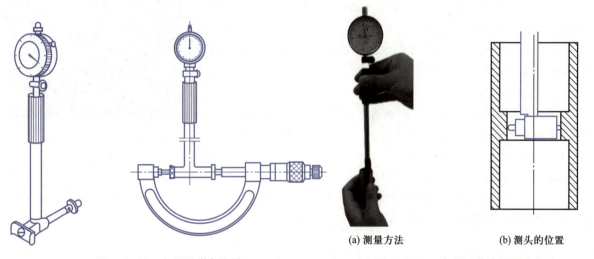

图 1-3-10　内径百分表校零　　　　　　(a) 测量方法　　　(b) 测头的位置

图 1-3-11　内径百分表测量孔径

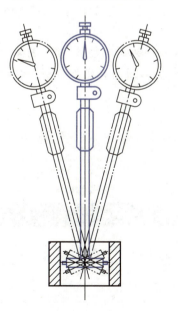

图 1-3-12　摆动内径百分表

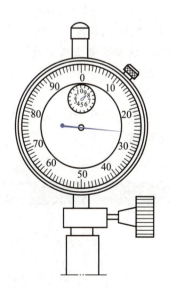

图 1-3-13　孔读数

项目知识拓展

一、量块

如图 1-3-14 所示,量块是一种平行平面端的度量工具,又称为块规。它是保证长度量值统一的重要常用实物量具。除了作为工作基准之外,量块还可以用来调整仪器、机床或直接测量零件。

图 1-3-14   量块

1. 量块的材料及特性

量块是一种单值量具,其材料与热处理工艺应满足量块的尺寸稳定、硬度高、耐磨性好的要求。通常都用铬锰钢、铬钢和轴承钢制成。其线胀系数与普通钢材相同,即为 $(11.5\pm1)\times10^{-6}/℃$,尺稳定性约为年变化量不超过 $\pm0.5\sim1\ \mu m/m$ 。

2. 量块的形状

绝大多数量块制成直角平行六面体,也有制成 $\phi20$ mm 的圆柱体。每块量块都有两个表面非常光洁、平面度精度很高的平行平面,称为量块的测量面(或称工作面)。

3. 量块的参数

① 中心长度 L:量块一个测量面中心点 a 到与该量块另一测量面相研合的辅助平面之间的垂直距离。

② 标称尺寸:量块上标出的尺寸。

4. 量块的等级

国家标准 GB/T 6093—2001《几何量技术规范(GPS)   长度标准   量块》对量块的制造精度规定了五个级:0、1、2、3 和 K 级,精度逐级降低,K 级为校准级。国家计量检定规程 JJG 146—2011《量块》按检定精度将量块分为 1~5 等,精度依次降低。

量块按"等"使用时,排除了制造误差,只包含检定时较小的测量误差,使用时测量精度高;而量块按"级"使用时,包含了量块的制造误差,制造误差将被引入到测量结果中去,但因不需要加修正值,故使用较方便。

5. 量块的应用

按照 GB/T 6093—2001 的规定,我国生产的成套量块有 91 块、83 块、46 块、38 块等 17 种套别。表 1-3-2 列出了 91、83、46 块成套量块的尺寸系列。

表 1-3-2   成套量块的尺寸系列(摘自 GB/T 6093—2001)

套别	总块数	级别	尺寸系列/mm	间隔/mm	块数
1	91	0,1	0.5	—	1
			1	—	1
			1.001,1.002,…,1.009	0.001	9
			1.01,1.02,…,1.49	0.01	49
			1.5,1.6,…,1.9	0.1	5
			2.0,2.5,…,9.5	0.5	16
			10,20,…,100	10	10

续表

套别	总块数	级别	尺寸系列/mm	间隔/mm	块数
2	83	0,1,2	0.5	—	1
			1	—	1
			1.005	—	1
			1.01,1.02,…,1.49	0.01	49
			1.5,1.6,…,1.9	0.1	5
			2.0,2.5,…,9.5	0.5	16
			10,20,…,100	10	10
3	46	0,1,2	1	—	1
			1.001,1.002,…,1.009	0.001	9
			1.01,1.02,…,1.09	0.01	9
			1.1,1.2,…,1.9	0.1	9
			2,3,…,9	1	8
			10,20,…,100	10	10

使用时,为了减少量块的组合误差,一般量块组合数目不超过4块。组合时,根据所需尺寸的最后一位数字选第一块量块的尺寸尾数,逐一选取,每一块量块消除所需尺寸的一位尾数。

例如,组合尺寸33.625(用83块一套)

$$
\begin{array}{ll}
33.625 & \cdots\cdots\cdots\text{所需尺寸} \\
-\ \ 1.005 & \cdots\cdots\cdots\text{第一块量块尺寸} \\
\hline
32.620 & \\
-\ \ 1.02 & \cdots\cdots\cdots\text{第二块量块尺寸} \\
\hline
31.600 & \\
-\ \ 1.6 & \cdots\cdots\cdots\text{第三块量块尺寸} \\
\hline
30 & \cdots\cdots\cdots\text{第四块量块尺寸}
\end{array}
$$

即 33.625 mm＝(1.005＋1.02＋1.6＋30) mm

6. 量块的使用注意事项

① 量块应在使用有效期内,否则应及时送专业部门检定。

② 所选量块应先放入航空汽油中清洗,并用洁净绸布将其擦干,待量块温度与环境温度相同后方可使用。

③ 使用环境良好,防止各种腐蚀性物质对量块的损伤及因工作面上的灰尘而划伤工作面,影响其研合性。

④ 轻拿、轻放量块,杜绝磕碰、跌落等情况的发生。

⑤ 不得用手直接接触量块,避免汗液对量块造成的腐蚀及手温对测量精确度的影响。

⑥ 使用完毕应先用航空汽油清洗量块,擦干后涂上防锈脂放入专用盒内妥善保管。

二、立式光学计

1. 立式光学计的结构和原理

如图 1-3-15 所示为立式光学计外形图。它由底座 1、立柱 5、支臂 3、直角光管 6 和工作台 11 等部分组成。光学计是利用光学杠杆放大原理进行测量的仪器，其光学系统如图 1-3-16b 所示。照明光线经反射镜 1 照射到刻度尺 8 上，再经直角棱镜 2、物镜 3，照射到反射镜 4 上。由于刻度尺 8 位于物镜 3 的焦平面上，故从刻度尺 8 上发出的光线经物镜 3 后成为平行光束。若反射镜 4 与物镜 3 之间相互平行，则反射光线折回到焦平面，刻度尺像 7 与刻度尺 8 对称。

如图 1-3-16a 所示，若被测尺寸变动使测杆 5 推动反射镜 4 绕支点转动某一角度 α，则反射光线相对于入射光线偏转 2α 角度，从而使刻度尺像 7 产生位移 t，如图 1-3-16c 所示，它代表被测尺寸的变动量。物镜至刻度尺 8 间的距离为物镜焦距 f，设 b 为测杆中心至反射镜支点间的距离，s 为测杆 5 移动的距离，则仪器的放大比 K 为

$$K = \frac{t}{s} = \frac{f\tan2\alpha}{b\tan\alpha}$$

当 α 很小时，$\tan2\alpha \approx \tan\alpha$，$\tan\alpha \approx \alpha$，因此

$$K = \frac{2f}{b}$$

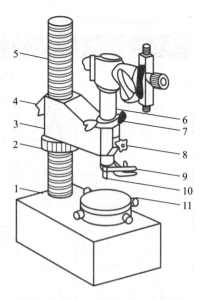

1—底座；2—螺母；3—支臂；4、8—紧固螺钉；
5—立柱；6—直角光管；7—调节凸轮；
9—拨叉；10—测头；11—工作台

图 1-3-15　立式光学计外形图

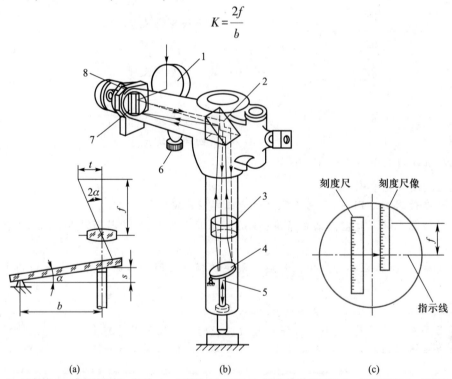

(a)　　　　　　　　(b)　　　　　　　　(c)

1—反射镜；2—直角棱镜；3—物镜；4—反射镜；5—测杆；6—刻度尺微调螺钉；7—刻度尺像；8—刻度尺

图 1-3-16　直角光管的光学系统

光学计的目镜放大倍数为 12，$f=200$ mm，$b=5$ mm，故仪器的总放大倍数 n 为

$$n=12K=12\,\frac{2f}{b}=12\times\frac{2\times200}{5}=960$$

由此说明，当测杆移动 0.001 mm 时，在目镜中可见到 0.96 mm 的位移量。

2. 立式光学计的使用

用立式光学计测量工件外径，是按比较测量法进行测量的。先用选择好的尺寸为 L 的量块组，将仪器的刻度尺调到零位。再将被测工件放到测头与工作台面之间。从目镜或投影屏中，可读得被测工件外径相对量块组尺寸的差值 ΔL。则被测工件的外径尺寸 $D=L+\Delta L$，如图 1-3-17 所示。

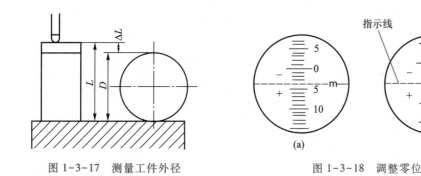

图 1-3-17　测量工件外径　　　　　　图 1-3-18　调整零位

3. 立式光学计的测量步骤

（1）测头的选择

测头有球形，平面形和刀口形三种，根据被测零件表面的几何形状来选择，使测头与被测表面尽量满足点接触。所以，测量平面或圆柱面工件时，选用球形测头；测量球面工件时，选用平面形测头；测量小于 10 mm 的圆柱面工件时，选用刀口形测头。

（2）按被测工件外径的公称尺寸组合量块

（3）调整仪器零位

① 参看图 1-3-15，将量块组置于工作台 11 的中央，并使测头 10 对准量块测量面的中央。

② 粗调节：松开紧固螺钉 4，转动螺母 2，使支臂 3 缓慢下降，直到测头与量块上测量面轻微接触，并能在视场中看到刻度尺像时，将紧固螺钉 4 锁紧。

③ 细调节：松开紧固螺钉 8，转动调节凸轮 7，直至在目镜中观察到刻度尺影像与 μ 指示线接近为止，如图 1-3-18a 所示，然后拧紧紧固螺钉 8。

④ 微调节：转动刻度尺微调螺钉（图 1-3-16b 中 6），使刻度尺的零线影像与 μ 指示线重合，如图 1-3-18b 所示，然后按动拨叉 9 数次，使零位稳定。

⑤ 将测头抬起，取下量块。

⑥ 测量工件。

按实验规定的部位进行测量，读出被测工件外径相对量块组尺寸的差值 ΔL。则被测工件的外径尺寸 $D=L+\Delta L$，把测量结果填入报告。

⑦ 合格性判断。

根据国家标准，查出尺寸公差和形状公差，计算出极限尺寸，判断工件的合格性。

项目思考与习题

1. 试分析用内径百分表测量孔径有哪些测量误差？
2. 内径百分表、立式光学计测量孔的直径时，各属何种测量方法？

单元二

零件几何公差的识读、选用与测量

项目一

曲轴零件几何公差的识读

项目目标

知识目标

了解零件几何要素的种类；

了解几何公差的特征项目名称及符号；

了解几何公差的公差带形状及常用附加符号；

掌握几何公差的功用及标注方法；

熟悉几何公差与尺寸公差的关系。

技能目标

能够进行零件图样几何公差标注的识读；

能够准确理解图样中零件几何公差标注的含义。

素质目标

培养执行国家标准的意识；

培养爱岗敬业的岗位意识；

培养实事求是、精益求精的工匠精神；

培育爱国主义情怀。

项目任务与要求

如图 2-1-1 所示为某企业生产的空压机曲轴零件图样，说明如图 2-1-1a 所示标注的各项几何公差的意义，要求包括公差特征项目名称、被测要素、基准要素、公差带形状、大小、方向和位置。

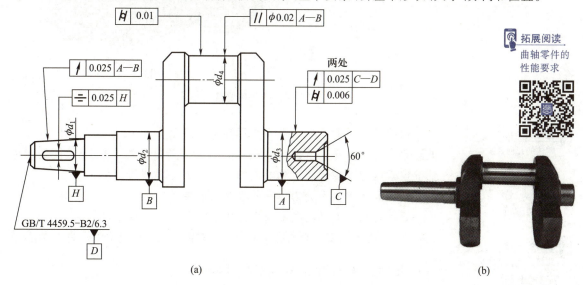

图 2-1-1　空压机曲轴零件图样

拓展阅读 曲轴零件的性能要求

项目预备知识

零件在加工过程中，不仅会产生尺寸误差，还会产生形状、位置、方向、跳动等几何误差，它们同样影响零件的使用功能。为了保证零件的互换性和工作精度要求，国家标准还规定了一系列几何公差。

一、几何要素

几何要素（简称要素）是指构成零件几何特征的点、线、面。如图 2-1-2 所示为零件的球面、圆锥面、端面、圆柱面、锥顶、素线、轴线、球心等。

零件的几何要素可从不同角度分类。

（1）按存在状态要素分为理想要素（公称要素）和实际要素（提取要素）

理想要素是指由参数化方程定义的要素。它们不存在任何误差。公称要素是指由设计者在产品技术文件中定义的理想要素。

实际要素是指对应于工件实际表面部分的几何要素。通常，零件加工完成后，用按规定方法通过检测手段得到的要素即提取要素来代替实际要素。

（2）按结构特征要素分为组成要素和导出要素

组成要素是指属于工件实际表面或表面模型的几何要素。如图 2-1-2 中的球面、圆锥面、端面、圆柱面、锥顶以及圆柱面和圆锥面的素线。

导出要素是指实际不存在于工件实际表面上的几何要素，是对组成要素或滤波要素（对一个非理想要素滤波而产生的非理想要素)进行一系列操作而产生的中心的、偏移的、一致的或镜像的几何要素。如图 2-1-2 中的球心、轴线等。

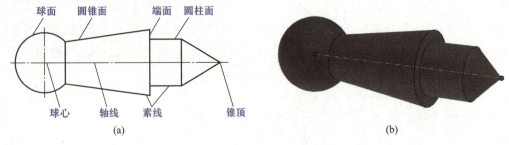

图 2-1-2 零件的几何要素

微课扫一扫
零件的几何要素

（3）按所处地位要素分为被测要素和基准要素

被测要素是指图样上给出形状或（和）位置公差要求的要素，是检测的对象。

基准要素是指用来确定被测要素方向或（和）位置的要素。

（4）按功能要求要素分为单一要素和关联要素

单一要素是指按本身功能要求而给出形状公差的被测要素。

关联要素是指相对基准要素有方向或位置功能要求而给出位置公差的被测要素。

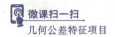
微课扫一扫
几何公差特征项目

二、几何公差的特征项目名称及符号

按国家标准 GB/T 1182—2018《产品几何技术规范（GPS）几何公差 形状、方向、位置和跳动公差标注》的规定，几何公差特征项目共有 14 个，其各项目名称及符号如表 2-1-1 所示。

表 2-1-1 几何公差特征项目的名称及符号

公差类型	特征项目名称	符号	有无基准	公差类型		特征项目名称	符号	有无基准
形状公差	直线度	—	无	位置公差	定向	平行度	∥	有
	平面度	▱	无			垂直度	⊥	有
	圆度	○	无			倾斜度	∠	有
	圆柱度	⌭	无		定位	同心度/同轴度	◎	有
						对称度	⌯	有
						位置度	⊕	有或无
形状或位置公差	线轮廓度	⌒	有或无		跳动	圆跳动	↗	有
	面轮廓度	⌓	有或无			全跳动	↗↗	有

三、几何公差的公差带

几何公差的公差带是由一个或两个理想的几何线要素或面要素所限定的，且由一个或多个线性尺寸表示公差值的区域。它是一个几何图形，只要被测要素完全落在给定的公差带内，就表示该要素的形状和位置符合要求。

几何公差的公差带包含公差带区域的形状、大小、方向和位置。

（1）公差带的形状由被测要素的理想形状和所规定的特征（项目）及其规范要求所确定。几何公差带的主要形状如图 2-1-3 所示。

（2）公差带的大小由公差值 t 确定，是指公差带的宽度或直径。除非另有图形标注，否则公差值沿被测要素的长度方向保持定值，如图 2-1-3 所示。

（3）公差带的方向和位置有浮动和固定两种。当公差带的方向和位置可以随实际被测要素的变动而变动，没有对其他要素保持一定几何关系的要求时，则公差带的方向和位置是浮动的；若几何公差带的方向和位置应和基准要素保持一定的几何关系，则称为固定的。所以，一般位置公差（标有基准）的公差带方向和位置是固定的，形状公差（未标基准）的公差带方向和位置是浮动的。

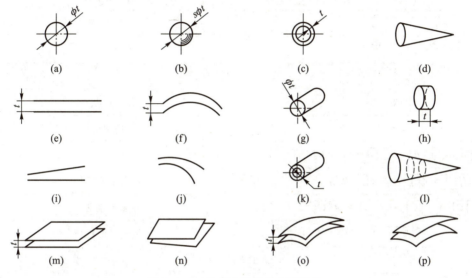

图 2-1-3 几何公差带的主要形状

四、 其他常用附加符号

如表 2-1-2 所示为国家标准 GB/T 1182—2018、GB/T 16671—2018《产品几何技术规范（GPS）几何公差 最大实体要求（MMR）、最小实体要求（LMR）和可逆要求（RPR）》、ISO 11405-1 中关于几何公差常用的附加符号及描述。

表 2-1-2 几何公差常用的附加符号

符 号	描 述
组合规范元素	
CZ	组合公差带
SZ	独立公差带
不对称公差带	
UZ	（规定偏置量的）偏置公差带
导出要素	
Ⓐ	中心要素
Ⓟ	延伸公差带

续表

符　号	描　述
被测要素标识符	
⟷	区间
UF	联合要素
LD	小径
MD	大径
PD	中径/节径
 ⊙↓　⊶	全周（轮廓）
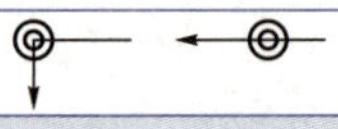 ◎↓　◉⊶	全表面（轮廓）
辅助要素标识符或框格	
ACS	任意横截面
＞＜	仅约束方向
◁//|B⟩ ◁⊥|B⟩ ◁∠|B⟩ ◁≡|B⟩*	相交平面框格
◁//|D⟩ ◁⊥|D⟩ ◁∠|D⟩*	定向平面框格
←//|C ←⊥|C ←∠|C ←／|C*	方向要素框格
◯//|B*	组合平面框格
理论正确尺寸符号	
50 *	理论正确尺寸
实体状态	
Ⓜ	最大实体要求
Ⓛ	最小实体要求
Ⓡ	可逆要求
尺寸公差相关要求	
Ⓔ	包容要求
*这些符号中的字母、数值和特征符号为示例。	

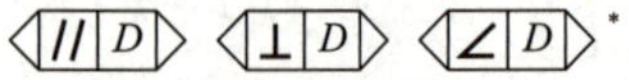

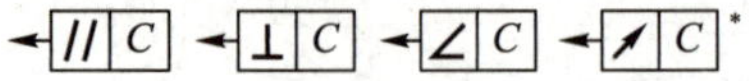

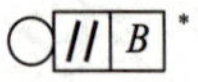

五、几何公差的标注

　　按几何公差国家标准的规定，在图样上标注几何公差规范时，应采用代号标注。无法采用代号标注时，允许在技术条件中用文字加以说明。

1.几何公差规范标注的组成

　　几何公差规范标注的组成包括公差框格、可选的辅助平面和要素标注以及可选的相邻标注（补充标注），如图 2-1-4 所示。

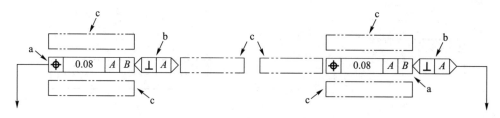

a—公差框格;b—辅助平面和要素框格;c—相邻标注

图 2-1-4　几何公差规范标注的组成

几何公差规范应使用参照线与指引线相连。如果没有可选的辅助平面或要素标注,参照线应与公差框格的左侧或右侧中点相连。如果有可选的辅助平面和要素标注,参照线应与公差框格的左侧中点或最后一个辅助平面和要素框格的右侧中点相连。

2. 公差框格

(1)公差要求应标注在划分成两个或三个部分的矩形框格内。各格自左至右依次填写符号部分(应包含几何特征符号),公差带、要素与特征部分,可选基准部分。第三部分可选的基准可包含一至三格。如图 2-1-5 所示,这些部分为自左向右顺序排列。

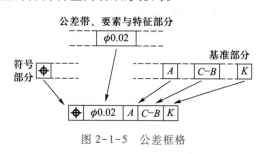

图 2-1-5　公差框格

(2)若需要为要素指定多个几何特征,要求可在上下堆叠的公差框格中给出。如图 2-1-6 所示,上下堆叠多层公差标注时,推荐将公差框格按公差值从上到下依次递减的顺序排布。

此时,参照线取决于标注空间,应连接于公差框格左侧或右侧的中点,而非公差框格中间的延长线。

图 2-1-6　多层几何
公差标注

3. 框格指引线

标注时指引线可由公差框格的一端引出,并与框格端线垂直,箭头一般指向被测要素。

(1)当几何公差规范指向组成要素时,该几何公差规范标注应当通过指引线与被测要素连接,并以下列方式之一终止。

① 如图 2-1-7 所示,在二维标注中,指引线终止在要素的轮廓上或轮廓的延长线上(但与尺寸线明显分离)。若指引线终止在要素的轮廓或其延长线上,则以箭头终止。

② 如图 2-1-8 所示,在三维标注中,指引线终止在组成要素上(但应与尺寸线明显分开)。指引线的终点为指向延长线的箭头以及组成要素上的点。当该面要素可见时,该点为实心的,指引线为实线;当该面要素不可见时,该点是空心的,指引线为虚线。

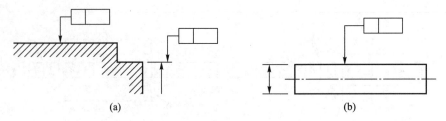

图 2-1-7　被测要素为组成要素的二维标注

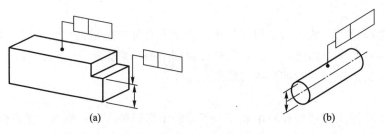

图 2-1-8　被测要素为组成要素的三维标注

③ 如图 2-1-9 所示,当标注要素是组成要素且指引线终止在要素的界限以内的,该箭头可放在指引横线上,并使用指引线指向该面要素,以圆点终止。此时指引线终点为圆点的上述规则也可适用。

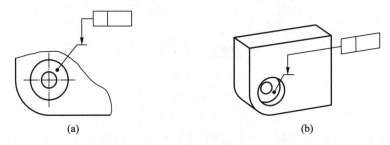

图 2-1-9　指引线终止在要素的界限内

(2) 当几何公差规范适用于导出要素(中心线、中心面或中心点)时,应按如下方式进行标注。

① 如图 2-1-10、图 2-1-11 所示,使用参照线与指引线进行标注,并用箭头终止在尺寸要素的尺寸延长线上;

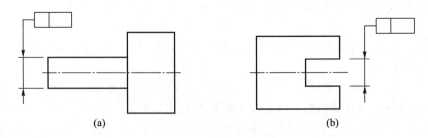

图 2-1-10　被测要素为导出要素的二维标注

② 如图 2-1-12 所示,可将修饰符Ⓐ(中心要素)放置在回转体的公差框格第二格公差带、要素

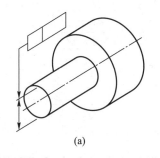 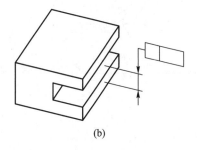

(a)　　　　　　　　　　　(b)

图 2-1-11　被测要素为导出要素的三维标注

与特征部分。此时,可在组成要素上用圆点或箭头终止(注:该修饰符Ⓐ只可用于回转体,不可用于其他类型的尺寸要素)。

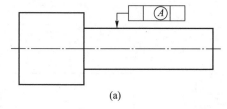 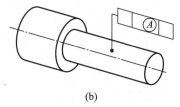

(a)　　　　　　　　　　　(b)

图 2-1-12　用中心要素符号表示被测要素为导出要素

4. 公差数值

公差值是强制性的规范元素,应使用线性尺寸所使用的单位。公差数值及相关符号填写在公差框格第二格公差带、元素与特征部分。

(1)如果被测要素是线要素或点要素且公差带是圆形、圆柱形或圆管形,公差值前面应标注符号"ϕ",如果被测要素是点要素且公差带是球形,公差值前面应标注符号"$S\phi$"。

(2)公差带默认具有恒定的宽度。如果公差带的宽度在两个值之间发生线性变化,如图 2-1-13所示,两数值应采用"-"分开标明,且使用在公差框格邻近处的区间符号"⟷"标识出每个数值所适用的两个位置。

如图 2-1-13b 所示为规定的两个位置之间定义从一个值到另一个值的呈比例变量,比例变量默认跟随曲线距离变化,例如沿着连接两规定位置弧线的距离。

(3)公差带的中心默认位于理论正确要素 TEF(具有理想形状、理想尺寸、方向与位置的公称要素)上,将其作为参照要素。如图 2-1-14 所示是使用 UZ 的偏置公差带规范。

如图 2-1-14 所示提取面应限定在给定直径等于公差值的一系列圆球的两等距包络面之间。这些圆球的中心所处的面要素由一个与 TEF 接触,且直径等于 UZ 后面数值绝对值的球包络而成。该值应始终标注正负号。"+"符号表示"实体外部","-"符号表示"实体内部"。

如果公差带的偏置量在两个值之间线性变化,则应注明两个值,并用":"分开,如"UZ + 0.1:+ 0.2",此时,一个偏置量可为零且不用标注正负号。应在公差框格邻近处使用区间符号"⟷"标识出每个偏置量所适用的公差带两端,该标注与图 2-1-13 所示的标注类似。UZ 仅可用于组成要素。

(4)GB/T 1182—2018 中关于未给定偏置量的偏置公差带规范元素,限于篇幅在此不进行介绍。

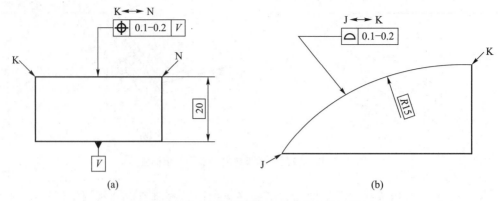

图 2-1-13　使用区间符号的变宽度公差带图样标注

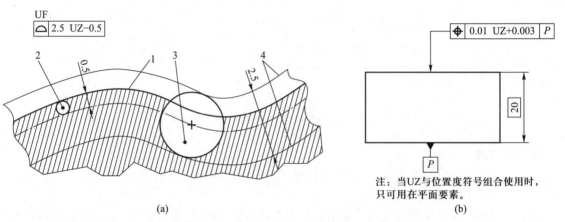

注：当 UZ 与位置度符号组合使用时，
只可用在平面要素。

1—图例中单个复杂理论要素(TEF)，其实体位于轮廓的下方；2—表示定义理论偏置要素的球；

3—表示相对于参照要素来定义公差带的球；4—公差带界限

图 2-1-14　偏置公差带规范

5. 基准

基准是由基准要素经拟合操作所得到的一个或多个方位要素，可用来确定公差带的位置和/或方向，或者确定其他诸如实效状态等理想要素的位置和/或方向。

微课扫一扫
几何公差基准
的标注

（1）基准标识符

对于建立基准的各个单一要素，应用一个方框进行标注，并且通过指引线用一个填充的或空白的基准三角形连接到相应要素，如图 2-1-15 所示。

（2）基准代号的标注

用于建立基准的各个单一要素，应在基准标识符内标注基准代号，如图 2-1-16 所示。一个基准代号由一个或多个中间无连字符的大写字母组成。

为避免混淆，基准代号不宜使用字母 I、O、Q 和 X。

图 2-1-15　基准标识符　　　　　图 2-1-16　基准代号的标注

① 当建立基准的单一要素为由尺寸要素确定的轴线、中心平面或中心点时，应按照下列规定放置基准标识符，以指定相应表面。

如图 2-1-17a 所示，放置在尺寸线的延长线位置上；

如图 2-1-17b 所示，放置在指向表面尺寸线延长线的公差框格上；

如图 2-1-17c 所示，放置在尺寸的参照线上；

如图 2-1-17d 所示，放置在与参照线相连的公差框格上，该参照线指向表面并带有一个尺寸。

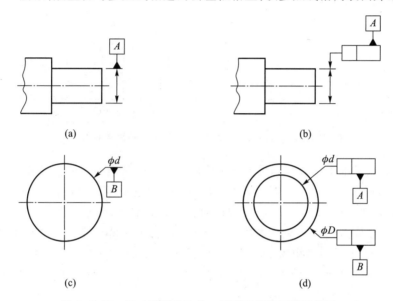

图 2-1-17 尺寸要素作为单一要素的基准标识符放置

② 当建立基准的单一要素不是尺寸要素时，应按照下列规定放置基准标识符，以指定相应表面。

放置在表面的轮廓上，如图 2-1-18a 所示基准代号 A；

放置在表面的延长线上，如图 2-1-18a 所示基准代号 B；

放置在公差框格上，该公差框格指向表面的轮廓、表面延长线或表面的参照线，如图 2-1-18b 所示；

放置在与指引线相连的参照线上，该指引线依附于表面、不关联于任何尺寸，指引线在不可见的表面终止于一个不填充的圆形，如图 2-1-18c 所示，或在可见表面终止于一个填充的圆形，如图 2-1-18d所示。基准标识符宜标注在可见的表面上。

③ 基准目标是在当不必采用整个组成要素建立基准时，标注出的单一要素的部分（区域、线或点）以及其尺寸和位置。生产中，常采用基准目标的方法，选择基准要素上的某些点、线或局部表面来体现各基准平面，使加工与检验基准统一，取得一致的误差评定结果。基准目标一般在大型零件上采用。

限于篇幅，国家标准 GB/T 17851—2022《产品几何技术规范（GPS） 几何公差 基准和基准体系》中关于基准目标的符号和标注方法，在此不进行介绍。

（3）基准和基准体系在公差框格中的表示

① 单一基准。当单一要素作基准时，该基准应在公差框格的第三格中用相应的单个大写字母表示，如图 2-1-19 所示。

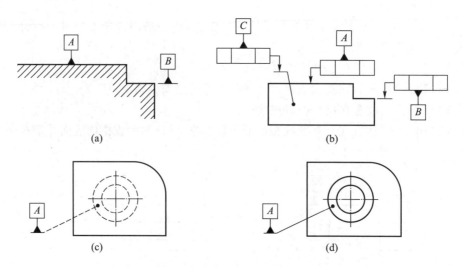

图 2-1-18　非尺寸要素作为单一要素的基准标识符放置

② 公共基准。当基准为由两个同类要素构成而作为一个基准使用的公共基准时,应对两个同类要素分别标注基准符号,采用两个不同的基准字母;在公差框格的第三格用中间加连字符的两个大写字母表示,如图 2-1-20 及表 2-1-8 中径向圆跳动公差标注示例所示。

③ 由两个或三个要素建立的基准体系。当一个基准体系由两个或三个要素建立时,它们的基准代号字母应按各基准的优先顺序在公差框格的第三格到第五格中依次标出。序列中的第一个基准被称作"第一基准",第二个被称为"第二基准",第三个被称为"第三基准",如图 2-1-21 及表 2-1-7 中位置度标注示例所示。

如果第一基准对公差带的自由度约束已经足够,不应再给定第二或三基准;如果第一基准和第二基准对公差带的自由度约束已经足够,不应再给定第三基准。

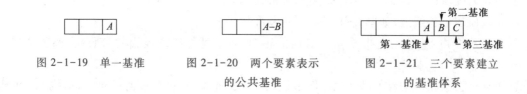

图 2-1-19　单一基准　　　图 2-1-20　两个要素表示　　　图 2-1-21　三个要素建立
　　　　　　　　　　　　　　　　的公共基准　　　　　　　　的基准体系

6. 辅助平面与要素框格

辅助平面与要素框格有相交平面框格、定向平面框格、方向要素框格以及组合平面框格四种。

如表 2-1-3 所示,列出了部分辅助平面与要素框格的作用、标注示例及释义,这些框格均可标注在公差框格的右侧。如果需标注其中的若干个,相交平面框格应在最接近公差框格的位置标注,其次是定向平面框格或方向要素框格(两个不应一同标注),最后则是组合平面框格。当标注此类框格中的任何一个时,参照线可连接于公差框格的左侧或右侧,或最后一个可选框格的右侧。

表 2-1-3　辅助平面与要素框格标注示例

辅助平面与要素	图样标注方法及其作用	标注示例及释义
相交平面	◁ // B ◁ ⊥ B ◁ ∠ B ◁ 〓 B 　　相交平面是由工件的提取要素建立的平面,用于标识提取面上的线要素(组成要素或中心要素)或标识提取线上的点要素 　　相交平面应使用相交平面框格规定,并且作为公差框格的延伸部分标注在其右侧。指引线可根据需要,与相交平面框格相连,而不与公差框格相连 　　当被测要素是组成要素上的线要素时,除被测要素是圆柱、圆锥或球的母线的直线度或圆度外,应标注相交平面,以免产生误解	// 0.2 D ◁ // C　　C 　　D 被测要素是被测面要素上与基准 C 平行的所有线要素 — 0.1 ⊥ A A 被测要素是被测面要素上与基准 A 垂直的所有线要素
定向平面	◁ // D ◁ ⊥ D ◁ ∠ D 　　定向平面是由工件的提取要素建立的平面,用于标识公差带的方向。既能控制公差带构成平面的方向(直接使用框格中的基准与符号),又能控制公差带宽度的方向(间接地与这些平面垂直),或能控制圆柱形公差带的轴线方向 　　定向平面应使用定向平面框格规定,并且标注在公差框格的右侧。指引线可根据需要,与定向平面相连,而不与公差框格相连 　　使用定向平面可不依赖于 TED(位置)或基准(方向)定义限定公差带的平面或圆柱的方向。仅当被测要素是中心线或中心点且公差带的宽度是由两平行平面限定的,或被测要素是中心点、圆柱时,才可使用定向平面	// 0.1 A ◁ ∠ B　　A α B 公差带为距离 0.1 mm 的两平行平面,与基准轴线 A 平行,同时其方向与基准 B 呈理论正确角度的 α

辅助平面与要素	图样标注方法及其作用	标注示例及释义
方向要素	$\leftarrow \boxed{// \mid C} \quad \leftarrow \boxed{\perp \mid C} \quad \leftarrow \boxed{\angle \mid C} \quad \leftarrow \boxed{\nearrow \mid C}$ 方向要素是由工件的提取要素建立的理想要素,用于标识公差带宽度(局部偏差)的方向 在二维标注中,仅当指引线的方向以及公差带宽度的方向使用 TED(理论正确尺寸)标注时,指引线的方向才是公差带宽度的方向。当被测要素是组成要素且公差带宽度的方向与面要素不垂直时,应使用方向要素确定公差带宽度的方向 另外,非圆柱体或球体的回转体表面圆度的公差带宽度方向应使用方向要素标注 仅当面要素为回转体、圆柱体和平面时,才可用于构建方向要素	 与被测要素的面要素垂直的圆度公差的标注(使用跳动符号表示公差带宽度的方向与跳动相同) 当由公差框格所定义的基准要素与用于构建方向要素的要素相同时,可省略方向要素
组合平面	$\boxed{\circ \mid // \mid A}$ 组合平面是由工件上的要素建立的平面,用于定义封闭的组合连续要素(由多个单一要素无缝组合在一起的单一要素) 当标注"全周"符号时,应使用组合平面。组合平面可标识一个平行平面族用来标识"全周"标注所包含的要素 当使用组合平面框格时,应作为公差框格的延伸部分标注在其右侧	 (a) 二维 (b) 三维 图样上所标注的要求作为组合公差带,适用于在所有横截面中的线 a、b、c 与 d

微课扫一扫
方向要素

7. 其他常用附加符号的标注

（1）联合被测要素

如果将被测要素视为联合要素,则应增加 UF,如图 2-1-22 所示,其中圆柱度要素由曲面要素组合定义。

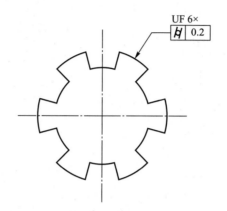

图 2-1-22　应用于联合要素的规范标注

（2）全周与全表面符号的标注

① 全周符号标注。如果将几何公差规范作为单独的要求应用到横截面的轮廓上,或将其作为单独的要求应用到封闭轮廓所表示的所有要素上时,应使用"全周"符号○标注,并放置在公差框格的指引线与参考线的交点上,如图 2-1-23 所示。

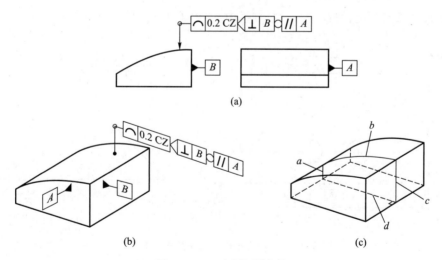

图 2-1-23　全周图样标注

全周要求仅适用于组合平面所定义的面要素,而不是整个工件。为避免歧义,"全周"标注的工件应相对简单。

② 全表面符号柱注。如果将几何公差规范作为单独的要求应用到工件的所有组成要素上,应使用"全表面"符号◎标注,如图 2-1-24 所示。

除非基准参照系可锁定所有未受约束的自由度,否则"全周"或"全表面"应与 SZ(独立公差带)、CZ(组合公差带)或 UF(联合要素)组合使用。如果"全周"或"全表面"符号与 SZ 组合使用,则该特征应作为单独的要求应用到所标注的要素上。如果所标注的要素需作为一个要素考量,如图 2-1-24 所示,应将 UF(联合要素)与"全周"或"全表面"符号相连使用,则该要求适用于所有的面要素 a、b、c、d、e、f、g 和 h,并将其视为一个联合要素。

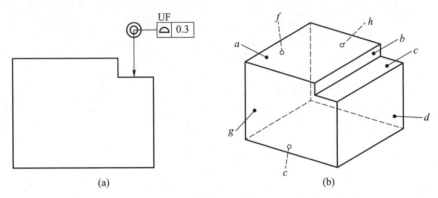

图 2-1-24　全表面图样标注

（3）理论正确尺寸(TED)

当给出一个或一组要素的位置、方向或轮廓度规范时,将确定各个理论正确位置、方向或轮廓的尺寸称为理论正确尺寸(TED)。

TED 可以明确标注,或是缺省的。缺省的 TED 可以包括:0 mm、0°、90°、180°、270°以及在完整的圆上均匀分布的要素之间的角度距离。

理论正确尺寸没有公差,并标注在一个方框中,如图 2-1-25 所示。

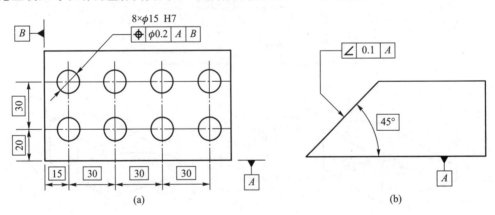

图 2-1-25　理论正确尺寸在图样上的标注

（4）局部规范和局部被测要素

① 局部规范。如果公差适用于整个要素内的任何局部区域,则应使用线性与/或角度单位将局部区域的范围添加在公差值后面,并用斜杠分开。如图 2-1-26a 所示为线性局部公差带;如果要标注两个或多个特征相同的规范组合方式,使用如图 2-1-26b 所示的方式,如图 2-1-26c 所示为圆形局部公差带。

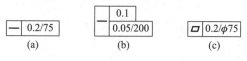

图 2-1-26 局部公差带

如图 2-1-27 所示为任意矩形局部区域,标有用"×"分开的长度与高度。该区域在两个方向上都可移动。应使用定向平面框格表示第一个长度数值所适用的方向。

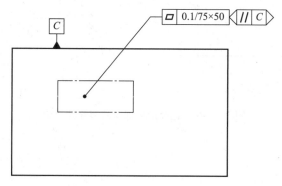

图 2-1-27 任意矩形局部区域

② 局部被测要素。如果公差适用于要素内部的某个局部区域,标注方式如图 2-1-28 所示。

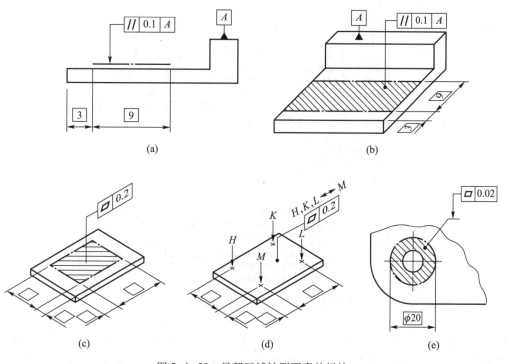

图 2-1-28 局部区域被测要素的标注

如果一个规范只适用于要素上一个已定义的局部区域,或连续要素的一些连续的局部区域,而不是横截面的整个轮廓(或轮廓表示的整个面要素),应标识出被测要素的起止点,并且用粗长点划线定义部分面要素或使用区间符号"←→"。如图 2-1-29 所示,被测要素是从线 *J* 开始到线 *K* 结束的上部面要素,面要素 *a*、*b*、*c* 与 *d* 的下部不在规范的范围内。

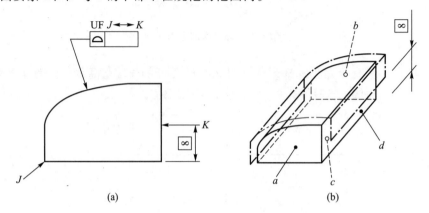

图 2-1-29　连续的局部非封闭被测要素

（5）组合规范元素

分为以下两种情形:

① 如果某几何公差规范适用于多个要素,可采用如图 2-1-30 所示的标注方式,且默认遵守独立原则,即对每个被测要素的规范要求都是相互独立的。

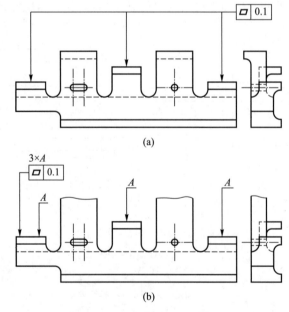

图 2-1-30　适用于多个单独要素的规范

② 当组合公差带应用于若干独立的要素时,或若干个组合公差带（由同一个公差框格控制）,同时（并非相互独立的）应用于多个独立的要素时,要求为组合公差带标注符号 CZ,如图 2-1-31 所示。

为表示规范适用于多个要素,在相邻标注区域内,使用如图 2-1-30b 所示的"3×",或使用如图 2-1-31a所示的三根指引线与公差框格相连,但不可同时使用。其中,如图 2-1-31 所示 CZ 标注在公差框格内,所有相关的单独公差带应采用明确的理论正确尺寸 TED,或缺省的 TED 约束相互之间的位置及方向。

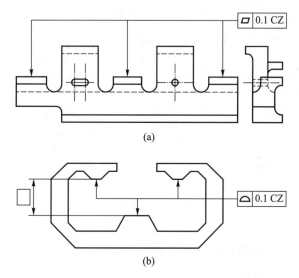

图 2-1-31 适用于多个单独要素的组合公差带规范

（6）延伸被测要素

延伸要素是从实际要素中构建出来的拟合要素。此时,被测要素是要素的延伸部分或其导出要素。延伸公差带应与形状和位置公差联合应用,在公差框格的第二格中公差值之后使用修饰符Ⓟ。

延伸要素相关部分的界限应定义明确,可采用如图 2-1-32a 所示的代表延伸要素的细长双点画线,"虚拟"组成要素直接标注,或如图 2-1-32b 所示的间接标注。如图 2-1-32b 所示的间接标注可省略代表延伸要素的细长双点画线,但是这种间接标注的使用仅限于盲孔。

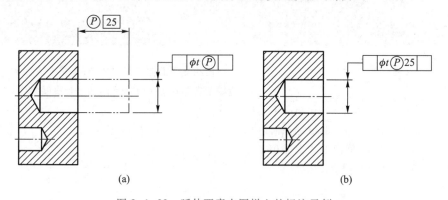

图 2-1-32 延伸要素在图样上的标注示例

（7）其他被测要素的标注

① 若被测要素为提取组成要素与横截平面相交,或提取中心线与相交平面相交所定义的交线或交点,应增加 ACS,如图 2-1-33 所示。若有基准标注,ACS 也会将基准要素修正到相应的横截面内。该横截面与所标注的基准或组成要素的直线垂直。ACS 仅适用于回转体表面、圆柱表面或棱柱表面。

② 螺纹规范默认适用于中径的导出轴线,否则应标注"MD"表示大径,标注"LD"表示小径。如图 2-1-34 所示为适用于螺纹大径的规范标注。

规定花键与齿轮的规范与基准应注明其适用的具体要素,例如标注"PD"表示节圆直径,"MD"表示大径,"LD"表示小径。

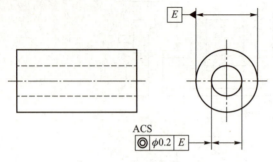 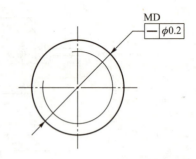

图 2-1-33　适用于任何横截面的规范标注　　　　图 2-1-34　适用于螺纹大径的规范标注

六、　几何公差的功用及标注示例

1. 形状公差的功用及标注示例

形状公差是指单一实际要素的形状所允许的变动全量。形状公差带是限制实际被测要素变动的一个区域。直线度、平面度的被测要素可以是组成要素或导出要素,圆度、圆柱度的被测要素是组成要素。

形状公差的特点是不涉及基准,其方向和位置随实际要素不同而浮动。

典型形状公差的功用及标注示例见表 2-1-4。

表 2-1-4　典型形状公差的功用及标注示例

公差特征项目及符号	功用	公差带定义	标注示例及解释
直线度 —	限制给定平面内的直线形状误差	公差带为在平行于(相交平面框格给定的)基准 A 的给定平面内与给定方向上、间距等于公差值 t 的两平行直线所限定的区域 a 为基准 A;b 为任意距离;c 为平行于基准平面 A 的相交平面	在由相交平面框格规定的平面内,上表面的提取(实际)线应限定在间距等于0.1 mm的两平行直线之间 读法:表面素线的直线度公差为 0.1 mm 微课扫一扫　直线度的标注和功用 动画　直线度

公差特征项目及符号	功用	公差带定义	标注示例及解释
直线度 ―	限制给定方向上的直线形状误差	公差带为间距等于公差值 t 的两平行面所限定的区域	圆柱表面的提取(实际)棱边应限定在间距等于 0.1 mm 的两平行平面之间。 读法:棱边的直线度公差为 0.1 mm
	限制空间直线的形状误差	由于公差值前加注了符号 ϕ,公差带为直径等于公差值 ϕt 的圆柱面所限定的区域	圆柱面的提取(实际)中心线应限定在直径等于 $\phi0.08$ mm 的圆柱面内 动画 直线度 读法:圆柱面轴线的直线度公差为 $\phi0.08$ mm
平面度 ▱	限制被测实际平面的形状误差	公差带为间距等于公差值 t 的两平行平面所限定的区域	提取(实际)表面应限定在间距等于 0.08 mm 的两平行平面之间 微课扫一扫 平面度、圆度、圆柱度的标注和功用 动画 平面度 读法:上表面的平面度公差为 0.08 mm

续表

公差特征项目及符号	功用	公差带定义	标注示例及解释
圆度 〇	限制回转表面径向截面轮廓的形状误差	公差带为在给定横截面内,半径差等于公差值 t 的两同心圆所限定的区域 a 为任意相交平面(任意横截面)	在圆柱面与圆锥面的任意横截面内,提取(实际)圆周应限定在半径差等于 0.03 mm 的两共面同心圆之间(圆锥表面应使用方向要素框格进行标注) 动画 圆度 读法:圆柱和圆锥任意截面圆的圆度公差为 0.03 mm
	限制回转表面与被测要素面垂直的截面轮廓形状误差	公差带为在给定横截面内(如方向要素框格所示的,垂直于被测要素表面),沿表面距离为 t 的两个在圆锥面上的圆所限定区域 a 为垂直于基准 C(被测要素的轴线)的圆,在圆锥表面上且垂直于被测要素的表面	提取圆周线位于该表面的任意横截面上,由被测要素和与其同轴的圆锥相交所定义,并且其锥角可确保该圆锥与被测要素垂直。该提取圆周线应限定在距离等于 0.1 mm 的两个圆之间,这两个圆位于相交圆锥上(圆锥表面的圆度要求应标注方向要素框格) 动画 圆度 读法:圆锥任意垂直于被测面截面圆的圆度公差为 0.1 mm

续表

公差特征项目及符号	功用	公差带定义	标注示例及解释
圆柱度 ⌭	限制圆柱面的形状误差	公差带为半径差等于公差值 t 的两同轴圆柱面所限定的区域	提取(实际)圆柱表面应限定在半径差等于 0.1 mm 的两同轴圆柱面之间 动画 圆柱度 读法:圆柱面的圆柱度公差为 0.1 mm

2. 轮廓度公差的功用及标注示例

轮廓度公差分为线轮廓度和面轮廓度。轮廓度无基准要求时为形状公差,公差带的形状只由理论正确尺寸确定,其位置浮动;有基准要求时为位置公差,公差带的形状和位置由理论正确尺寸及基准确定,其位置固定。

轮廓度公差的被测要素可以是组成要素或导出要素,其公称被测要素的形状除直线或平面外,应通过图样上完整的标注或基于 CAD 模型的查询明确给定。

典型轮廓度公差的功用及标注示例如表 2-1-5 所示。

微课扫一扫 轮廓度公差的标注和功用

表 2-1-5 典型轮廓度公差的功用及标注示例

公差特征项目及符号	功用	公差带定义	标注示例及解释
线轮廓度 ⌒	基准不相关的线轮廓度公差,是形状公差 与基准相关的轮廓度公差是形状公差 限制平面曲线的形状误差	公差带为直径等于公差值 t,圆心位于具有理论正确几何形状上的一系列圆的两包络线所限定的区域  a 为基准平面 A;b 为任意距离;c 为平行于基准平面 A 的平面	任一平行于基准平面 A 的截面内,提取(实际)轮廓线应限定在直径等于0.04 mm,圆心位于理论正确几何形状上的一系列圆的两等距包络线之间 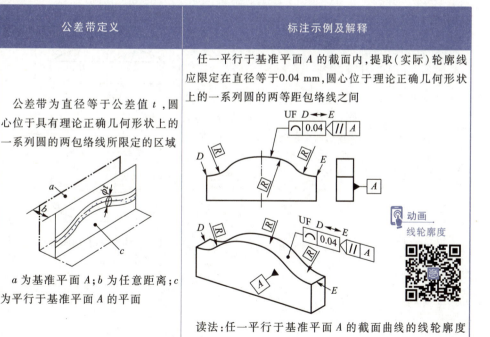 动画 线轮廓度 读法:任一平行于基准平面 A 的截面曲线的线轮廓度公差为 0.04 mm

续表

公差特征项目及符号	功用	公差带定义	标注示例及解释
线轮廓度 ⌒	相对于基准体系的线轮廓度公差,是方向和位置公差	限制曲线的形状、方向和位置误差	公差带为直径等于公差值 t ,圆心位于由基准平面 A 与基准平面 B 确定的被测要素理论正确几何形状上的一系列圆的两包络线所限定的区域 a 为基准 A ; b 为基准 B ; c 为平行于基准 A 的平面	在任一由相交平面框格规定的平行于基准平面 A 的截面内,提取(实际)轮廓线应限定在直径等于 0.04 mm、圆心位于由基准平面 A 与基准平面 B 确定的被测要素理论正确几何形状线上的一系列圆的两等距包络线之间 动画 线轮廓度 读法:任一平行于基准 A 的截面曲线对基准 A 和基准 B 的线轮廓度公差为0.04 mm
面轮廓度 ⌓	与基准不相关的面轮廓度公差,是形状公差	限制一般曲面的形状误差	公差带为直径等于公差值 t ,球心位于理论正确几何形状上的一系列圆球的两个包络面所限定的区域	提取(实际)轮廓面应限定在直径等于 0.02 mm,球心位于被测要素理论正确几何形状表面上的一系列圆球的两等距包络面之间 动画 面轮廓度 榜样力量 高铁研磨大师——宁允展 读法:SR 球面的面轮廓度公差为0.02 mm

续表

公差特征项目及符号	功用	公差带定义	标注示例及解释
面轮廓度 ⌓　相对于基准的面轮廓度公差,是方向和位置公差	限制曲面的形状、方向和位置误差	公差带为直径等于公差值 t、球心位于由基准平面 A 确定的被测要素理论正确几何形状上的一系列圆球的两包络面所限定的区域 a 为基准 A	提取(实际)轮廓面应限定在直径距离等于 0.1 mm,球心位于由基准平面 A 确定的被测要素理论正确几何形状上的一系列圆球的两等距包络面之间 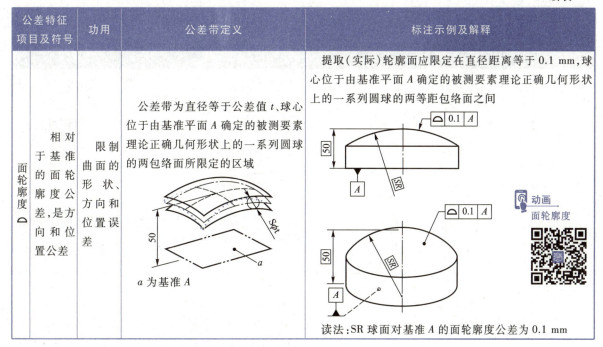 读法:SR 球面对基准 A 的面轮廓度公差为 0.1 mm

3. 位置公差的功用及标注示例

（1）定向公差的功用及标注示例

定向公差是关联实际要素对其具有确定方向的理想要素的允许变动量。理想要素的方向由基准及理论正确尺寸（角度）确定。当理论正确角度为 0° 时,称为平行度公差;为 90° 时,称为垂直度公差;为其他任意角度时,称为倾斜度公差。这三项公差都有线对线、线对面、面对线、面对面几种情况,被测要素可以是组成要素或是导出要素。

部分定向公差的功用及标注示例如表 2-1-6 所示。

表 2-1-6　部分定向公差的功用及标注示例

公差特征项目及符号	功用	公差带定义	标注示例及解释
平行度 ∥　线对基准线的平行度公差	限制被测中心线相对于基准体系的平行度误差	公差带为间距等于公差值 t、平行于两基准且沿规定方向的两平行平面所限定的区域 a 为基准 A;b 为基准 B	提取(实际)中心线应限定在间距等于 0.1 mm,平行于基准轴线 A 的两平行平面之间。限定公差带的平面均平行于由定向平面框格规定的基准平面 B。基准 B 为基准 A 的辅助基准

动画
面轮廓度

微课扫一扫
定向公差的标注和功用

公差特征项目及符号	功用	公差带定义	标注示例及解释
平行度 //	线对基准线的平行度公差	限制被测中心线相对于基准体系的平行度误差	 读法:被测孔轴线在平行于基准 B 的方向上对基准孔 A 轴线的平行度公差为 0.1 mm 提取(实际)中心线应限定在间距等于 0.1 mm、平行于基准轴线 A 的两平行平面之间。限定公差带的平面均垂直于由定向平面框格规定的基准平面 B,基准 B 为基准 A 的辅助基准 读法:被测孔轴线在垂直于基准 B 的方向上对基准孔 A 轴线的平行度公差为 0.1 mm

公差带为间距等于公差值 t、平行于基准 A 且垂直于基准 B 的两平行平面所限定的区域

a 为基准 A;b 为基准 B

续表

公差特征项目及符号	功用	公差带定义	标注示例及解释
平行度 //	线对基准线的平行度公差	限制被测中心线相对于基准面的平行度误差	公差值前加注了符号 ϕ，则公差带为平行于基准轴线、直径等于公差值 ϕt 的圆柱面所限定的区域 a 为基准 A	提取（实际）中心线应限定在平行于基准轴线 A、直径等于 $\phi0.03$ mm 的圆柱面内 读法：被测孔轴线对基准孔 A 轴线的平行度公差为 $\phi0.03$ mm
	线对基准面的平行度公差	限制被测中心线相对于基准面的平行度误差	公差带为平行于基准平面，间距等于公差值 t 的两平行平面限定的区域 a 为基准 B	提取（实际）中心线应限定在平行于基准平面 B，间距等于 0.01 mm 的两平行平面之间 读法：被测孔轴线对基准下表面 B 的平行度公差为 0.01 mm

公差特征项目及符号	功用	公差带定义	标注示例及解释
平行度 ∥ 线对基准面的平行度公差	限制被测直线相对于基准面的一组在表面上的线平行度误差	公差带为间距等于公差值 t 的两平行直线所限定的区域。两直线平行于基准平面 A 且处于平行于基准平面 B 的平面内 a 为基准 A；b 为基准 B	每条由相交平面框格规定的,平行于基准面 B 的提取(实际)线,应限定在间距等于 0.02 mm、平行于基准平面 A 的两平行线之间。基准 B 为基准 A 的辅助基准 读法:被测面平行于基准 B 的上表面线对基准下表面 A 的平行度公差为0.02 mm
面对基准面的平行度公差	限制被测平面相对于基准平面的平行度误差	公差带为间距等于公差值 t、平行于基准平面的两平行平面所限定的区域 a 为基准 D	提取(实际)表面应限定在间距等于0.01 mm,平行于基准面 D 的两平行平面之间 读法:被测上表面对基准下表面 D 的平行度公差为0.01 mm

续表

公差 特征项目 及符号	功用	公差带定义	标注示例及解释
垂直度⊥ 线对基准线的垂直度公差	限制被测直线相对于基准线的垂直度误差	公差带为间距等于公差值 t、垂直于基准轴线的两平行平面所限定的区域 a 为基准 A	提取(实际)中心线应限定在间距等于 0.06 mm、垂直于基准轴 A 的两平行平面之间 读法:被测圆柱孔轴线对基准轴线 A 的垂直度公差为 0.06 mm
线对基准平面的垂直度公差	限制被测中心线相对于基准体系的垂直度误差	公差带为间距等于公差值 t 的两平行平面所限定的区域。两平面垂直于基准平面 A 且平行于辅助基准 B a 为基准 A;b 为基准 B	圆柱面的提取(实际)中心线应限定在间距等于 0.1 mm 的两平行平面之间。该两平行平面垂直于基准平面 A,且方向由基准平面 B 规定。基准 B 为基准 A 的辅助基准 动画 垂直度 读法:被测圆柱轴线对底面在平行于基准面 B 的方向上的垂直度公差为0.1 mm

续表

公差特征项目及符号	功用	公差带定义	标注示例及解释
垂直度 ⊥	线对基准平面的垂直度公差	限制被测中心线相对于基准面的垂直度误差	公差值前加注符号 ϕ，公差带为直径等于公差值 ϕt，轴线垂直于基准平面的圆柱面所限定的区域	圆柱面的提取（实际）中心线应限定在直径等于 $\phi 0.01$ mm、垂直于基准平面 A 的圆柱面内
	面对基准线的垂直度公差	限制被测平面相对于基准直线的垂直度误差	公差带为间距等于公差值 t 且垂直于基准轴线的两平行平面所限定的区域	提取（实际）面应限定在间距等于 0.08 mm 的两平行平面之间。该两平行平面垂直于基准轴线 A

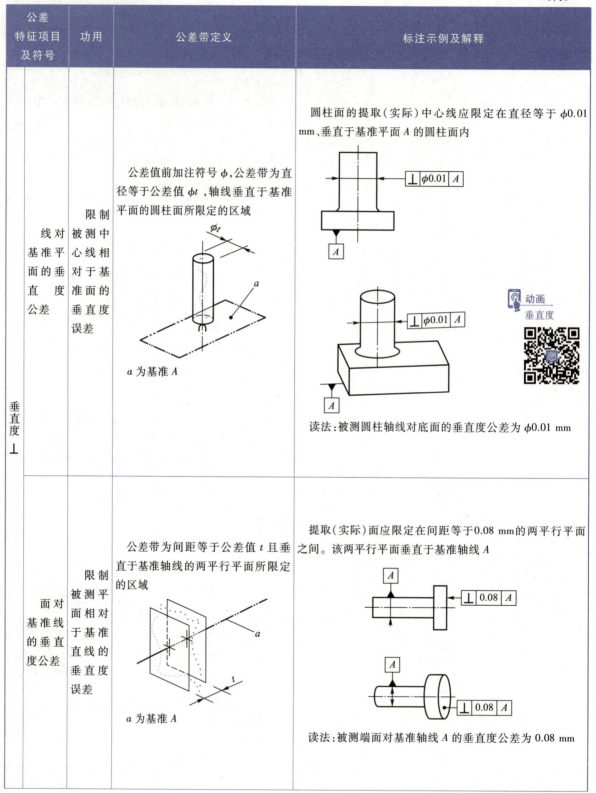

a 为基准 A

读法：被测圆柱轴线对底面的垂直度公差为 $\phi 0.01$ mm

a 为基准 A

读法：被测端面对基准轴线 A 的垂直度公差为 0.08 mm

动画
垂直度

续表

公差特征项目及符号	功用	公差带定义	标注示例及解释
垂直度 ⊥	面对基准平面的垂直度公差	限制被测平面相对于基准平面的垂直度的误差	公差带为间距等于公差值 t、垂直于基准平面的两平行平面所限定的区域 a 为基准 A	提取(实际)面应限定在间距等于0.08 mm、垂直于基准平面 A 的两平行平面之间 ⊥ 0.08 A A ⊥ 0.08 A A 动画 垂直度 读法:右端面对底面的垂直度公差为0.08 mm
倾斜度 ∠	面对基准平面的倾斜度公差	限制被测平面相对于基准平面的倾斜度误差	公差带为间距等于公差值 t 的两平行平面所限定的区域。两平面按规定角度倾斜于基准平面 a 为基准 A	提取(实际)表面应限定在间距等于0.08 mm 的两平行平面之间。两平面按理论正确角度 40° 倾斜于基准平面 A。 ∠ 0.08 A 40° A ∠ 0.08 A 40° A 动画 倾斜度 读法:斜面对底面的倾斜度公差为0.08 mm

定向公差带的特点如下:

① 定向公差带相对于基准有确定的方向,而其位置往往浮动。

② 定向公差包含了形状公差,所以一般给出定向公差后,不再给出形状公差要求。设计时,如果需要对被测要素的形状有进一步要求,可再给出形状公差,且形状公差值应小于定向公差值,即 $T_{形状} < T_{定向}$。

（2）定位公差的功用及标注示例

定位公差是关联实际要素对其具有确定位置的理想要素的允许变动量。理想要素的位置由基准及理论正确尺寸（长度或角度）确定。定位公差包括位置度、同轴度、对称度三项，被测要素可以是组成要素或是导出要素。

部分定位公差的功用及标注示例如表 2-1-7 所示。

表 2-1-7　部分定位公差的功用及标注示例

公差特征项目及符号	功用	公差带定义	标注示例及解释
位置度 ⊕ 点的位置度公差	限制被测点的实际位置相对于理想位置的变动	公差值前加注 Sφ，公差带为直径等于公差值 Sφt 的圆球面所限定的区域。该圆球面的中心位置由相对于基准 A、B、C 的理论正确尺寸确定 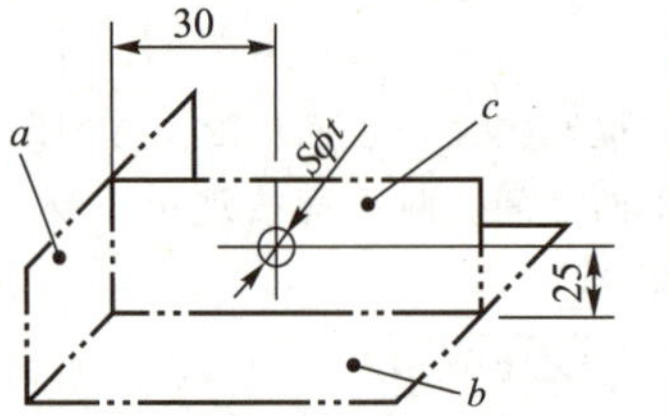 a 为基准 A；b 为基准 B；c 为基准 C	提取（实际）球心应限定在直径等于 Sφ0.3 mm 的圆球面内。该圆球面的中心与基准平面 A、基准平面 B、基准中心平面 C 及被测球所确定的理论正确位置一致 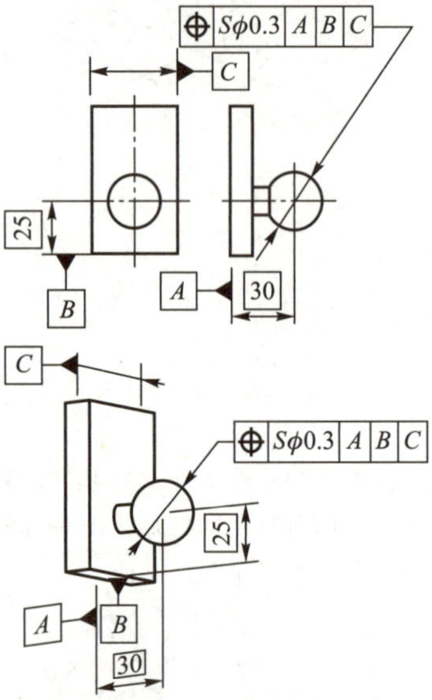 微课扫一扫 位置度的标注和功用 动画 点位置度 读法：圆球球心对基准 A、B、C 的位置度公差为 Sφ0.3 mm
线的位置度公差	限制被测线的实际位置相对于理想位置的变动	公差值前加注符号 φ，公差带为直径等于公差值 φt 的圆柱面所限定的区域。该圆柱面轴线的位置由相对于基准 C、A、B 的理论正确尺寸确定	提取（实际）中心线应限定在直径等于 φ0.08 mm 的圆柱面内。该圆柱面的轴线应处于由基准平面 C、A、B 与被测孔所确定的理论正确位置 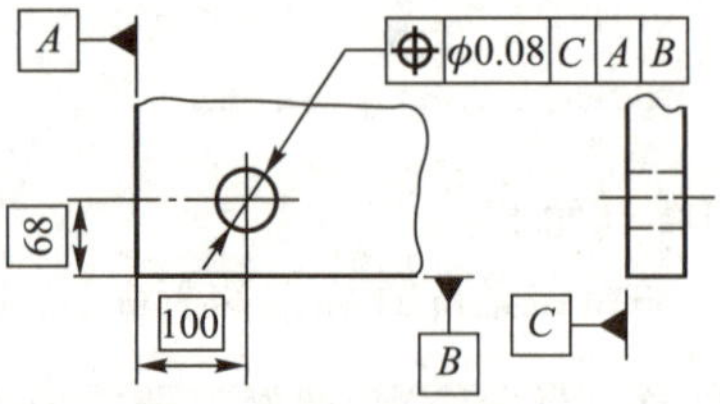 动画 线位置度

续表

公差特征项目及符号	功用	公差带定义	标注示例及解释
位置度 ⊕ 线的位置度公差	限制被测线的实际位置相对于理想位置的变动	a 为基准 A；b 为基准 B；c 为基准 C	读法：孔轴线对基准平面 C、A、B 的位置度公差为 φ0.08 mm
面的位置度公差	限制被测面的实际位置相对于理想位置的变动	公差带为间距等于公差值 t 的两平行平面所限定的区域。两平面对称于由相对于基准 A、B 的理论正确尺寸所确定的理论正确位置 a 为基准 A；b 为基准 B	提取(实际)表面应限定在间距等于 0.05 mm 的两平行平面之间。两平面对称于由基准平面 A、基准轴线 B 与该被测表面所确定的理论正确位置 动画 面位置度 读法：被测斜面对基准面 A 和圆柱轴线 B 的位置度公差为 0.05 mm

续表

公差特征项目及符号	功用	公差带定义	标注示例及解释
同心度与同轴度 ◎	限制被测要素轴线上的点相对于基准要素轴线上点的同心度误差	公差带为直径等于公差值 ϕt 的圆周所限定的区域。该圆周公差带的圆心与基准点重合 ϕt a a 为基准点 A	在任意横截面内,内圆的提取(实际)中心应限定在直径等于 $\phi 0.1$ mm、以基准点 A(在同一横截面内)为圆心的圆周内 A ACS ◎ $\phi 0.1$ A A ACS ◎ $\phi 0.1$ A 微课扫一扫 同轴度、对称度的标注和功用 读法:被测孔轴线在任意横截面内对圆柱 A 的轴线同心度公差为 $\phi 0.1$mm
	限制被测要素轴线相对于基准要素轴线的同轴度误差	公差值前加注符号 ϕ,公差带为直径等于公差值 ϕt 的圆柱面所限定的区域。该圆柱面的轴线与基准轴线重合 ϕt a a 为基准 $A-B$	被测圆柱的提取(实际)中心线应限定在直径等于 $\phi 0.08$ mm、以公共基准轴线 $A-B$ 为轴线的圆柱面内 ◎ $\phi 0.08$ $A-B$ A　B A ◎ $\phi 0.08$ (A) $A-B$ B 动画 同轴度 读法:被测圆柱轴线对圆柱 A、B 的公共轴线的同轴度公差为 $\phi 0.08$ mm

续表

公差特征项目及符号	功用	公差带定义	标注示例及解释
对称度 ⹀	限制被测中心平面相对于基准平面的位置误差	公差带为间距等于公差值 t、对称于基准中心平面的两平行平面所限定的区域 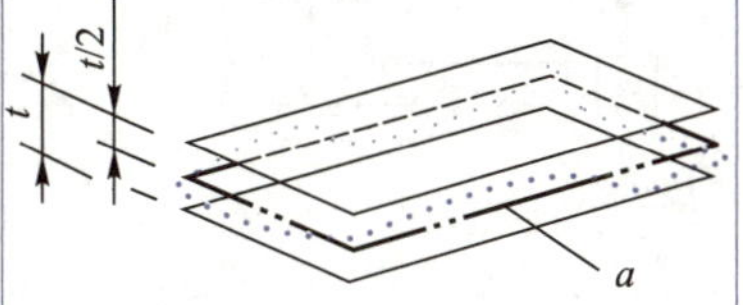 a 为基准 A	提取(实际)中心平面应限定在间距等于 0.08 mm、对称于基准中心平面 A 的两平行平面之间 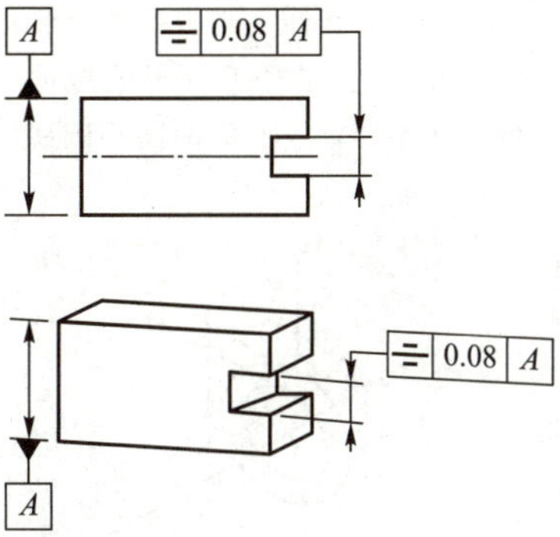 📱 动画 对称度 读法:槽的中心平面对基准中心平面 A 的对称度公差为 0.08 mm

定位公差的特点如下:

① 定位公差带相对于基准具有确定的位置。其中,位置度公差带的位置由理论正确尺寸确定,同轴度和对称度的理论正确尺寸为零,图上可省略不注。

② 定位公差包含了定向公差和形状公差,故设计时,一般给出定位公差后,不再给出定向公差和形状公差。设计时,如果需要对方向和形状有进一步要求,可另行给出定向或形状公差,即 $T_{形状} < T_{定向} < T_{定位}$。

4. 跳动公差的功用及标注示例

与定向、定位公差不同,跳动公差是针对特定的检测方式而定义的公差特征项目,适用于回转表面或其端面。它是被测要素绕基准要素回转过程中所允许的最大跳动量,也就是指示器在给定方向上指示的最大读数与最小读数之差的允许值。跳动公差分为圆跳动和全跳动,被测要素是组成要素。

圆跳动是控制被测要素在某个测量截面内相对于基准轴线的变动量。圆跳动又分为径向圆跳动、轴向圆跳动和斜向圆跳动三种。

全跳动是控制整个被测要素在连续测量时相对于基准轴线的跳动量。全跳动分为径向全跳动和轴向全跳动两种。

部分跳动公差的功用及标注示例如表 2-1-8 所示。

📱 微课扫一扫
跳动公差的标注和功用

表 2-1-8　部分跳动公差的功用及标注示例

公差特征项目及符号	功用	公差带定义	标注示例及解释
圆跳动　径向圆跳动公差	限制被测要素的任一截面相对于基准轴线的径向跳动误差	公差带为在任一垂直于基准轴线的横截面内、半径差等于公差值 t、圆心在基准轴线上的两同心圆所限定的区域 a 为基准 $A-B$；b 为垂直于基准 $A-B$横截面	在任一垂直于公共基准直线 $A-B$ 的横截面内，提取（实际）线应限定在半径差等于公差值 0.1 mm、圆心在基准轴线 $A-B$ 上的两共面同心圆之间 **动画**　径向圆跳动 读法：被测圆柱面对基准圆柱 A、B 的公共轴线的圆跳动公差为 0.1 mm
圆跳动　轴向圆跳动公差	限制被测要素的任一截面相对于基准轴线的轴向跳动误差	公差带为与基准轴线同轴的任一半径的圆柱截面上、间距等于公差值 t 的两圆所限定的圆柱面区域 a 为基准 D；b 为公差带；c 为与基准 D 同轴的任意直径	在与基准轴线 D 同轴的任一圆柱形截面上，提取（实际）圆应限定在轴向距离等于 0.1mm 的两个等圆之间 **动画**　轴向圆跳动 读法：被测端面对基准圆柱轴线 D 的圆跳动公差为0.1 mm

公差特征项目及符号	功用	公差带定义	标注示例及解释
圆跳动　✓	斜向圆跳动公差	限制被测要素的相对于基准轴线的斜向跳动误差	公差带为与基准轴线同轴的任一圆锥截面上、间距等于公差值 t 的两圆所限定的圆锥面区域。除非另有规定,公差带的宽度应沿规定几何要素的法向 a 为基准 C;b 为公差带	在与基准轴线 C 同轴的任一圆锥截面上,提取(实际)线应限定在素线方向间距等于 0.1 mm 的两不等圆之间,并且截面的锥角与被测要素垂直 动画 斜向圆跳动 读法:圆锥面对基准圆柱轴线 C 的圆跳动公差为 0.1 mm 当被测要素的素线不是直线时,圆锥截面的锥角要随所测圆的实际位置而改变,以保持与被测要素垂直 动画 斜向圆跳动 读法:被测回转面对基准圆柱轴线 C 的圆跳动公差为 0.1 mm

公差特征项目及符号	功用	公差带定义	标注示例及解释
圆跳动 ↗ 给定方向的圆跳动公差	限制被测要素相对于基准轴线给定方向的圆跳动误差	公差带为在轴线与基准轴线同轴的、具有给定锥角的任一圆锥截面上,间距等于公差值 t 的两不等圆所限定的区域 a 为基准 C;b 为公差带	在相对于方向要素(给定角度 α)的任一圆锥截面上,提取(实际)线应限定在圆锥截面内间距等于 0.1 mm 的两圆之间 读法:被测回转面对基准圆柱轴线 C 的 α 角方向的圆跳动公差为 0.1 mm
全跳动 ↗↗ 径向全跳动公差	限制整个被测要素相对于基准轴线的径向跳动误差	公差带为半径差等于公差值 t,与基准轴线同轴的两圆柱面所限定的区域 a 为公共基准 A–B	提取(实际)表面应限定在半径差等于 0.1 mm,与公共基准轴线 A–B 同轴的两圆柱面之间 读法:被测圆柱面对基准圆柱 A、B 的公共轴线的全跳动公差为 0.1 mm

续表

公差特征项目及符号	功用	公差带定义	标注示例及解释
全跳动 ⌰ 轴向全跳动公差	限制整个被测要素相对于基准轴线的轴向跳动误差	公差带为间距等于公差值 t,垂直于基准轴线的两平行平面所限定的区域 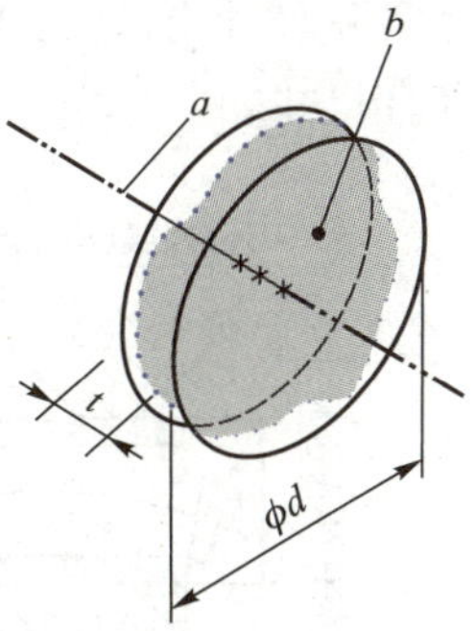 a 为基准 D;b 为提取表面	提取(实际)表面应限定在间距等于0.1 mm、垂直于基准轴线 D 的两平行平面之间 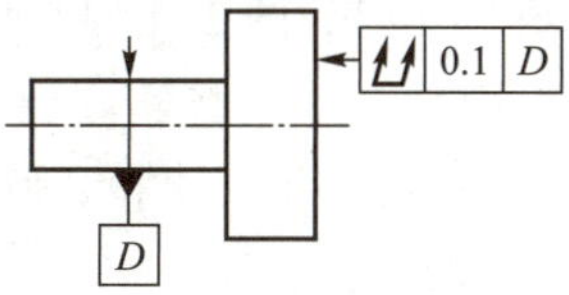 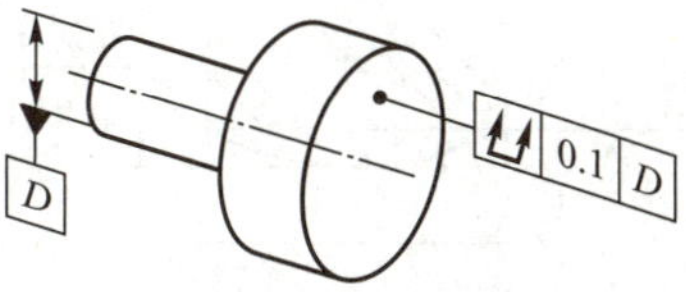 读法:被测端面对基准圆柱轴线 D 的全跳动公差为0.1 mm

跳动公差带的特点:跳动公差带的位置具有固定和浮动双重特点,一方面公差带的中心(或轴线)始终与基准轴线同轴,另一方面公差带的半径又随实际要素的变动而变动。

跳动公差具有综合控制被测要素的位置、方向和形状的作用。例如,轴向全跳动公差可同时控制端面对基准轴线的垂直度和其平面度的误差;径向全跳动公差可控制同轴度和圆柱度误差。

*七、几何公差与尺寸公差的关系

为满足零件的功能要求,图样上同一被测要素除给出尺寸公差要求外,还会同时给出几何公差。确定尺寸公差与几何公差之间相互关系的原则称为公差原则。

国家标准中规定了公差原则包括独立原则和相关要求。其中相关要求又包括包容要求和最大实体要求、最小实体要求及可逆要求。

1. 有关术语及其意义

(1) 局部实际尺寸

如单元一所述,在实际要素的任意正截面上,两对应点之间测得的距离称为局部实际尺寸,简称为实际尺寸。内、外表面的实际尺寸分别用 D_a、d_a 表示,如图 2-1-35 所示。

(2) 体外作用尺寸和体内作用尺寸

体外作用尺寸是指在被测要素的给定长度上,与实际内表面(孔)体外相接的最大理想面,或与实际外表面(轴)体外相接的最小理想面的直径或宽度。内、外表面的体外作用尺寸分别用 D_{fe}、d_{fe} 表示。

体内作用尺寸是指在被测要素的给定长度上,与实际内表面(孔)体内相接的最小理想面,或与实际外表面(轴)体内相接的最大理想面的直径或宽度。内、外表面的体内作用尺寸分别用 D_{fi}、d_{fi} 表示。

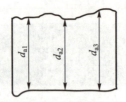
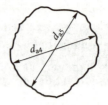

图 2-1-35   实际尺寸

如图 2-1-36、图 2-1-37 所示分别为孔和轴的体内作用尺寸和体外作用尺寸示意图。作用尺寸不仅与实际要素的局部实际尺寸有关，还与其几何误差有关。因此，作用尺寸是实际尺寸和几何误差的综合尺寸。

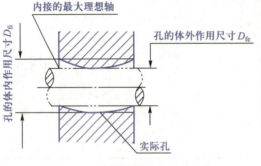
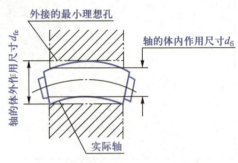

图 2-1-36   孔的体内作用尺寸和
体外作用尺寸

图 2-1-37   轴的体内作用尺寸和
体外作用尺寸

体外作用尺寸是对配合起作用的尺寸，体内作用尺寸是对零件强度起作用的尺寸。

（3）最大实体状态（MMC）、最大实体尺寸（MMS）和最大实体边界（MMB）

最大实体状态（maximum material condition）是指当尺寸要素的提取组成要素（实际要素）的局部尺寸处位于极限尺寸，且使其具有材料最多（实体最大）时的状态，例如圆孔最小直径时和轴最大直径时的状态，用 MMC 表示。

最大实体尺寸（maximum material size）是指确定要素（实际要素）最大实体状态的尺寸，用 MMS 表示。孔和轴的最大实体尺寸分别用 D_M、d_M 表示，即

$$D_M = D_{min}, d_M = d_{max}$$

由设计给定的具有理想形状的极限包容面称为边界。最大实体边界（maximum material boundary）是指最大实体状态的理想形状的极限包容面，用 MMB 表示。

如图 2-1-38、图 2-1-39 所示分别为轴和孔的最大实体状态 MMC 和最大实体尺寸 MMS 示例。如图 2-1-40、图 2-1-41 所示分别为轴和孔的最大实体边界 MMB 示例。

（4）最大实体实效状态（MMVC）、最大实体实效尺寸（MMVS）和最大实体实效边界（MMVB）

最大实体实效状态（maximum material virtual condition）是指在给定长度上，实际要素处于最大实体状态，且其对应导出要素的几何误差等于图样上标注的几何公差时的综合极限状态，用 MMVC 表示。

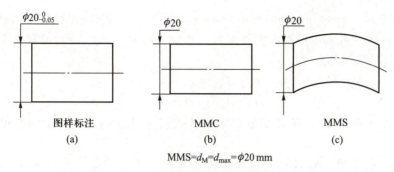

$$MMS = d_M = d_{max} = \phi 20\ mm$$

图 2-1-38 轴的最大实体状态 MMC 和最大实体尺寸 MMS 示例

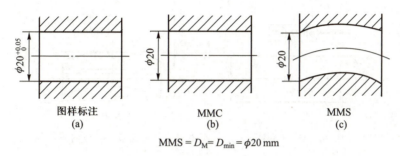

$$MMS = D_M = D_{min} = \phi 20\ mm$$

图 2-1-39 孔的最大实体状态 MMC 和最大实体尺寸 MMS 示例

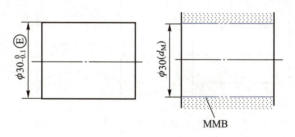

图 2-1-40 轴的最大实体边界 MMB 示例

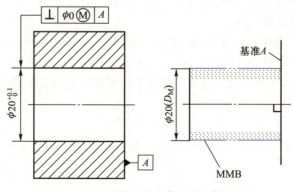

图 2-1-41 孔的最大实体边界 MMB 示例

最大实体实效尺寸(maximum material virtual size)是指最大实体实效状态下的体外作用尺寸,用 MMVS 表示。单一要素孔和轴的最大实体实效尺寸分别用 D_{MV}、d_{MV} 表示,关联要素孔和轴的最大实体实效尺寸分别用 D'_{MV}、d'_{MV}。即

$$d_{MV}(d'_{MV}) = d_M + t = d_{max} + t$$
$$D_{MV}(D'_{MV}) = D_M - t = D_{min} - t$$

如图 2-1-42 所示单一要素轴的最大实体实效尺寸 $d_{MV} = d_M + t = d_{max} + t = 30$ mm $+ 0.02$ mm $= 30.02$ mm。

如图 2-1-43 所示单一要素孔的最大实体实效尺寸 $D_{MV} = D_M - t = D_{min} - t = 30$ mm $- 0.03$ mm $= 29.97$ mm。

微课扫一扫
最大实体实效状态、最大实体实效尺寸和最大实体实效边界

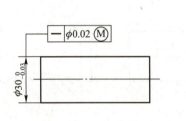
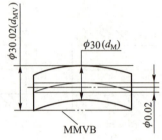

图 2-1-42　单一要素轴的最大实体实效尺寸和最大实体实效边界

动画
单一要素轴的最大实体实效尺寸和最大实体实效边界

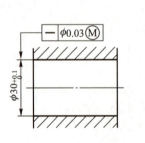
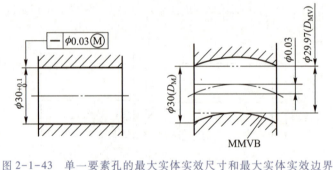

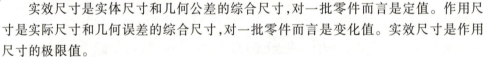

图 2-1-43　单一要素孔的最大实体实效尺寸和最大实体实效边界

动画
单一要素孔的最大实体实效尺寸和最大实体实效边界

实效尺寸是实体尺寸和几何公差的综合尺寸,对一批零件而言是定值。作用尺寸是实际尺寸和几何误差的综合尺寸,对一批零件而言是变化值。实效尺寸是作用尺寸的极限值。

最大实体实效边界(maximum material virtual boundary)是指尺寸为最大实体实效尺寸的边界,用 MMVB 表示。

如图 2-1-44、图 2-1-45 所示为关联要素轴和关联要素孔的最大实体实效尺寸和最大实体实效边界。

2. 独立原则

独立原则是指被测要素在图样中给出的尺寸公差和几何公差相互无关联,应分别满足要求的公差原则。

（1）独立原则的识读

图样中凡是尺寸公差和几何公差不加任何附加标注说明它们是有联系的,就表示它们遵守独立原则。独立原则的应用实例如图 2-1-46 所示。

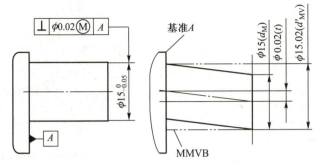

图 2-1-44　关联要素轴的最大实体实效尺寸和最大实体实效边界

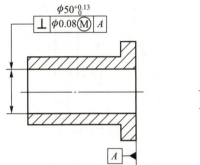
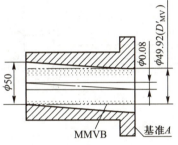

图 2-1-45　关联要素孔的最大实体实效尺寸和最大实体实效边界

（2）独立原则的使用

根据零件的功能要求,独立原则分别给出适宜的尺寸公差和几何公差,不存在两者在数值之间的固定关系,从而简化加工工艺,提高加工效率并降低成本,因此应用最为广泛。

独立原则应用范围主要有:

① 几何精度要求高,但尺寸精度要求较低的要素。如图 2-1-46a 所示的印刷机滚筒,要求较高的圆柱度精度,而滚筒的直径尺寸则对其功能没什么影响,采用未注公差。

② 尺寸精度高,而几何精度要求低的要素。如图 2-1-46b 所示的液压阀体上的一个 $\phi5$ mm 通油孔,不需要配合,但需要保证一定的尺寸精度以控制油的流量,而孔的形状公差要求较低,均由未注公差控制。

③ 尺寸与几何精度均要求较高,但不允许补偿或反补偿。如图 2-1-46c 所示连杆上 $\phi12.5$ mm 连杆小头座孔用于活塞销配合,内圆尺寸精度与形状精度均要求较高,且不允许两者相互补偿,故采用独立原则分别给出尺寸公差和圆柱度公差要求。

④ 几何精度与尺寸本身无必然联系的要素,如图 2-1-46d 所示的阶梯轴是由 $\phi25$ mm 和 $\phi35$ mm 的两个同轴圆柱体构成,给出 $\phi35$ mm 圆柱体外端面对 $\phi25$ mm 轴线端面全跳动公差 0.2mm 要求,该要求与两轴的实际尺寸无关,采用独立原则。

⑤ 几何精度与尺寸精度均要求较低的非配合要素,如手轮、手柄、箱体、轴端等外露件。

（3）独立原则的测量

使用独立原则时,实际尺寸一般用两点法测量,几何误差使用通用量仪测量。

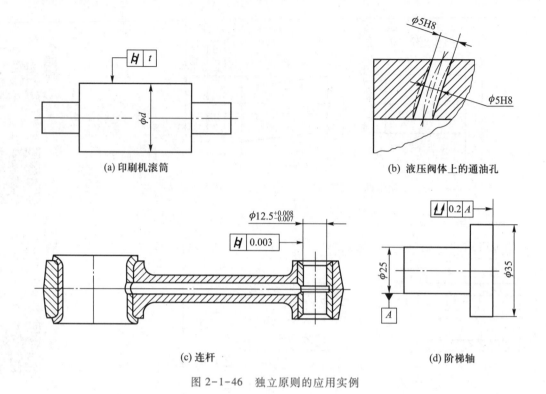

(a) 印刷机滚筒　　　　　　　　(b) 液压阀体上的通油孔

(c) 连杆　　　　　　　　　　　(d) 阶梯轴

图 2-1-46　独立原则的应用实例

3. 相关要求

相关要求是指图样上给定的几何公差和尺寸公差相互有关联的公差原则。它包括包容要求、最大实体要求、最小实体要求和可逆要求。可逆要求不能单独采用,只能与最大实体要求或最小实体要求叠用。限于篇幅,在此仅介绍独立原则和相关要求中的包容要求、最大实体要求以及可逆要求与最大实体要求的叠用。

(1) 包容要求

包容要求适用于单一尺寸要素,用最大实体边界(MMB)控制单一要素的实际尺寸和形状误差的综合结果,并要求提取组成要素的局部尺寸不得超出最小实体尺寸(LMS)。即当实际尺寸偏离最大实体尺寸时,允许形状误差可以相应增大,但其体外作用尺寸不得超过最大实体尺寸,且提取组成要素的局部尺寸不得超出最小实体尺寸。

① 包容要求的识读。按包容要求给出公差时,需要在尺寸的上、下偏差后面或尺寸公差带代号后面加注符号Ⓔ,如图 2-1-47a 所示。

图样上对孔或轴标注了符号Ⓔ,就应满足下列要求:

对于轴

$$d_{\text{fe}} \leqslant d_{\max} \quad 且 \quad d_{\text{a}} \geqslant d_{\min}$$

对于孔

$$D_{\text{fe}} \geqslant D_{\min} \quad 且 \quad D_{\text{a}} \leqslant D_{\max}$$

② 包容要求的使用。包容要求表示在最大实体边界范围内,该要素的实际尺寸和形状误差相互依赖,所允许的形状误差值完全取决于实际尺寸的大小。因此,若轴或孔的实际尺寸处处皆为最大实体尺寸,则其形状误差必须为零才能合格,如图 2-1-47c 所示。

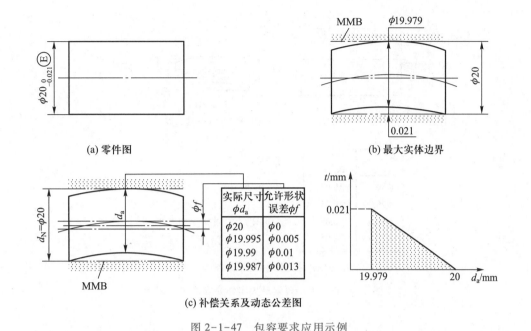

图 2-1-47　包容要求应用示例

采用包容要求主要是为了保证配合性质,特别是配合公差较小的精密配合。例如,$\phi20H7(^{+0.021}_{0})$ Ⓔ孔与 $\phi20h6(^{0}_{-0.013})$ Ⓔ轴的间隙配合中,所需要的间隙是通过孔和轴各自遵守最大实体边界来保证的,这样就不会因孔和轴的形状误差在装配时产生过盈。

③ 包容要求的测量。使用包容要求时,应该用光滑极限量规检验。

（2）最大实体要求

最大实体要求是用最大实体实效边界（MMVB）控制被测尺寸要素的实际尺寸及其导出要素几何误差的综合结果,并要求实际尺寸不得超出极限尺寸。即图样上标注的几何公差值是被测要素处于最大实体状态时给出的公差值,当其提取组成要素的局部尺寸偏离最大实体尺寸时,允许将偏离值补偿给几何误差。

最大实体要求适用于尺寸要素的尺寸及其导出要素（轴线、中心平面等）几何公差的综合要求。不仅可以用于被测要素,也可以用于基准要素。

① 最大实体要求的识读。按最大实体要求给出几何公差值时,在公差框格的第二格公差值后面加注符号Ⓜ,如图 2-1-48 所示。如图 2-1-48c 中显示,当该轴处于最大实体状态时,其轴线的直线度公差为 $\phi0.02$ mm；当轴的实际尺寸偏离最大实体状态时,其轴线允许的直线度误差可相应地增大。

当关联要素采用最大实体要求且几何公差为零时称为零几何公差,用 $\phi0$ Ⓜ表示,如图 2-1-49 所示。零几何公差可视为最大实体要求的特例。此时,被测要素的最大实体实效边界等于最大实体边界,最大实体实效尺寸等于最大实体尺寸。

最大实体要求应用于基准时,应在几何公差框格中的基准字母后面加注符号Ⓜ,如图 2-1-50 所示。

最大实体要求应用于基准要素,而基准要素本身不采用最大实体要求时,被测要素的方向、位置公差值是在该基准要素处于最大实体状态时给定的。如基准要素偏离最大实体状态,被测要素的位

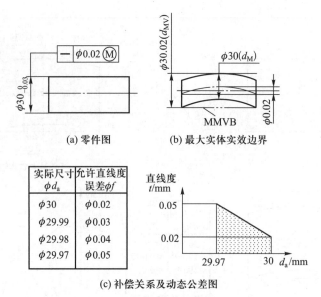

(a) 零件图　　(b) 最大实体实效边界

实际尺寸 ϕd_a	允许直线度误差ϕf
$\phi 30$	$\phi 0.02$
$\phi 29.99$	$\phi 0.03$
$\phi 29.98$	$\phi 0.04$
$\phi 29.97$	$\phi 0.05$

(c) 补偿关系及动态公差图

图 2-1-48　单一要素最大实体要求应用示例

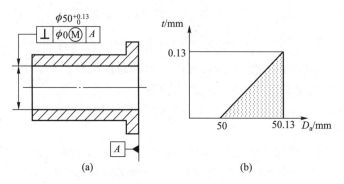

(a)　　(b)

图 2-1-49　最大实体要求零几何公差应用示例

置公差值允许增大,如图 2-1-50a 所示。

最大实体要求用于基准要素,而基准要素本身也采用最大实体要求时,被测要素的方向、位置公差值是在基准要素处于最大实体实效状态时给定的。如图 2-1-50b 所示,如基准要素偏离最大实体实效状态,被测要素的同轴度公差值允许增大。

② 最大实体要求的使用。最大实体要求常用于只要求装配互换的要素。如用螺栓或螺钉连接的盘形零件上圆周布置的通孔的位置度公差广泛采用最大实体要求,以充分利用图样上给出的通孔的尺寸公差。

③ 最大实体要求的测量。要素使用最大实体要求时,其提取组成要素的局部尺寸是否在极限尺寸之间,用两点法测量;实体是否超越实效边界,用位置量规检验。

（3）可逆要求与最大实体要求叠用

可逆要求是当导出要素的几何误差值小于给出的几何公差值时,允许在满足零件功能要求的前提下扩大该导出要素的组成要素的尺寸公差。

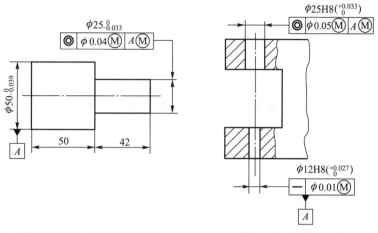

(a) 基准要素本身不采用最大实体要求　　(b) 基准要素本身也采用最大实体要求

图 2-1-50　最大实体要求应用于基准要素

　　可逆要求叠用于最大实体要求时,保留了最大实体要求由于实际尺寸对最大实体尺寸的偏离而对几何公差的补偿,增加了由于几何误差值小于几何公差值而对尺寸公差的补偿(俗称反补偿),即允许实际尺寸有条件地超出最大实体尺寸,但不破坏其最大实体实效边界,如图 2-1-51 所示,仍能保证其装配要求。

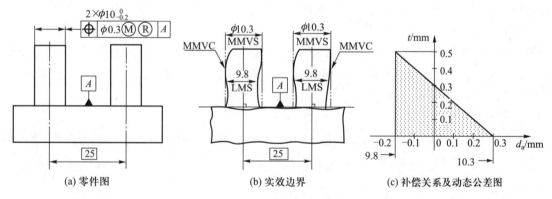

(a) 零件图　　　　　　　　(b) 实效边界　　　　　　　　(c) 补偿关系及动态公差图

图 2-1-51　可逆要求与最大实体要求叠用示例

　　① 可逆要求与最大实体要求叠用的识读。可逆要求与最大实体要求叠用时,将表示可逆要求的符号Ⓡ置于框格中几何公差值后表示最大实体要求的符号Ⓜ之后,如图 2-1-51a 所示。

　　② 可逆要求与最大实体要求叠用的使用。可逆要求与最大实体要求叠用适用于对最大实体尺寸没有严格要求的场合,遵守最大实体实效边界。

　　③ 可逆要求与最大实体要求叠用的测量。可逆要求与最大实体要求叠用时,被测要素的实体是否超越实效边界,用综合量规或专用量仪检验;而其提取组成要素的局部尺寸不能超出(对孔不能大于,对轴不能小于)最小实体尺寸,用两点法测量。

项目任务实施

任务回顾

本项目任务为说明如图 2-1-1 所示标注的各项几何公差的意义,要求包括公差特征项目名称、被测要素、基准要素、公差带形状、大小、方向和位置。

任务分析与思考

如图 2-1-1 所示,有的几何公差框格的指引线与尺寸线对齐,有的与尺寸线错开,基准符号全部与尺寸线对齐。

分析图中标注可知,有对称度、圆跳动、圆柱度、平行度等四项几何公差要求。被测要素为轴线、对称面时,几何公差框格的指引线与尺寸线对齐,否则错开。基准为轴线时,基准符号与尺寸线对齐。

任务实施

下面逐一分析各几何公差要求的含义。

1. ⌖ | 0.025 | H 的含义

被测要素键槽的中心平面相对于左端圆锥面基准轴线的对称度公差值为 0.025 mm,表示实际中心面应限定在间距等于 0.025 mm,对称于左端圆锥面基准轴线的两平行平面之间。

2. ↗ | 0.025 | $A-B$ 的含义

被测要素圆锥面相对于两支承轴颈 ϕd_2 和 ϕd_3 的公共轴线 $A-B$ 的斜向圆跳动公差值为 0.025 mm。表示在与基准公共轴线 $A-B$ 同轴的任一圆锥截面上,被测实际素线应限定在素线方向、间距等于 0.025 mm 的两不等圆之间。

3. H | 0.01 的含义

被测要素 ϕd_4 圆柱面的圆柱度公差值为 0.01 mm。表示在该圆柱面的任一横截面内,实际圆周应限定在半径差为 0.01 mm 的两个同轴圆柱面之间。

4. ∥ | $\phi 0.02$ | $A-B$ 的含义

被测要素 ϕd_4 圆柱面的轴线相对于两支承轴颈 ϕd_2 和 ϕd_3 的公共轴线 $A-B$ 的平行度公差值为 $\phi 0.02$ mm。表示该圆柱面的轴线应限定在平行于基准公共轴线 $A-B$ 且直径等于 $\phi 0.02$ mm 的圆柱面内。

5. 两处
⌒ | 0.025 | $C-D$
H | 0.006 的含义

被测要素曲轴的两个支承轴颈 ϕd_2 和 ϕd_3 外圆有两项几何公差要求:

1) ϕd_2 和 ϕd_3 两圆柱面的圆柱度公差为 0.006 mm,表示 ϕd_2 和 ϕd_3 的实际圆柱面必须位于半径差为 0.006 mm 的两个同轴圆柱面之间。

2) ϕd_2 和 ϕd_3 圆柱面对两端中心孔的公共轴线 $C-D$ 的径向圆跳动公差为 0.025 mm,表示 ϕd_2 和 ϕd_3 的圆柱面任一垂直于基准公共轴线 $C-D$ 的横截面内,被测实际圆应限定在半径差等于 0.025 mm,圆心在基准公共轴线 $C-D$ 上的两同心圆之间。

项目思考与习题

1. 下列几何公差特征项目的公差带有何异同？

（1）圆度和径向圆跳动公差带。

（2）端面对轴线的垂直度和端面全跳动公差带。

（3）圆柱度和径向全跳动公差带。

2. 同一要素的形状公差、定向公差、定位公差间有何联系？它们的公差值应保持何种关系？

3. 简述独立原则、包容要求和最大实体要求的应用场合。

4. 指出如图 2-1-52 所示几何公差标注的错误，并加以改正（不改变几何公差特征项目）。

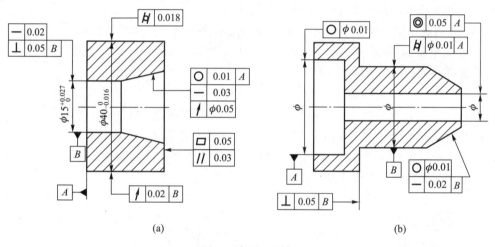

图 2-1-52　习题 4

*5. 按如图 2-1-53 所示的标注填表 2-1-9。

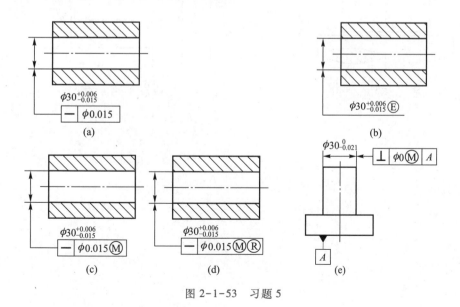

图 2-1-53　习题 5

表 2-1-9 习题 5 表

图样序号	采用的公差原则（要求）	遵守的理想边界	遵守的理想边界尺寸	最大实体尺寸	最大实体状态时的几何公差
a					
b					
c					
d					
e					

*6. 如图 2-1-54 所示，若实测零件的圆柱直径为 ϕ19.97 mm，其轴线对基准平面 A 的垂直度误差为 ϕ0.04 mm，试判断其垂直度是否合格？为什么？

7. 将下列几何公差要求标注在如图 2-1-55 上。

（1）ϕ5K11 内孔的圆柱度误差不大于 0.02 mm，圆度误差不大于 0.001 5 mm。

（2）B 面的平面度误差不大于 0.001 mm，B 面对 ϕ5K11 内孔轴线的轴向圆跳动不大于 0.04 mm，B 面对 C 面的平行度误差不大于 0.02 mm。

（3）平面 F 对 ϕ5K11 内孔轴线的轴向圆跳动不大于 0.04 mm。

（4）ϕ18d11 外圆柱面的轴线对 ϕ5K11 内孔轴线的同轴度误差不大于 ϕ0.2 mm。

（5）ϕ12b11 外圆柱面轴线对 ϕ5K11 内孔轴线的同轴度误差不大于 ϕ0.12 mm。

（6）90°30″ 密封锥面 G 对 ϕ5K11 内孔轴线的同轴度误差不大于 ϕ0.12 mm。

（7）锥面 G 的圆度误差不大于 0.002 mm。

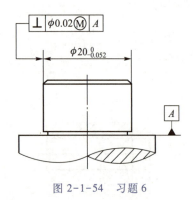

图 2-1-54 习题 6

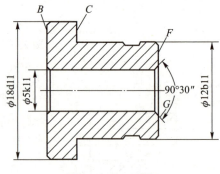

图 2-1-55 习题 7

项目二

轴承套零件几何公差的选用

项目目标

知识目标

了解几何公差各特征项目选用需考虑的因素；

熟悉几何公差等级、数值、公差原则的选择方法；

了解几何公差等级的应用场合。

技能目标

能够根据零件图样及工作特点，分析零件各表面的工作要求；

能够合理选用零件的几何公差；

能够将几何公差要求正确标注到图样中。

素质目标

培养规范意识，养成执行国家标准的习惯；

培养善于向他人学习的意识；

培养善于归纳、总结的习惯；

培养实事求是、脚踏实地的职业精神；

培育爱国主义情怀。

项目任务与要求

　　如图 2-2-1 所示为一圆锥齿轮减速器输入轴的轴承套图样,其内部需要放置一对输入轴的 0 级支承轴承,轴承套通过 $\phi 130_{-0.025}^{\ 0}$ 外圆安装于减速器箱体内孔中为 $\phi 130H7/h6$ 间隙配合,输入轴轴承和轴承套由轴承端盖压紧,并通过 6 个 M10 螺钉安装在箱体上。图中标注了轴承套的尺寸公差,根据轴承套的功能需要,选用合适的几何公差要求,并标注在图样中。

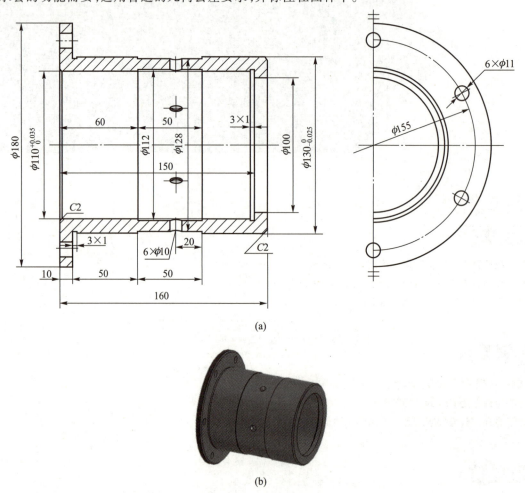

(a)

(b)

图 2-2-1　轴承套图样

 项目预备知识

　　图样上零件的几何公差要求有两种表示方法:一种是用公差框格的形式在图样上标注;另一种是按未注公差的规定,图样上不标注几何公差要求。无论标注与否,零件都有几何精度要求。

　　注出几何公差时,主要应正确选择公差特征项目、基准、公差数值(或公差等级)和公差原则等。

一、几何公差特征项目的选择

几何公差特征项目应根据零件的具体结构和功能要求来选择。选择原则是在保证零件功能要求的前提下,应使控制几何误差的方法简便,尽量减少图样上注出几何公差的项目。

几何公差特征项目的选择可以从以下方面考虑。

（1）零件要素的几何特征

按照几何公差国家标准中规定的 14 个几何特征项目的误差控制特性,选取适宜的特征项目。例如,对圆柱形零件,可选择圆度、圆柱度、轴心线直线度及素线直线度等;平面零件可选择平面度;窄长平面可选直线度;槽类零件可选对称度;阶梯轴、孔可选同轴度等。

（2）零件的功能要求

根据零件不同的功能要求,给出不同的几何公差。例如,圆柱形零件,当仅需要顺利装配时,可选轴心线的直线度;如果孔、轴之间有相对运动,应均匀接触,或为保证密封性,应标注圆柱度公差以综合控制圆度、素线直线度和轴线直线度(如柱塞与柱塞套、阀芯及阀体等)。又如,为保证机床工作台或刀架运动轨迹的精度,需要对导轨提出直线度要求;对安装齿轮轴箱体孔,为保证齿轮的正确啮合,需要提出孔轴线的平行度要求;为使箱体、端盖等零件上各螺栓孔能顺利装配,应规定孔组的位置度公差等。

（3）检测的方便性

确定几何公差特征项目,在同样能够满足功能要求时,要考虑检测的方便性与经济性。例如,同轴度公差可以用径向圆跳动或径向全跳动代替;端面对轴线的垂直度公差可以用端面圆跳动或端面全跳动公差代替,这样可尽量方便测量。应当指出,径向圆跳动是同轴度误差与圆柱度误差的综合结果,故采用径向跳动代替同轴度时,给出的跳动公差值应略大于同轴度公差值,否则就会要求过严;用端面圆跳动代替端面垂直度时,会产生不同作用,而端面全跳动与端面垂直度两者公差带完全相同,故可以等价替换。

（4）几何公差之间的关系

选择几何公差项目的同时,也应考虑几何公差之间的相互关系及综合公差的功能。几何公差国家标准中规定的 14 个几何特征项目中,有单一控制作用的,如直线度、平面度、圆度等;也有综合控制作用的,如圆柱度、位置公差各个项目。选用时应充分考虑公差之间的关系及综合公差的功能,以减少图样上给出的几何公差项目,减轻生产过程中的误差检测工作量。例如,平面度公差可以同时控制直线度误差;平面对平面的平行度公差可以同时控制被测平面的平面度误差等。

二、基准的选择

关联要素之间的方向和位置精度要求,必须确定基准作为评定其位置精度的依据。选择基准时,应根据设计和使用要求,同时兼顾基准统一原则和零件的结构特征,来选择基准的部位、数量和顺序,主要从以下方面来考虑。

（1）根据零件的功能作用和结构特点选择基准

例如,对于旋转的轴类零件,通常选择与轴承配合的轴颈作为基准。如图 2-2-2a 所示的传动轴,通过中间 $\phi 35$ mm 轴颈支承在箱体座孔内轴承上,两端 $\phi 25$ mm 轴颈处分别固定有传动件,用以传递转矩。工作时两传动件绕支承轴线旋转,为保持运动平稳,选择以 $\phi 35$ mm 轴线为基准,给出同轴度公差要求。

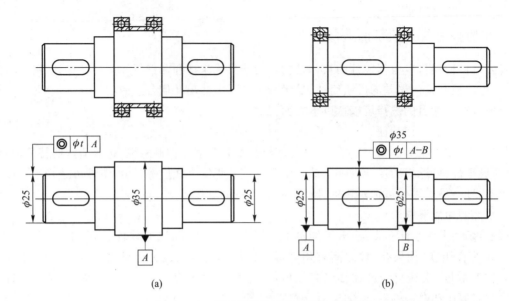

图 2-2-2　根据零件的功能作用选择基准

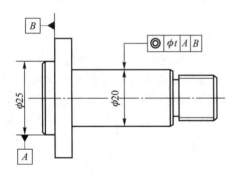

图 2-2-3　根据零件的结构特点选择基准

又如图 2-2-2b 所示的中间轴,该轴两端 $\phi25$ mm 轴颈通过轴承支承在箱体座孔内,中间 $\phi35$ mm 轴颈上固定着传动件,故应选择两端轴颈的公共轴线"$A-B$"为基准。

如图 2-2-3 所示的中间轮轴用于齿轮传动机构中间齿轮支承,为保证齿轮的正确啮合位置,在零件左侧加工有 $\phi25$ mm 定位圆柱面,以确保齿轮安装位置正确,为此给出 $\phi20$ mm 轴线与 $\phi25$ mm 轴线间同轴度公差要求。但是 $\phi25$ mm 圆柱面长度很短,仅能确定一个正确定位点,而其轴线的方向具有很大的不确定度,为此又给出定位面 B 作为第二基准,由此确定基准轴线应为 $\phi25$ mm 中心所确定的位置,同时垂直于基准 B 平面的直线。故应选用 A、B 两个基准。

（2）从加工工艺和测量的角度考虑

通常选择在夹具、量具中定位的要素作为基准,以便使工艺基准、测量基准和设计基准统一。

（3）从装配角度考虑

应选择零件相互配合、相互接触的表面作为基准,以保证零件的正确装配。例如,箱体类零件的安装面、盘类零件的端平面等。

（4）多基准

采用多基准时,应选择对被测要素使用要求影响最大或定位最稳定的表面作为第一定位基准。

三、几何公差值（或公差等级）的选择

几何公差国家标准将几何公差值分为两类。一类是注出公差,另一类是未注公差(即一般公差)。

若零件所要求的几何精度用一般的加工方法或加工设备能够保证,或由线性尺寸公差或角度公差就能控制其误差值,则不必在图样上注出几何公差,而用未注公差控制,其公差值按 GB/T 1184—1996《形状和位置公差　未注公差值》确定。若零件所要求的几何精度高于未注公差的精度要求,或

者由于功能原因,零件上某要素的几何精度要求低于未注公差的精度要求,而且这个较低的几何精度会给工厂带来显著的经济效益时,都应将几何公差单独标注在图样上。

1. 几何公差未注公差值的规定

国家标准 GB/T 1184—1996《形状和位置公差 未注公差值》对直线度、平面度、垂直度、对称度以及圆跳动等几何公差项目的未注公差规定了 H、K、L 三个公差等级,其相应的公差值见表 2-2-1~表 2-2-4。选用时应在技术要求或技术文件(如企业标准)中注明并给出标准编号及公差等级代号,如"未注公差按 GB/T 1184-K"。

榜样力量
深孔镗工,
正直人生

未注圆度公差值等于给出的相应直径公差值,但不能大于其径向圆跳动的未注公差值(见表 2-2-4)。

未注圆柱度公差不做规定,由构成圆柱度的圆度、直线度和相应线的平行度的公差控制。

表 2-2-1　直线度、平面度未注公差值　　　　　　　　　　mm

公差等级	基本长度范围					
	≤10	>10~30	>30~100	>100~300	>300~1 000	>1 000~3 000
H	0.02	0.05	0.1	0.2	0.3	0.4
K	0.05	0.1	0.2	0.4	0.6	0.8
L	0.1	0.2	0.4	0.8	1.2	1.6

表 2-2-2　垂直度未注公差值　　　　　　　　　　mm

公差等级	基本长度范围			
	≤100	>100~300	>300~1 000	>1 000~3 000
H	0.2	0.3	0.4	0.5
K	0.4	0.6	0.8	1
L	0.6	1	1.5	2

表 2-2-3　对称度未注公差值　　　　　　　　　　mm

公差等级	基本长度范围			
	≤100	>100~300	>300~1 000	>1 000~3 000
H	0.5			
K	0.6		0.8	1
L	0.6	1	1.5	2

表 2-2-4　圆跳动未注公差值　　　　　　　　　　mm

公差等级	公差值
H	0.1
K	0.2
L	0.5

　　未注平行度公差值等于被测要素和基准要素的尺寸公差值或被测要素的直线度和平面度未注公差值中的较大者,并取两要素中较长者作为基准。

　　未注同轴度公差值几何公差国家标准未作规定。必要时,可与径向圆跳动的未注公差相等。

　　未注线轮廓度、面轮廓度、倾斜度、位置度的公差值均由各要素的注出或未注出的尺寸或角度公差控制。

　　未注全跳动公差值几何公差国家标准未作规定。端面全跳动未注公差与端面对轴线的垂直度未注公差相同,径向全跳动可由径向圆跳动和相对素线的平行度控制。

榜样力量
"蛟龙号"上的
"两丝"钳工——
顾秋亮

2. 几何公差注出公差值的规定

　　除了线轮廓度、面轮廓度和位置度 3 个公差项目外,国家标准 GB/T 1184—1996 对其余的 11 个几何公差特征项目的注出公差都规定了公差等级,其中对圆度、圆柱度注出公差值规定了 0~12(共 13)个公差等级,对其余 9 个几何公差特征项目都规定了 1~12(共 12)个公差等级。11 个几何公差特征项目的注出公差值分别见表 2-2-5~表 2-2-8。

表 2-2-5　直线度、平面度公差值　　　　　　　　　　　　　　　μm

主参数 L/mm	公差等级											
	1	2	3	4	5	6	7	8	9	10	11	12
≤10	0.2	0.4	0.8	1.2	2.0	3	5	8	12	20	30	60
>10~16	0.25	0.5	1.0	1.5	2.5	4	6	10	15	25	40	80
>16~25	0.3	0.6	1.2	2.0	3.0	5	8	12	20	30	50	100
>25~40	0.4	0.8	1.5	2.5	4.0	6	10	15	25	40	60	120
>40~63	0.5	1.0	2.0	3.0	5.0	8	12	20	30	50	80	150
>63~100	0.6	1.2	2.5	4.0	6.0	10	15	25	40	60	100	200

注:主参数 L 系轴、直线、平面的长度。

表 2-2-6　圆度、圆柱度公差值　　　　　　　　　　　　　　　μm

主参数 $d(D)$/mm	公差等级												
	0	1	2	3	4	5	6	7	8	9	10	11	12
≤3	0.1	0.2	0.3	0.5	0.8	1.2	2	3	4	6	10	14	25
>3~6	0.1	0.2	0.4	0.6	1	1.5	2.5	4	5	8	12	18	30
>6~10	0.12	0.25	0.4	0.6	1	1.5	2.5	4	6	9	15	22	36
>10~18	0.15	0.25	0.5	0.8	1.2	2	3	5	8	11	18	27	43
>18~30	0.2	0.3	0.6	1	1.5	2.5	4	6	9	13	21	33	52
>30~50	0.25	0.4	0.6	1	1.5	2.5	4	7	11	16	25	39	62
>50~80	0.3	0.5	0.8	1.2	2	3	5	8	13	19	30	46	74
>80~120	0.4	0.6	1	1.5	2.5	4	6	10	15	22	35	54	87
>120~180	0.6	1	1.2	2	3.5	5	8	12	18	25	40	63	100

注:主参数 $d(D)$ 系轴或孔的直径。

表 2-2-7 平行度、垂直度、倾斜度公差值 μm

主参数 L、d(D)/mm	公差等级											
	1	2	3	4	5	6	7	8	9	10	11	12
≤10	0.4	0.8	1.5	3	5	8	12	20	30	50	80	120
>10~16	0.5	1	2.0	4	6	10	15	25	40	60	100	150
>16~25	0.6	1.2	2.5	5	8	12	20	30	50	80	120	200
>25~40	0.8	1.5	3	6	10	15	25	40	60	100	150	250
>40~63	1	2	4	8	12	20	30	50	80	120	200	300
>63~100	1.2	2.5	5	10	15	25	40	60	100	150	250	400

注:主参数 L 为给定平行度时轴线或平面的长度,或给定垂直度、倾斜度时被测要素的长度;主参数 $d(D)$ 为给定面对线垂直度时被测要素轴(孔)的直径。

表 2-2-8 同轴度、对称度、圆跳动、全跳动公差值 μm

主参数 d(D)、 B、L/mm	公差等级											
	1	2	3	4	5	6	7	8	9	10	11	12
≤1	0.4	0.6	1.0	1.5	2.5	4	6	10	15	25	40	60
>1~3	0.4	0.6	1.0	1.5	2.5	4	6	10	20	40	60	120
>3~6	0.5	0.8	1.2	2	3	5	8	12	25	50	80	150
>6~10	0.6	1.0	1.5	2.5	4	6	10	15	30	60	100	200
>10~18	0.8	1.2	2.0	3	5	8	12	20	40	80	120	250
>18~30	1	1.5	2.5	4	6	10	15	25	50	100	150	300
>30~50	1.2	2	3	5	8	12	20	30	60	120	200	400
>50~120	1.5	2.5	4	6	10	15	25	40	80	150	250	500
>120~250	2	3	5	8	12	20	30	50	100	200	300	600

注:主参数 $d(D)$ 为给定同轴度时轴的直径,或给定圆跳动、全跳动时轴(孔)的直径;圆锥体斜向圆跳动公差的主参数为平均直径;主参数 B 为给定对称度时槽的宽度;主参数 L 为给定两孔对称度时的孔中心距。

位置度公差应根据零件的功能要求和结构、刚性状况,考虑加工的经济性来确定。由于位置度公差要求涉及面较广,要求形式多种多样,控制范围和精度差异较大,难以像前述其他几何公差那样,按照主参数尺寸分段规定不同精度等级的公差值。生产中只能根据设计要求自行选择适宜的公差值。国家标准对位置度只规定了公差值数系,而未规定公差等级,见表 2-2-9(摘自 GB/T 1184—1996)。

表 2-2-9 位置度公差数系表 μm

1	1.2	1.5	2	2.5	3	4	5	6	8
1×10^n	1.2×10^n	1.5×10^n	2×10^n	2.5×10^n	3×10^n	4×10^n	5×10^n	6×10^n	8×10^n

注:n 为正整数。

3. 几何公差值的选择原则

几何公差值的选择原则是:在满足零件功能要求的前提下,尽可能选用较低的公差等级,同时还应考虑经济性和零件的结构、刚性等。

几何公差值的选择通常有计算法和类比法两种。计算法是根据零件的功能和结构特点,通过计算来确定公差值一种方法。该方法多用于几何精度要求较高的零件,如精密测量仪器等;类比法是根据长期积累的实践经验及有关资料,参考同类产品、类似零件的技术要求来选择几何公差值的一种方法。该方法简单易行,在实际设计中应用较为广泛。

表 2-2-10~表 2-2-13 为用类比法给出的公差等级与应用示例,供参考。

表 2-2-10　直线度、平面度公差等级应用

公差等级	应用举例
5	1 级平板,2 级宽平尺,平面磨床的纵导轨、垂直导轨、立柱导轨及工作台,液压龙门刨床和砖塔车床床身导轨,柴油机进气、排气阀门导杆
6	普通机床导轨面,如卧式车床、龙门刨床、滚齿机、自动车床等的床身导轨、立柱导轨,柴油机壳体
7	2 级平板,机床主轴箱,摇臂钻床底座和工作台,镗床工作台,液压泵盖,减速器壳体结合面
8	机床传动箱体,挂轮箱体,车床溜板箱体,柴油机气缸体,连杆分离面,缸盖结合面,汽车发动机缸盖,曲轴箱结合面,液压管件和端盖连接面
9	3 级平板,自动车床床身底面,摩托车曲轴箱体,汽车变速箱壳体,手动机械的支承面

表 2-2-11　圆度、圆柱度公差等级应用

公差等级	应用举例
5	一般计量仪器主轴,测杆外圆柱面,陀螺仪轴径,一般机床主轴轴径及主轴轴承孔,柴油机、汽油机活塞、活塞销,与 E 级滚动轴承配合的轴径
6	仪表端盖外圆柱面,一般机床主轴及前轴承孔、泵、压缩机的活塞,气缸,汽油发动机凸轮轴,纺机锭子,减速传动轴轴径,高速船用柴油机、拖拉机曲轴主轴径,与 E 级滚动轴承配合的外壳孔,与 G 级滚动轴承配合的轴径
7	大功率低速柴油机曲轴轴径、活塞、活塞销、连杆、气缸,高速柴油机箱体轴承孔,千斤顶或压力油缸活塞,机车传动轴,水泵及通用减速器转轴轴径,与 G 级滚动轴承配合的外壳孔
8	低速发动机,大功率曲柄轴轴径,压气机连杆盖、体,拖拉机气缸、活塞,炼胶机冷铸轴辊,印刷机传墨辊,内燃机曲轴轴径,柴油机凸轮轴承孔,凸轮轴,拖拉机、小型船用柴油机气缸套
9	空气压缩机缸体,液压传动筒,通用机械杠杆与拉杆用套筒销子,拖拉机活塞环、套筒孔

表 2-2-12　平行度、垂直度、倾斜度公差等级应用

公差等级	应用举例
4,5	卧式车床导轨,重要支承面,机床主轴孔对基准的平行度,精密机床重要零件,计量仪器、量具、模具的基准面和工作面,主轴箱体重要孔,通用减速器壳体孔,齿轮泵的油孔端面,发动机轴和离合器的凸缘,气缸支承端面,安装精密滚动轴承的壳体孔的凸肩
6,7,8	一般机床的基准面和工作面,压力机和锻锤的工作面,中等精度钻模的工作面,机床一般轴承孔对基准面的平行度,变速器箱体孔,主轴花键对定心直径部位轴线的平行度,重型机械轴承盖端面,卷扬机、手动传动装置中的传动轴,一般导轨,主轴箱体孔,刀架,砂轮架,气缸配合面对基准轴线,活塞销孔对活塞中心线的垂直度,滚动轴承内、外圈端面对轴线的垂直度
9,10	低精度零件,重型机械滚动轴承端盖,柴油机、煤气发动机箱体曲轴孔、曲轴颈、花键轴和轴肩端面,皮带运输机端盖等端面对轴线的垂直度,手动卷扬机及传动装置中的轴承端面,减速器壳体平面

表 2-2-13　同轴度、对称度、跳动公差等级应用

公差等级	应用举例
5,6,7	这是应用范围较广的公差等级。用于形位精度要求较高、尺寸公差等级为 IT8 及高于 IT8 的零件。5 级常用于机床轴径,计量仪器的测量杆,汽轮机主轴,柱塞油泵转子,高精度滚动轴承外圈,一般精度滚动轴承内圈,回转工作台端面跳动。7 级用于内燃机曲轴、凸轮轴、齿轮轴、水泵轴,汽车后轮输出轴,电动机转子,印刷机传墨辊的轴径、键槽
8,9	常用于形位精度要求一般,尺寸公差等级为 IT9~IT11 的零件。8 级用于拖拉机、发动机分配轴轴径,与 9 级精度以下齿轮相配的轴,水泵叶轮,离心泵体,棉花精梳机前后滚子,键槽等。9 级用于内燃机气缸套配合面,自行车中轴

在确定几何公差值(公差等级)时,还应注意以下情况:

（1）在同一要素上给出的形状公差值应小于位置公差值。如要求平行的两个平面,其平面度公差值应小于平行度公差值。

（2）圆柱形零件的形状公差(轴线直线度除外)一般应小于其尺寸公差值。

（3）平行度公差值应小于其相应的距离公差值。

（4）对于以下情况,考虑到加工的难易程度和除主参数外其他因素的影响,在满足功能要求的情况下,可适当降低 1~2 级选用。

① 孔相对于轴。

② 细长的孔或轴。

③ 距离较大的孔或轴。

④ 宽度较大(一般大于 1/2 长度)的零件表面。

⑤ 线对线、线对面相对于面对面的平行度、垂直度。

（5）凡有关标准已对几何公差作出规定的,如与滚动轴承配合的轴径和箱体孔的几何公差、矩形花键的位置度公差、齿轮坯的几何公差等,都应分别按各自的标准确定。

四、公差原则和公差要求的选择

如前所述,各项公差原则和公差要求都有其各自的适用场合,选用时应以被测要素的功能要求、

可行性和经济性为主要依据。如表 2-2-14 所示列出了公差原则的应用场合和示例,供选择公差原则时参考。

表 2-2-14　公差原则的应用场合和示例

公差原则	应用场合	示例
独立原则	尺寸精度与几何精度需要分别满足要求	齿轮箱体孔的尺寸精度与两孔轴线的平行度;连杆销孔的尺寸精度与圆柱度,滚动轴承内、外圈滚道的尺寸精度与形状精度
	尺寸精度与几何精度要求相差较大	滚筒类零件尺寸精度要求很低,外形精度要求较高;平板的形状精度要求很高,尺寸精度无要求;冲模架的下模座尺寸精度无要求,平行度要求较高
	尺寸精度与几何精度无联系	滚子链条的套筒或滚子内、外圆柱面的轴线同轴度与尺寸精度;齿轮孔的尺寸精度与孔轴线间的位置精度;发动机连杆大小头孔的尺寸精度与孔轴线间的位置精度
	保证运动精度、密封性等特殊要求	导轨的形状精度要求严格,尺寸精度要求其次;气缸套的形状精度要求严格,尺寸精度要求其次
	未注公差	凡未注尺寸公差与未注几何公差的都采用独立原则,例如退刀槽、倒角、圆角等非功能要素
包容要求	保证公差与配合国家标准规定的配合性质	$\phi20H7Ⓔ$ 孔与 $\phi20h6Ⓔ$ 轴的配合,可以保证配合的最小间隙等于零
包容要求	几何公差与尺寸公差间无严格比例关系要求	一般的孔与轴配合,只要求作用尺寸不超越最大实体尺寸,实际尺寸不超越最小实体尺寸
	保证关联作用尺寸不超越最大实体尺寸	关联要素的孔与轴有配合性质要求,标注 0Ⓔ
最大实体要求	被测中心要素	标注自由装配,如轴承盖上用于穿过螺钉的通孔,法兰盘上用于穿过螺栓的通孔
	基准中心要素	基准轴线或中心平面相对于理想边界的中心允许偏离时,如同轴度的基准轴线

可逆要求与最大实体要求联用,能充分利用公差带,扩大了被测要素实际尺寸的范围,使实际尺寸超过了最大实体尺寸而体外作用尺寸未超过最大实体实效边界的废品变为合格品,提高了经济效益。在不影响使用要求的情况下可以选用。

 项目任务实施

任务回顾

本项目任务为根据如图 2-2-1 所示轴承套的功能要求,选用合适的几何公差要求,并标注在图样中。该轴承套为一圆锥齿轮减速器的输入轴轴承套,其内部需要放置输入轴的 0 级支承轴承,轴承套通过 $\phi130_{-0.025}^{0}$ 外圆安装于减速器箱体内孔中,为 $\phi130H7/h6$ 间隙配合,输入轴轴承和轴承套由轴承端盖压紧,并通过 6 个 M10 螺钉安装在箱体上。

任务分析与思考

如图 2-2-4 所示为该轴承套在减速器中的工作图。

轴承套外圆与箱体孔的配合为 $\phi130H7/h6$,是最小间隙为零的间隙配合,配合性质达到较高的均匀性,需要保证配合性质,控制最小间隙。

轴承套内孔 $\phi110^{+0.035}_{0}$ 放置输入轴的支承轴承需要控制圆柱度误差,孔底台阶面为轴承轴向定位面,需要控制轴向圆跳动误差。

轴承套通过 $\phi130^{0}_{-0.025}$ 外圆安装于减速器箱体内孔中,输入轴又由轴承支承定位在轴承套内孔 $\phi110^{+0.035}_{0}$ 中,需要控制 $\phi130^{0}_{-0.025}$ 外圆和 $\phi110^{+0.035}_{0}$ 内孔的同轴度误差。

输入轴轴承和轴承套由轴承端盖压紧,并通过 6 个螺钉安装在箱体上。轴承套 $\phi180$ mm 的法兰内侧台阶面为轴承套的轴向定位面,为保证输入轴运转平稳,需要控制该面相对于径向定位面 $\phi130^{0}_{-0.025}$ 外圆轴线的轴向全跳动误差;法兰外侧端面与轴承端盖接触,需要控制该面相对于轴承套轴承支承内孔 $\phi110^{+0.035}_{0}$ 的轴向圆跳动误差。

轴承套法兰上的 6 个 $\phi11$ mm 的安装孔,为保证螺钉的顺利安装,需要控制位置度误差。

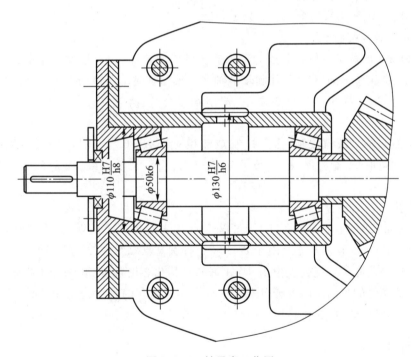

图 2-2-4　轴承套工作图

任务实施

一、选择几何公差

1. $\phi 130_{-0.025}^{0}$ 外圆

轴承套外圆与箱体孔配合为 $\phi 130H7/h6$，是最小间隙为零的间隙配合，为使配合性质达到较高的均匀性，需要保证配合性质，控制最小间隙，所以采用包容要求。

2. $\phi 110_{0}^{+0.035}$ 内孔及孔底台阶面

轴承套内孔 $\phi 110_{0}^{+0.035}$ 放置输入轴的 0 级支承轴承，需要控制圆柱度误差；孔底台阶面为轴承轴向定位面，需要控制其相对于孔轴线的轴向圆跳动误差。参考表 7-8 轴与轴承座孔的几何公差值，得内孔 $\phi 110_{0}^{+0.035}$ 圆柱度公差值为 0.01 mm，孔底台阶面相对于孔心的轴向圆跳动公差值为 0.025 mm。

为保证输入轴的运转平稳，需要控制 $\phi 110_{0}^{+0.035}$ 内孔相对于 $\phi 130_{-0.025}^{0}$ 基准外圆的同轴度误差。参考表 2-2-12 中同轴度、对称度、跳动公差等级应用，选用 6 级公差，查表 2-2-8 得同轴度公差值为 0.015 mm。为了保证轴承的自由装配及充分利用图样上给出的孔的尺寸公差，同轴度基准要素轴线和被测要素 $\phi 110_{0}^{+0.035}$ 轴线均采用最大实体要求。

3. $\phi 180$ mm 法兰两端面

轴承套 $\phi 180$ mm 的法兰内侧台阶面为轴承套的轴向定位面，为保证输入轴的正确位置，需要控制该端面相对于径向定位面 $\phi 130_{-0.025}^{0}$ 外圆基准轴线的轴向全跳动误差（或垂直度误差）。参考表 2-2-13 中同轴度、对称度、跳动公差等级应用，选用 6 级公差，查表 2-2-8 得轴向全跳动公差值为 0.02 mm。

法兰外侧端面与轴承端盖接触，需要控制该面相对于 $\phi 110_{0}^{+0.035}$ 内孔轴线的轴向圆跳动误差。参考表 2-2-13 中同轴度、对称度、跳动公差等级应用，选用 8 级公差，查表 2-2-8 得轴向圆跳动公差值为 0.05 mm。

4. 6 个安装孔

轴承套 $\phi 180$ mm 法兰上的 6 个 $\phi 11$ mm 的安装孔用来安装 M10 的螺钉，为了保证螺钉的顺利装入，需要控制 6 个 $\phi 11$ mm 孔的孔心相对于 $\phi 130_{-0.025}^{0}$ 外圆基准轴线的位置度误差。参考表 2-2-9 位置度公差数系表选择孔心位置度公差值为 $\phi 0.4$ mm，且其孔心位置 $\phi 150$ mm 的圆周应由理论正确尺寸建立。为了保证螺钉的自由装配及充分利用图样上给出的孔的尺寸公差，基准要素 $\phi 130_{-0.025}^{0}$ 外圆的轴线及被测要素 $\phi 11$ mm 孔的孔心均采用最大实体要求。

二、在图样上标注几何公差

轴承套几何公差的标注如图 2-2-5 所示，标注时应注意以下情形：

（1）基准 A、B 皆为孔轴线，基准符号的三角形应与相应孔的尺寸线对齐。

（2）圆柱度的被测要素为圆柱面，公差框格的指引线要和尺寸线错开。

（3）同轴度、位置度的被测要素皆为孔的轴线，公差框格的指引线要和尺寸线对齐。

（4）位置度的定位尺寸 $\phi 155$ mm 应标注理论正确尺寸方框符号。

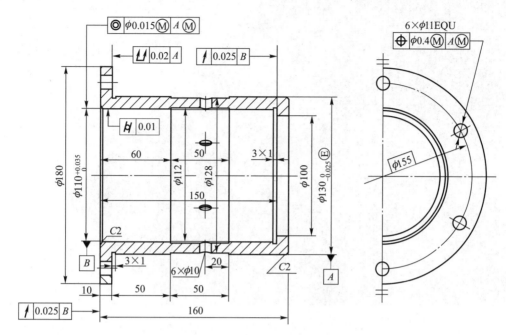

图 2-2-5　轴承套几何公差的标注

 项目思考与习题

　　如图 2-2-6 所示为一级齿轮减速箱的输出轴,其上需要安装键、轴承、齿轮和 V 带轮等零件。在图样上标注了尺寸公差。根据该输出轴的功能要求,选用合适的几何公差,并标注在图样中。提示:本题需参考书后有关键连接公差的选用、轴承配合公差的选用、齿轮配合公差的选用等内容。

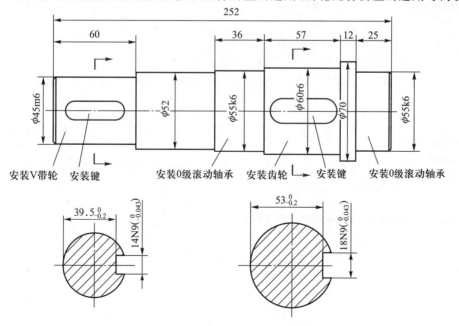

图 2-2-6　输出轴

项目三

零件几何公差的测量

项目目标

知识目标

了解几何公差国家标准中所规定的几何误差的检测原则；
了解常见几何误差的测量工具和测量方法。

技能目标

熟悉常用几何误差测量工具的使用方法；
了解典型零件表面直线度、平行度、同轴度误差的测量方法；
掌握典型零件圆度、平面度、径向圆跳动、轴向圆跳动等误差的测量方法，并能进行测量数据处理，判断合格性。

素质目标

培养安全第一的职业素养；
遵守规范操作的职业习惯；
培养勤于动手、实事求是、脚踏实地的工匠精神。

*子项目一　车床导轨直线度的测量

项目任务与要求

　　如图 2-3-1 所示为某企业生产的卧式车床导轨图样,该图中给出了 V 形导轨上棱边的直线度公差要求。本子项目任务的要求是:

（1）识读 V 形导轨上棱边的直线度公差要求;

（2）用合像水平仪测量 V 形导轨两斜面交线的直线度误差值,判断导轨的直线度是否合格。

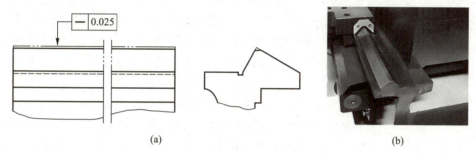

（a）　　　　　　　　　　　　　　　　　　　　　（b）

图 2-3-1　卧式车床导轨图样

项目预备知识

一、形状误差及其评定

　　形状误差是指单一实际要素对其理想要素的变动量。形状误差值不大于相应的公差值,则认为合格。

微课扫一扫

直线度误差的最小包容区

　　被测实际要素与其理想要素进行比较时,理想要素相对于实际要素的位置不同,评定的形状误差值也不同。为了使评定结果唯一,国家标准规定了评定形状误差的基本准则是理想要素的位置要符合最小条件。

　　有关形状误差评定的术语和定义如下。

　　最小条件:被测实际要素对其理想要素的最大偏离量为最小时的状态。

　　提取组成要素:理想要素位于实体之外与被测实际组成要素相接触,并使被测实际组成要素对理想要素的最大偏离量为最小。

　　提取导出要素:理想要素位于被测提取要素之中,并使被测实际导出要素对理想要素的最大偏离量为最小。

　　形状误差值可用最小包容区域（简称为最小区域）的宽度或直径表示。最小区域是指包容被测实际要素,且具有最小宽度 f 或直径 ϕf 的区域,其形状与相应的公差带的形状相同。例如,给定平面内的直线度,被测要素的理想要素为直线,其位置有多种情况,如图 2-3-2 所示中的 A_1B_1、A_2B_2、A_3B_3 位置等,相应包容区域的宽度为 h_1、h_2、h_3（$h_1 < h_2 < h_3$）。根据最小条件的要求,A_1B_1 位置是两平行直线之间的最

小包容区域宽度,故取 h_1 为直线度误差 f。

动画
直线度误差
最小包容区

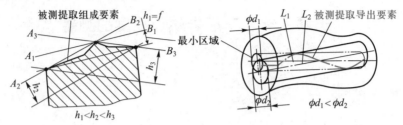

图 2-3-2   直线度误差的最小包容区

最小区域是根据被测实际要素与包容区域的接触状态来判别的。什么样的接触状态才算符合最小条件呢?根据实际分析和理论证明,可得出各项形状误差符合最小条件的判断准则。例如,评定在给定平面内的直线度误差,实际直线与两包容直线至少应有高、低、高(低、高、低)三点接触,组成最小包容区,如图 2-3-2 中所示的最小区域;评定圆度误差时,包容区为两同心圆之间的区域,实际圆应至少有内、外交替的四点与两包容圆接触,组成最小包容区,如图 2-3-3 所示。

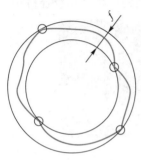

图 2-3-3   圆度误差的
最小包容区

最小条件是评定形状误差的基本原则,但在生产中若要完全符合最小条件来评定形状误差非常困难,为此国家标准规定,在满足零件功能要求的前提下,允许采用近似方法来评定,得出的形状误差值比用最小区域法评定的误差值稍大,只要误差值不大于图样上给出的公差值,就一定能满足要求。

二、量具认识

本子项目需要用到合像水平仪一台、桥板一块。

1. 合像水平仪

合像水平仪是具有一个基座测量面,以测微螺旋副相对基座测量面调整水准器气泡,并由光学原理合像读数的水准器式水平仪。合像水平仪的结构如图 2-3-4 所示,其主要结构有底板、棱镜、目镜、微分筒和大刻度视窗等。在机械制造中,常用合像水平仪来测量零件的形状和位置误差。

2. 桥板

桥板的形状如图 2-3-5 所示,其下方的 V 形槽与车床 V 形导轨接触,其上方的平面放置合像水平仪。

图 2-3-4   合像水平仪的结构   图 2-3-5   桥板的形状

项目任务实施

任务分析与思考

如图 2-3-6 所示,卧式车床导轨由 V 形导轨和平面导轨两部分组成,车床溜板箱移动的方向精度主要由 V 形导轨控制,因此 V 形导轨两斜面的相交的棱线应平直,否则会影响车床的加工精度。

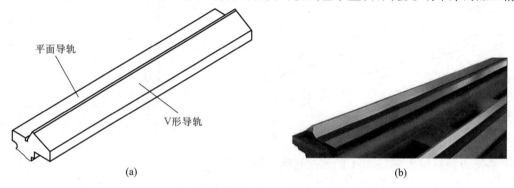

(a)　　　　　　　　　　　　　　　　　(b)

图 2-3-6 卧式车床导轨

任务实施

一、识读导轨直线度公差要求

本子项目为对 V 形导轨两斜面相交的棱线直线度误差的测量。图 2-3-1 中直线度公差标注的含义为被测实际棱线应限定在间距等于 0.025 mm 的两水平平面之间的区域内。

拓展阅读
卧式车床
导轨

二、准备工具和量具

准备精度为 0.01 mm/1 000 mm 合像水平仪一台、桥板一块。

三、测量方法与步骤

按照桥板的长度在被测导轨上分出若干个首尾相接的等距点,将桥板放置在某相邻的两节距点上,如图 2-3-7 所示。通过水平仪可以读出两节距点连线与水平直线之间的微小角度。因为被测要素有直线度误差,合像水平仪模拟的理想要素是水平直线,所以不同的测量部位角度的读数会发生相应的变化。通过对逐个节距的测量和读数,用作图或计算的方法,即可求出 V 形导轨被测要素的直线度误差值。具体测量方法和步骤如下:

(1)测量前,应做好量具和导轨被测表面的清洁工作。

(2)将导轨大致调整至水平位置。

(3)根据桥板长度确定导轨的节距,如图 2-3-7 所示,节距为 200 mm。

(4)如图 2-3-7 所示,将合像水平仪放于桥板最左端,使微分筒在操作者的右手

操作视频
测量导轨直
线度

方向。

（5）将桥板依次沿一个方向放在各节距的位置上，移动时首尾相接。每放一个节距后，旋转微分筒，使目镜中的两半像重合，如图 2-3-8 所示，让气泡合像并稳定。然后在侧面大刻度视窗中读取百位数，在微分筒上读取十位和个位数。

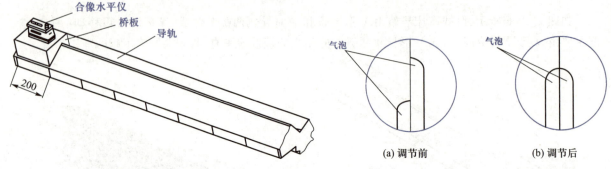

图 2-3-7   导轨直线度测量示意图   图 2-3-8   合像水平仪气泡合像示意图

（6）将测得数据填入表 2-3-1 的第二行测得数值中。

表 2-3-1   直线度误差测量数据及处理

节距序号	1	2	3	4	5	6	7	8
测得数值（格）	33	32	31	32	29	30	28	29
相对值（格）	+3	+2	+1	+2	−1	0	−2	−1
累积值（格）	+3	+5	+6	+8	+7	+7	+5	+4

四、处理数据并判断零件合格性

（1）为了便于绘制曲线图及简化计算，将测得的原始数值统一减去 30，得出相对值，见表 2-3-1 第三行。表中相对值是指两相邻节距点读数的差值。

（2）被测节距点相对于起始点读数的差值称为累积值，计算累积值并填入表 2-3-1 第四行。

（3）绘制导轨直线度曲线图，如图 2-3-9 所示。图中，X 轴表示导轨分段间距和导轨长度；Y 轴表示合像水平仪倾斜累积值（格数）。

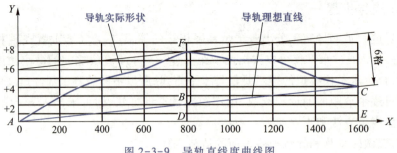

图 2-3-9   导轨直线度曲线图

（4）计算最大误差格数。根据图 2-3-9 绘制的曲线，用相似三角形法计算导轨实际棱线相对于理想直线的最大误差格数，即

$$BD/CE = AD/AE$$

$$BD = AD \times CE/AE = 800 \times 4\ 格/1\ 600 = 2\ 格$$

$$FB = 8\ 格 - 2\ 格 = 6\ 格$$

（5）计算导轨直线度误差。导轨直线度误差值的计算如下：

$$f = nil = 6 \times 0.01\ \text{mm}/1\ 000\ \text{mm} \times 200\ \text{mm} = 0.012\ \text{mm}$$

式中：f ——直线度误差，mm；

　　n ——曲线格数；

　　i ——水平仪的精度；

　　l ——分段节距，mm。

（6）判断零件直线度误差是否合格。本子项目任务测量的导轨直线度公差值为 0.025 mm，只要计算出的棱线直线度误差值≤0.025 mm，就表明其直线度符合要求。根据计算，所测量的棱线直线度误差值为 0.012 mm，符合图 2-3-1 图样上标注的直线度公差 0.025 mm 的要求，被测导轨直线度误差合格。

项目知识拓展

榜样力量
"深海钳工"
——管延安

一、几何误差的检测原则

同一几何误差可以用不同的检测方法来检测。从检测原理上可以将常用的几何误差检测方法概括为下列五种原则。

1. 与理想要素比较原则

将实际被测要素与其理想要素做比较，在比较过程中获得测量数据，然后按这些数据评定几何误差值。

运用该检测原则时，需要有理想要素作为测量时的标准。理想要素可以用实物体现：刀口尺的刃口、平尺的工作面、拉紧的钢丝可作为理想直线，平台和平板的工作面可作为理想平面，样板可作为某特定理想曲线等，要求它们能有比被测要素高很多的精度。

如图 2-3-10 为用刀口尺测量直线度误差示意，以刃口作为理想直线，被测要素与之比较，根据光隙的大小判断直线度误差。

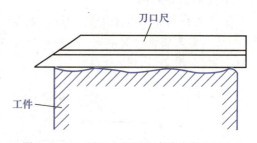

图 2-3-10　用刀口尺测量直线度误差示意

2. 测量坐标值原则

利用计量器具的坐标系，测出实际被测要素上各测点对该坐标系的坐标值，再经计算评定几何误差值。如图2-3-11所示为用该原则测量位置度误差示例。

测量坐标值原则在轮廓度和位置度误差测量中应用尤为广泛。

3. 测量特征参数原则

测量实际被测要素上具有代表性的参数，用它近似表示几何误差值。

如图 2-3-12 所示，在圆柱同一横截面内的几个方向上，测量相互垂直的两直径尺寸 d_{max} 与 d_{min} 的差值，取各处差值中的最大值之半作为圆度误差值。

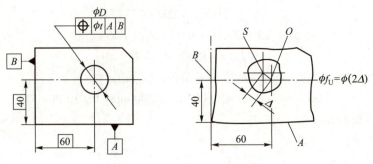

图 2-3-11   测量位置度误差示例

4. 测量跳动原则

测量跳动原则是适应测量圆跳动和全跳动的需要而提出的检测原则,如图 2-3-13 所示。按测量区域分为圆跳动和全跳动。按测量方向分为径向跳动和轴向跳动。

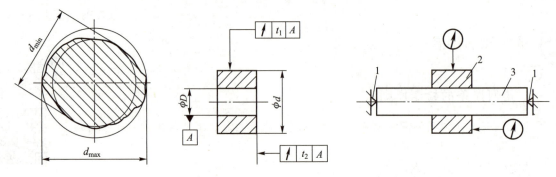

图 2-3-12   测量特征参数   图 2-3-13   测量跳动

5. 控制边界原则

按相关要求给出几何公差要求时,就给定了最大实体实效边界或最大实体边界,如图 2-3-14a 所示,要求被测要素的实体不得超越该理想边界。作此判断的有效方法是使用光滑极限量规或位置量规检验,如图 2-3-14b 所示。

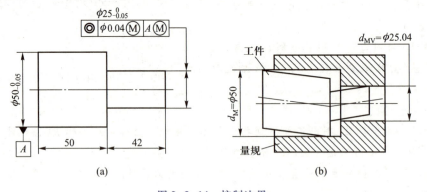

(a)   (b)

图 2-3-14   控制边界

二、间隙法测量直线度误差

塞尺是指具有标准厚度尺寸的单片或成组的薄片,又称为厚薄规,如图 2-3-15 所示。塞尺用于测量两结合面之间的间隙,使用时可以一片或数片重叠在一起插入间隙内。

平尺是在检测直线度或平面度时用作基准的一种量尺,按其形状分为矩形平尺、工字形平尺和桥形平尺,如图 2-3-16 所示。

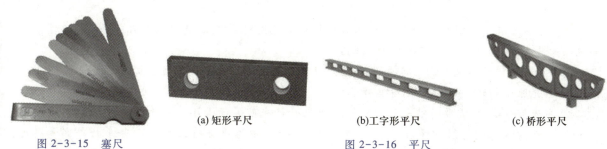

(a) 矩形平尺　　　　　(b)工字形平尺　　　　　(c) 桥形平尺

图 2-3-15　塞尺　　　　　　　　　图 2-3-16　平尺

平尺用于以着色法、指示表法检验平板、长导轨等零件的平面度,也常用于以光隙法检验工件棱边的直线度。用平尺测量直线度误差如图 2-3-17 所示。具体步骤如下:

(1) 将平尺放置在被测平面上,并用两块大小合适、等厚的等高块(如高度尺寸为3 mm)支撑平尺,也可以用量块代替等高块。支撑点距平尺两端的距离为2 L/9。

(2) 用平尺模拟测量基准,将带护块的量块和塞

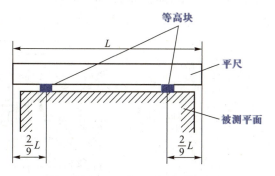

图 2-3-17　用平尺测量直线度误差

尺放置在所形成的间隙处直接测出平尺工作表面与被测直线之间的距离,并不断调整量块(或塞尺)的位置测得多组数据。在测量过程中,应不断调整量块(或塞尺)的厚度,保证所测间隙的精确性,在被测平面上的不同位置进行多次测量,将测量的数据记录下来,见表 2-3-2。

表 2-3-2　间隙法直线度误差测量数据

测量次数	1	2	3	4	5	6	7
测量值/mm	3.06	3.02	3.04	3.02	2.94	3.04	3.03

该表面的直线度误差为

$$f=f_{max}-f_{min}=3.06 \text{ mm}-2.94 \text{ mm}=0.12 \text{ mm}$$

式中:f——直线度误差,mm;

f_{max}——测得的最大值,mm;

f_{min}——测得的最小值,mm。

三、用刀口尺检测直线度误差

刀口尺是具有一个测量面的刀口形直尺,如图 2-3-18a 所示。刀口尺主要用来测量工件的直线度或平面度误差,用刀口尺测量直线度误差的方法如图 2-3-18b 所示,具体步骤如下:

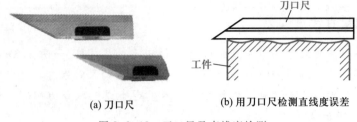

(a) 刀口尺   (b) 用刀口尺检测直线度误差

图 2-3-18 刀口尺及直线度检测

(1) 手握刀口尺的护板,使刀口尺的工作边轻轻地与被测面接触,凭刀口尺的自重使其工作棱边与被测面紧密贴合,不允许对刀口尺施加压力。

(2) 观察刀口尺与被测线之间的最大光隙,并根据光隙大小选择如下测量方法。

① 当光隙较大时,可用塞尺测量其数值。

② 当光隙较小时,需要通过与标准光隙比较来估读光隙量的大小。产生标准光隙的方法如图 2-3-19 所示,在测量平台上水平放置平尺,用两块等高块研合在平台的工作面上,选取比等高量块尺寸依次小 1 μm、2 μm、3 μm、4 μm 的四块等高量块,按图示位置研合在平尺上,然后将刀口尺架在两等高量块上,这样就构成了 1~4 μm 的标准光隙。

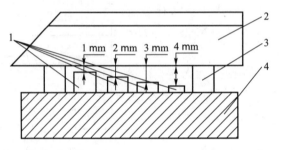

1—量块;2—刀口尺;3—高等量块;4—平晶

图 2-3-19 产生标准光隙的方法

③ 当光隙较小时,还可以通过观察透光颜色判断间隙大小。若间隙大于 2.5 μm,透光颜色为白光;间隙为 1~2 μm 时,透光颜色为红色;间隙为 1 μm 时,透光颜色为蓝色;间隙小于 1 μm 时,透光颜色为紫色;间隙小于 0.5 μm,则不透光。

四、各种测量直线度误差方法的特点

1. 用合像水平仪测量直线度误差的特点

合像水平仪的灵敏度较高,可以测量直线度要求较高的要素的直线度误差,与桥板配合使用,也可以测量尺寸较大的结构要素。但是其测量原理较难理解,数据处理也比较麻烦,一般用于大中型零件垂直截面内直线度误差的测量。

2. 用间隙法测量直线度误差的特点

用间隙法测量直线度误差的原理比较简单,数据处理比较方便,但是测量精度相对较低,一般用于直线度要求不太高的场合。

3. 用刀口尺测量直线度误差的特点

用刀口尺测量直线度误差的方法简单实用,刀口尺的测量精度与经验有关,由于受到刀口尺尺寸限制,只适于检测磨削或研磨加工的小平面的直线度以及短圆柱面、圆锥面的素线直线度。

子项目二　小平板平面度的测量

项目任务与要求

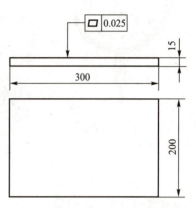

图 2-3-20　长方形小平板图样

如图 2-3-20 所示是某企业加工的一块工作面为 300 mm×200 mm 的长方形小平板的图样,图中给出了工作面的平面度公差要求。本子项目任务的要求是:

(1) 识读长方形小平板工作面的平面度公差要求;

(2) 用三远点法测量长方形小平板工作面的平面度误差值,并判断工作面的平面度是否合格。

项目预备知识

一、平面度最小包容区域

平面度最小包容区域判别准则:由两个平行平面包容实际被测平面时,被测平面上至少有四个极点分别与这两个平行平面接触,且要满足三角形准则或交叉准则,如图 2-3-21 所示,那么这两个平行平面之间的区域为最小包容区域,该区域的宽度即为平面度误差值,f_{MZ} 即为被测平面的平面度误差。

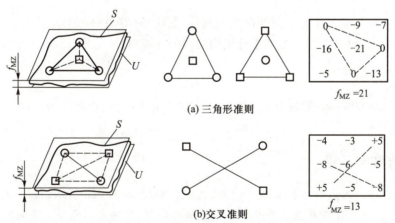

S—被测平面;U—最小包容区域;f_{MZ}—平面度误差

图 2-3-21　平面度最小包容区域

二、认识千分表

本子项目需要用到千分表。千分表的外形结构与百分表类似,只是分度值不同,如图 2-3-22 所示。千分表的分度值有 0.001 mm、0.002 mm 和 0.005 mm 三种,测量范围有 0~1 mm、0~2 mm、0~5 mm 和 0~10 mm 四种。

一般情况下，在表盘上都要标出分度值。如图 2-3-22 所示的千分表中，标有""，它表示千分表的分度值为 0.001 mm。该千分表每圈的刻度为 200 格，则大指针旋转一周时测头移动 0.2 mm。图中可见千分表有一个小刻度盘，大指针每旋转一圈，小指针旋转一格，所以小表盘上的 2 表示 0.2 mm。分析小表盘可知，该千分表的测量范围是 0~1 mm。

在读取千分表的示值时，要先读出小表盘的示值，再读出大表盘的示值。

项目任务实施

图 2-3-22   千分表

任务分析与思考

直线度公差不能用来限制长、宽尺寸都较大的平面形状误差，限制其误差需要用平面度公差。

用指示表测出被测零件表面对模拟理想平面（平板）的平行偏离量，进而评定平面度误差。这种方法较简便，特别适合中、低精度的中型零件平面度的测量。

任务实施

一、识读小平板工作面平面度公差要求

本子项目为对小平板工作面平面度误差的测量，图 2-3-20 中平面度公差标注的含义为被测工作面应限定在间距等于 0.025 mm 的两平行平面之间的区域内。

二、准备工具和量具

准备分度值为 0.001 mm，测量范围为 0~1 mm 的千分表一只；检验平板一块，可调支撑三个，百分表及表架一套。

三、测量方法与步骤

生产实践中常用三远点法测量平面度误差，其原理如图 2-3-21a 所示，是以通过被测实际表面上相距最远，且不在一条直线上的三个点建立一个基准平面，各测点与此基准平面的偏差中最大值与最小值之差即为平面度误差。测量方法和步骤如下：

（1）布置测量点。根据小平板的尺寸大小，在小平板工作平面上，按如图 2-3-23 所示的方法布置二十个测量点。

（2）安装支撑。将小平板的工作平面朝上，在检验平板上放三个可调支撑，将小平板撑起。为使三个支撑的位置为小平板上相距最远的三个点，将三个可调支撑分别放置于测量点 3 的下方和测量点 16、测量点 20 的下方，如图 2-3-24 所示。

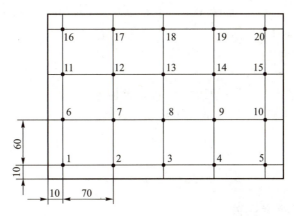

图 2-3-23　小平板平面度测量点分布示意图

（3）建立基准平面。将千分表安装在表架上，使测杆垂直于工作台被测表面，调节可调支撑使三点到平板的距离一致，如图 2-3-25 所示。

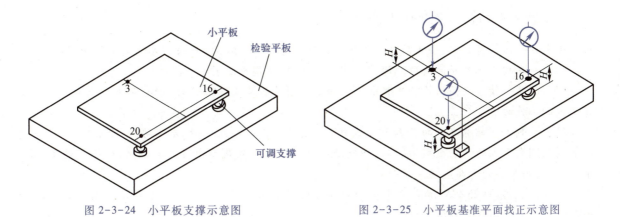

图 2-3-24　小平板支撑示意图　　　　　图 2-3-25　小平板基准平面找正示意图

（4）测量并记录数据。将千分表调零，按布点位置逐个测量各点相对于基准平面的误差值，并记录各示值，填入表 2-3-3 中。

表 2-3-3　平面度误差各测点千分表读数值 　　　　　　　mm

测点序号	1	2	3	4	5	6	7	8	9	10
千分表示值	-0.01	-0.005	0	+0.005	-0.005	-0.01	-0.01	-0.005	+0.006	0
测点序号	11	12	13	14	15	16	17	18	19	20
千分表示值	-0.012	-0.006	-0.005	+0.002	+0.004	0	-0.005	-0.01	+0.004	0

四、处理数据，并判断零件合格性

据表 2-3-3 显示，测点 11 处相对于基准平面最低，为 -0.012 mm；测点 9 处相对于基准平面最高，为 +0.006 mm。最大值与最小值的差值即为平面度误差，所以零件的平面度误差为

$$f = f_{max} - f_{min} = +0.006 \ mm - (-0.012) \ mm = 0.018 \ mm$$

式中：f——平面度误差，mm；

f_{max}——最大读数值，mm；

f_{min}——最小读数值，mm。

通过计算可知，该小平板上工作平面的平面度误差值为 0.018 mm，该数值小于平面度公差要求为 0.025 mm，所以被测小平板工作平面的平面度误差合格。

 ## 项目知识拓展

一、光隙法测量平面度误差

锉削工件时，由于锉削平面较小，一般用刀口尺通过光隙法检查平面度误差。就是用刀口尺在实际被测平面上沿多个方向测量直线度误差（见子项目二的项目知识拓展），取测得的各截面轮廓直线度误差值中的最大值为被测平面的平面度误差值。

二、接触斑点法测量平面度误差

在刮研平面的过程中，经常用到一种定性的测量方法，即接触斑点法。其测量步骤如下：

（1）先在被测工件表面均匀地涂上一薄层显示剂（如特种红丹粉）。

（2）再将一精度较高的检验平板扣在被测工件上（如果被测工件比较小，可将工件的被测面扣在平板的工作面上）。

（3）被测工件与标准平面在适当的压力下平稳地做前、后、左、右往复运动，将检验平板取下后可以看到被测表面上的凸点变成了亮点，即接触斑点。观察被测表面出现的接触斑点，斑点越多，越细密均匀，表示工件的平面度误差越小。

通常用规定的 $(25 \times 25) \ mm^2$ 方形平面内斑点的数目不少于某个数值（可参考相关规程）来作为平面度误差的代用评定指标。

三、平晶干涉法测量平面度误差

平晶干涉法是利用光波干涉现象测量平面度误差。将平晶放置在它所能覆盖的整个被测平面上，用平晶工作面体现理想工作面，根据测量时出现的干涉条纹形状和数目，将计算所得的结果作为平面度误差（具体方法略）。

四、各种测量平面度误差方法的特点

1. 用三远点法测量平面度误差的特点

用三远点法测量平面度误差时，测量精度与三基准点和布点密集程度有直接关系。测量出的平面度误差值会稍大于实际误差值。这种方法较简便，特别适合中、低精度中型零件平面度的测量。

2. 用光隙法测量平面度误差的特点

光隙法适用于磨削或研磨加工的小平面平面度误差测量。

3. 用接触斑点法测量平面度误差的特点

接触斑点法测量平面度误差只能作为刮研表面平面度误差大小的定性评价依据。虽然国家标准

对此方法未作出规定,但是检测方法简单直观,在生产中仍有一定的实用价值。

4. 用平晶干涉法测量平面度误差的特点

平晶干涉法仅适用于测量高光洁表面,测量面积也较小,但测量精确度很高。

子项目三　薄壁套圆度的测量

项目任务与要求

如图 2-3-26 所示是某企业用三爪自定心卡盘装夹加工的薄壁套图样。本子项目任务的要求是:

(1) 识读薄壁套圆度公差要求;

(2) 用三点法测量该薄壁套的圆度误差值,并判断薄壁套的圆度是否合格。

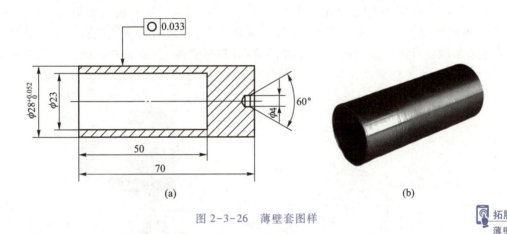

(a)　　　　　　　　　　　　　　(b)

图 2-3-26　薄壁套图样

拓展阅读
薄壁套的
特点

项目预备知识

一、圆度最小包容区域

如前子项目一所述,圆度最小包容区域是两同心圆之间的区域,实际圆应至少有内、外交替的 4 点与两包容圆接触,这个包容区就是最小包容区。该区域的宽度(即两同心圆的半径差)为圆度误差值。

二、圆柱面的棱数

实际圆柱面截面上提取的圆周都是"棱圆",如图 2-3-27 所示为常见的棱圆,有奇数棱圆和偶数棱圆。其中,奇数棱圆柱面的圆度误差可以用三点法测量,偶数棱圆柱面的圆度误差可以用两点法测量。

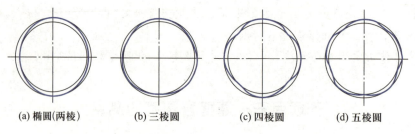

(a) 椭圆(两棱)   (b) 三棱圆   (c) 四棱圆   (d) 五棱圆

图 2-3-27   常见的棱圆

 项目任务实施

任务分析与思考

薄壁套零件在加工过程中,因夹紧力或刀具切削力等因素的作用会使薄壁圆柱面产生变形。本子项目的薄壁套零件用三爪自定心卡盘装夹加工,极易产生三棱圆变形。

如图 2-3-28 所示,将薄壁套放在 V 形架上旋转一周,用百分表检测其外圆柱面是否变形,百分表在 0~6 格间摆动了三次,显示该薄壁套圆柱表面为三棱圆,所以本子项目薄壁套零件的外圆柱面圆度误差的测量可以用三点法。测量时,V 形架的两侧面、百分表测量触头等三个点与被测圆接触,测量这三个点的位置变化作为直径的变化,所以称为三点法。

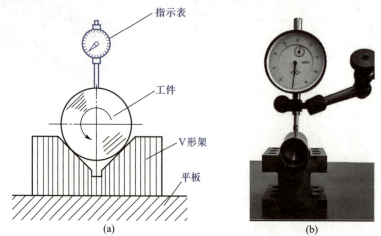

图 2-3-28   薄壁套的变形检测

任务实施

一、识读薄壁套圆度公差要求

本子项目为对薄壁套圆度误差测量,图 2-3-26 中圆度公差的要求为被测外圆任一截面内,实际圆周应限定在半径差等于 0.03 mm 的两同心圆之间的区域内。

二、准备工具和量具

准备检验平板一块,90°V形架一个,方箱一个,千分表及表架一套,$\phi 10$ mm 钢球一个。

三、测量方法与步骤

(1)将待测薄壁套零件、90°V形架、检验平板等清理干净,将待测零件放在V形架上,如图2-3-29所示。

(2)将千分表安装到表架上,调整千分表的高度,使千分表与零件被测表面接触良好。

(3)调整千分表的位置,如图2-3-29所示,使千分表的测杆垂直于被测零件轴线。

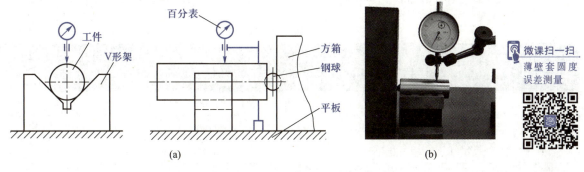

图 2-3-29 三点法测量圆度误差

(4)为了保证在同一截面上测量,以钢球和方箱作轴向定位,如图2-3-29所示。

(5)将千分表校零。

(6)使被测薄壁套零件旋转一周,记录测得的最大值f_{max}和最小值f_{min},填入表2-3-4中。

(7)均匀测量若干个截面,并记录每个截面的数据。

表 2-3-4 薄壁套零件圆度测量数据及处理   mm

测量截面序号	1	2	3	4	5	6
最大读数值 f_{max}	+0.033	+0.035	+0.030	+0.033	+0.035	+0.023
最小读数值 f_{min}	−0.025	−0.020	−0.023	−0.020	−0.025	−0.005
差值 Δ	0.058	0.055	0.053	0.053	0.06	0.028

四、处理数据,并判断零件合格性

(1)计算差值 Δ

计算各个测量截面的差值,填入表2-3-4中。差值Δ为百分表测得的各截面最大读数值和最小读数值之差,即

$$\Delta = f_{max} - f_{min}$$

式中:Δ——差值,mm;

f_{max}——百分表最大读数值,mm;

f_{min}——百分表最小读数值,mm。

（2）计算圆度误差

用三点法测量圆度误差时，计算出 Δ 值后，其圆度误差为

$$f=\Delta_{max}/F$$

式中：f——实际圆度误差，mm；

$\quad\Delta_{max}$——最大差值，mm；

$\quad F$——反映系数，与棱圆的棱数有关的变量，其值可参阅表 2-3-5。

根据表 2-3-5 可知，本子项目三点法测量圆度误差的反映系数 $F=2$，则薄壁套的实际圆度误差为

$$f=\Delta_{max}/F=0.060\ mm/2=0.030\ mm$$

实际圆度误差为 0.030 mm，小于圆度公差的 0.033 mm，所以薄壁套外圆柱面的圆柱度合格。

表 2-3-5　顶式测量的反映系数 F　　　　　　　　　　　　　　　　mm

棱数 n	两点法	三点法对称安置的 V 形架角度				
		72°	108°	90°	120°	60°
2	2	0.47	1.38	1.00	1.58	—
3	—	2.62	1.38	2.00	1.00	3
4	2	0.38	—	0.41	0.42	—
5	—	1.00	2.24	2.00	2.00	—
6	2	2.38	1.38	1.00	0.16	3

注：本表摘自 GB/T 4380—2004《圆度误差的评定　两点、三点法》。

 项目知识拓展

一、两点法测量圆度误差

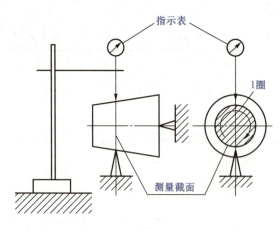

图 2-3-30　两点法测量圆度误差

两点法是利用直径方向上的两点对圆度进行测量的方法。检验时可采用游标卡尺、千分尺、百分表等量具，在被测零件回转一周过程中，测量孔或轴实际表面同一截面的直径方向上尺寸的变动全量。取读数最大差值的一半作为单个截面的圆度误差，测量若干截面，取其中最大误差值作为该零件的圆度误差。

旋转零件时注意防止零件轴向移动。如图 2-3-30所示为用百分表测量圆锥面的两点法测量圆度误差。

两点法测量圆度误差除了可以转动零件，也可以转动量具，如用游标卡尺、千分尺等方法。

二、圆度仪法测量圆度误差

圆度仪有转轴式和转台式圆度仪,其工作原理如图2-3-31所示。以转台式圆度仪为例,如图2-3-31b所示,测量时,被测件安置在回转工作台上,随工作台一起转动,传感器在支架上固定不动,传感器测头与被测件轮廓相接触。在被测件回转过程中,传感器将被测件轮廓的变化输入测量放大器放大并作相应的信号处理后,输送到记录器记录或计算机处理并显示结果。如图2-3-32、图2-3-33所示分别是转台式圆度仪和转轴式圆度仪。

多功能型圆度仪还可测量圆柱度、同心度、同轴度、径向跳动、轴向跳动、平行度、垂直度、圆柱端面的平面度等误差。

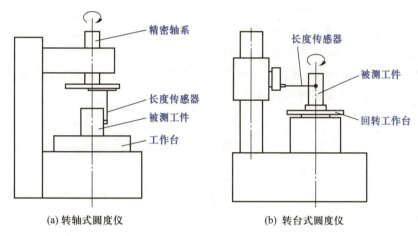

(a) 转轴式圆度仪　　　　　　　(b) 转台式圆度仪

图 2-3-31　圆度仪工作原理

图 2-3-32　转台式圆度仪

图 2-3-33　转轴式圆度仪

三、各种圆度误差测量方法的特点

(1) 用三点法测量圆度误差的特点

用三点法测量圆度误差适合于测量内外旋转表面的奇数棱圆度误差,其测量结果的正确性取决于截面形状误差和 V 形架夹角的综合误差。

（2）用两点法测量圆度误差的特点

用两点法测量圆度误差适合于测量内外旋转表面的偶数棱圆度误差，不能用于奇数棱圆度误差的检测。

两点法和三点法可以组合使用，用于测量不知道具体棱数的圆柱面的圆度误差。

两点法和三点法是特征近似的测量法，但并不符合国家标准中有关圆度误差的测量方法。由于该方法简单，测量方便，尤其对一些精度要求不高的零件，采用两点和三点组合测量更为经济合理，从而被生产部门广泛使用。

（3）用圆度仪法测量圆度误差的特点

圆度仪测量是一种高精度的测量方法。

转轴式圆度仪测量时，被测零件固定不动，测头与零件接触并旋转。主轴转动时，不受被测零件重心的影响，因而比较容易保证较高的主轴回转精度。

转台式圆度仪测量时测头能很方便地调整到被测件任一截面进行测量，但是受旋转工作台承载能力的限制，只适合于测量小型零件的圆度误差。

*子项目四　车床导轨平行度的测量

 项目任务与要求

如图 2-3-34 所示为某企业生产的卧式车床导轨图样，图中给出了平面导轨对 V 形导轨棱线的平行度公差要求。本子项目任务的要求是：

（1）识读平面导轨平行度公差要求；

（2）用百分表测量平面导轨对 V 形导轨棱线的平行度误差值，并判断导轨的平行度是否合格。

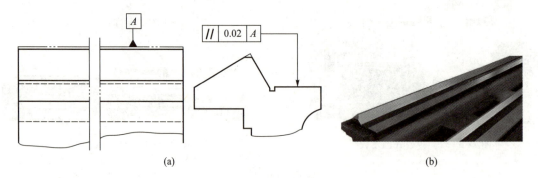

(a)　　　　　　　　　　　　　　　　　(b)

图 2-3-34　卧式车床导轨图样

 项目预备知识

一、定向误差及其评定

定向误差是指实际关联要素对其具有确定方向的理想要素的变动量,理想要素的方向由基准确定。

定向误差根据所给定的方向不同,分为平行度误差、垂直度误差和倾斜度误差。评定定向误差的基本原则是定向最小包容区域(简称定向最小区域),即方向误差值用定向最小区域的宽度或直径表示。

确定各项定向误差的定向最小区域的方法是:以与相应的公差带相同的几何形状作为包容面,使包容面与给定方向一致,将被测实际要素紧紧包容,且使其宽度或直径为最小。如图 2-3-35 所示为三种直线定向最小包容区域示意图。

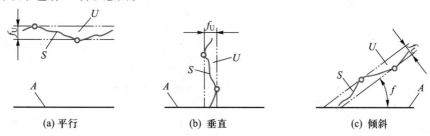

(a) 平行   (b) 垂直   (c) 倾斜

A—基准直线;S—被测直线;U—最小包容区域;f_U—直线的定向误差

图 2-3-35　直线定向最小包容区域示意图

二、基准的概念

1. 基准的种类

基准是建立关联被测要素方向和位置的依据。图样上标出的基准通常分为以下三种:

(1)单一基准　是指由一个基准要素建立的基准,如子本项目任务图 2-3-34 中由棱线建立的基准 A。

(2)公共基准　是指由两个或两个以上的同类要素建立的一个独立的基准,又称组合基准。如图 2-3-36 中同轴度误差的基准是由两段轴线建立的组合基准 $A-B$。

(3)基准体系　是指由三个相互垂直的基准平面构成的一个基准体系,又称三基面体系,如图 2-3-37 所示。

一个三基面体系中的三个相互垂直的平面按功能要求分别称为第一、第二、第三基准平面(分别用符号 A、B、C 表示)。应用三基面体系时,应注意基准的标注顺序。如图 2-3-37 所示,选最重要的或最大的平面作为第一基准 A,选次要或较长的平面作为第二基准 B,选不重要的平面作为第三基准 C。

2. 基准的建立和体现

评定位置误差的基准应是理想的基准要素,但基准要素本身也是实际加工出来的,也存在形状误差。因此,应该用基准实际要素的理想要素来建立基准,理想要素的位置应符合最小条件。

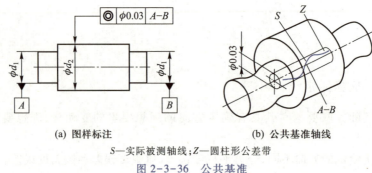

(a) 图样标注	(b) 公共基准轴线

S—实际被测轴线；*Z*—圆柱形公差带

图 2-3-36　公共基准

在实际检测中,基准的体现方法有模拟法、直接法、分析法和目标法四种,其中应用最广的是模拟法。

模拟法是用形状足够精确的表面模拟基准。例如,以检验平板表面体现基准平面、以心轴表面体现基准孔的轴线、以 V 形架表面体现基准轴线、以定位块表面体现中心平面等,如图 2-3-38 所示。

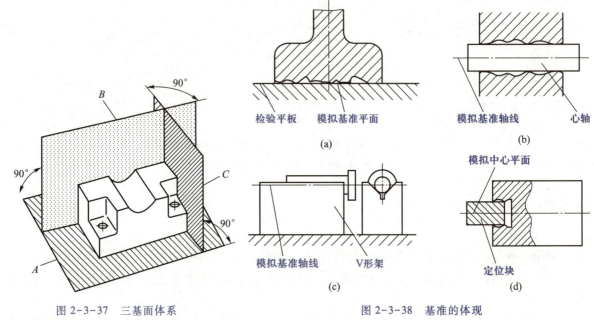

图 2-3-37　三基面体系　　　　图 2-3-38　基准的体现

项目任务实施

任务分析与思考

平行度是限制被测要素相对于基准要素在平行方向上的变动全量的一项指标,用来限制被测要素相对于基准要素在平行方向偏离的程度。

为保证车床的加工精度,除了要保证 V 形导轨棱线的直线度外,还要保证平面导轨与 V 形导轨的平行度。即应使平面导轨的平面限制在两个平行平面之间,且这两个平行平面要与 V 形导轨的棱线平行。

任务实施

一、识读导轨平行度公差要求

本子项目为对平面导轨与 V 形导轨的平行度误差的测量，图 2-3-34 中平行度公差标注的含义为被测平面导轨的水平面，应限定在间距等于 0.02 mm 的平行于 V 形导轨棱线 A 的两水平面之间的区域内。

二、准备工具和量具

准备桥板一块、百分表及表架一套。

三、测量方法与步骤

用与 V 形导轨相研合的垫铁模拟测量基准，百分表及表架放置在垫铁上，使百分表测头直接与被测平面导轨接触，移动垫铁并带动百分表在被测平面上进行测量，百分表指针的最大摆动范围就是该导轨的平行度误差。测量方法和步骤如下：

（1）将导轨及垫铁清理干净，把百分表安装在磁力表架上。

（2）调整百分表，使测量杆与被测平面垂直，如图 2-3-39 所示，预压百分表 1~2 圈。

（3）将百分表调零，缓慢匀速地拖动桥板，在导轨的全长上进行测量，并将百分表的最大和最小示值记录下来填入表 2-3-6 中。

由于导轨的平面较窄，如图 2-3-40 所示，可以在三条测量线上进行测量。

📱 操作视频
导轨平行度测量

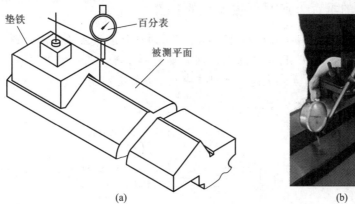
(a)

(b)

图 2-3-39 导轨平行度测量示意图

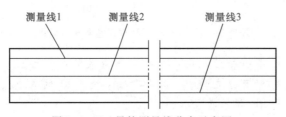

图 2-3-40 导轨测量线分布示意图

表 2-3-6 导轨平行度误差测量数据及处理   mm

测量线序号	百分表最小示值	百分表最大示值	该测量线的平行度误差	平面导轨的平行度误差
1	0	+0.012	0.012	
2	−0.005	+0.013	0.018	0.019
3	−0.006	+0.008	0.014	

四、处理数据，并判断零件合格性

每条测量线的最大示值和最小示值之差，为该测量线的平行度误差。在所有测得的示值中，最大示值与最小示值之差，为该平面导轨的平行度误差。

如表 2-3-6 所示，最大示值为+0.013 mm，最小示值为−0.006 mm。所以平面导轨相对于 V 形导轨的平行度误差值为 0.013 mm−(−0.006) mm = 0.019 mm，小于图 2-3-34 中所标注的平行度公差要求 0.02 mm，所以被测平面导轨的平行度误差合格。

项目知识拓展

平行度误差有面对面、面对线、线对面、线对线间的平行度误差，其检测总的来说常用平板、心轴或 V 形架来模拟平面或作为基准，然后测量被测线、面上各点到基准的距离之差，以最大相对差作为平行度误差。下面以线对面和线对线为例进行说明。

一、直线对基准平面的垂直方向平行度误差的测量

如图 2-3-41a 所示零件，测量孔 ϕD 轴线相对于零件底面的平行度误差的方法如图 2-3-41b 所示，用检验平板的工作面模拟基准平面 A，体现基准的理想要素的位置。用心轴模拟被测孔的轴线，体现实际被测要素的位置。测量心轴素线上两点相对于平板的高度差作为孔的轴线相对于基准平面的平行度误差。测量方法和步骤如下：

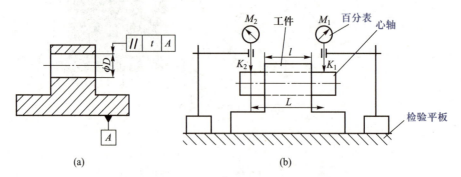

图 2-3-41 线对面平行度误差测量示意图

（1）将工件放在平板上，将心轴装入孔 ϕD 中，将百分表装在表架上。

（2）在平板上移动表架，让百分表的测头放在心轴素线 K_1K_2 的 K_1 处，记录读数值 M_1；将百分表的测头移动到心轴素线的 K_2 处，记录其读数值 M_2。

（3）测量点 K_2 和 K_1 之间的尺寸 L，测量 ϕD 孔的长度 l。

（4）计算孔 ϕD 的轴线对基准平面 A 的平行度误差 f，即

$$f = |M_1 - M_2| \times \frac{l}{L}$$

（5）判断工件的平行度误差是否合格。

二、直线对基准直线的垂直方向平行度误差的测量

如图 2-3-42a 所示为连杆的图样，测量孔 ϕD_1 的轴线相对于孔 ϕD_2 轴线的垂直方向平行度误差的方法如图 2-3-42b 所示，用一根心轴模拟基准轴线 A，体现了基准的理想要素的位置。用另一根心轴模拟被测孔的轴线，体现实际被测要素的位置。测量方法和步骤如下：

（1）将一根直径为 ϕD_2 的心轴装入连杆的 ϕD_2 轴孔中，将其与连杆一起放在等高支撑上。

（2）将百分表安装在表架上。

（3）将另一根直径为 ϕD_1 的心轴装入连杆的 ϕD_1 轴孔中。

（4）调整连杆，使两孔的轴线位于垂直于平板工作面的同一平面内。

（5）在相距 L_2 的 a、b 两个位置上，找最高点，测得读数 M_a、M_b，则 L_1 长度上被测轴线相对于基准轴线的平行度误差为

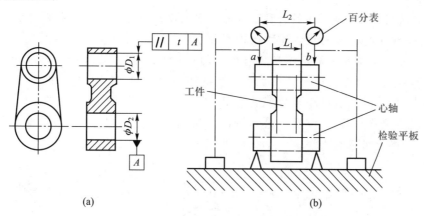

图 2-3-42 线对线平行度误差测量示意图

$$f = |M_a - M_b| \times \frac{L_1}{L_2}$$

（6）判断工件的平行度误差是否合格。

*子项目五 阶梯轴同轴度的测量

项目任务与要求

如图 2-3-43 所示为某企业生产的阶梯轴图样，图中给出了同轴度公差要求。本子项目任务的要求是：

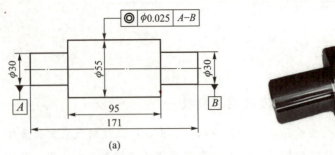
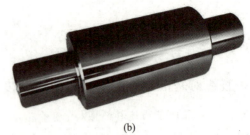

(a)　　　　　　　　　　(b)

图 2-3-43　阶梯轴图样

（1）识读阶梯轴的同轴度公差要求；

（2）测量中间段 ϕ55 mm 圆柱与两侧 ϕ30 mm 圆柱的同轴度误差值，并判断该阶梯轴同轴度是否合格。

 项目预备知识

　　定位误差是被测实际要素对一具有确定位置的理想要素的变动量。根据所给定位置形式不同，定位误差分为：同轴度误差、对称度误差和位置度误差。

　　评定定位误差的基本原则是定位最小包容区域（简称定位最小区域）。即定位误差值用最小区域的宽度或直径表示。定位最小区域是指以基准和理论正确尺寸所确定的理想位置为中心，包容被测实际要素时，使其具有最小宽度或直径 ϕf 的包容区域，如图 2-3-44 所示。定位公差带相对于基准具有确定位置。其中，位置度公差带的位置由理论正确尺寸确定，同轴度和对称度的理论正确尺寸为零，图上可忽略不注。

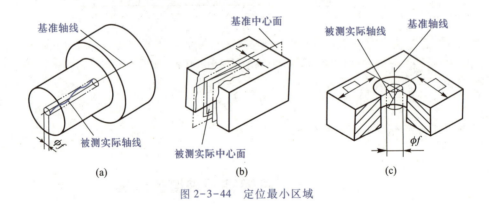

(a)　　　　　　　　(b)　　　　　　　　(c)

图 2-3-44　定位最小区域

 项目任务实施

任务分析与思考

　　同轴度是限制被测轴线相对于基准轴线的变动全量的一项指标，用来控制被测轴线与基准轴线同轴。

　　本子项目测量的是阶梯轴,要求阶梯轴中间段圆柱与两端圆柱同轴。即应使中间段圆柱的轴线限制在一个圆柱面区域内,且该圆柱面以两端圆柱的公共轴线为轴心。

任务实施

一、识读阶梯轴同轴度公差要求

　　本子项目为对阶梯轴同轴度误差的测量。图 2-3-43 中同轴度公差的要求为被测 $\phi55$ mm 中间圆柱的轴线应限定在直径等于 0.025 mm 的圆柱面区域内,且该圆柱面以两端 $\phi30$ mm 圆柱的公共基准轴线 A-B 为轴线。

二、准备工具和量具

　　准备千分表两只,表架一套,刃口状 V 形架两块,检验平板一块,方箱一个,轴端支承一个。

三、测量方法与步骤

　　(1) 如图 2-3-45 所示,以检验平板为测量基准,将准备好的两个等高刃口状 V 形架放置在检验平板上,并调整两个 V 形架,使 V 形槽的对称中心平面共面。

　　(2) 将被测阶梯轴放置在刃口状 V 形架上,并用方箱和轴端支承进行轴向定位。由于以两个 V 形架模拟公共轴线,因此公共轴线平行于检验平板。

　　(3) 按照如图 2-3-45 中所示位置,在同一表架上安装两个千分表,使这两个千分表的测杆同轴且垂直于检验平板。

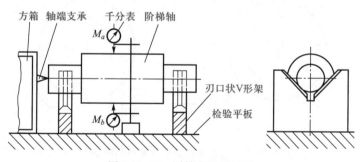

图 2-3-45　同轴度误差测量

　　(4) 先将一个千分表的测头与被测横截面轮廓距离轴线最远点接触,记录该千分表的示值。然后,将被测阶梯轴在 V 形架上回转 180°,如果这时该千分表的示值与第一次记录的示值相同,则可将另一个千分表的测头与被测横截面的轮廓接触,并将两个千分表调零。此时,上、下两个千分表的测头相对于公共基准轴线 A-B 对称。

　　如果工件在 V 形架上回转 180°后,千分表的示值与第一次记录的示值不同,则需要缓缓转动工件,直到使工件回转 180°后千分表的示值与第一次记录的示值相同为止。

　　(5) 转动工件,在被测横截面轮廓的各处进行测量,记录每个测量位置上两个千分表的示值 M_a 和 M_b。取各个测量位置上两个千分表示值之差的绝对值 $|M_a-M_b|$ 中的最大值,作为该截面轮廓中心

相对于公共基准轴线 A—B 的同轴度误差。

按照同样方法，测量几个横截面轮廓，将各截面的同轴度误差填入表 2-3-7 中。

表 2-3-7　阶梯轴各截面同轴度误差数据处理及合格性判断　　　　　　　mm

截面序号	1	2	3	4	5	结果	判断合格性
$\lvert M_a - M_b\rvert$ 的最大值	0.002	0.022	0.018	0.012	0.024	0.024	合格

四、处理数据，并判断零件合格性

取所有截面中的最大同轴度误差作为该段圆柱面的同轴度误差，如表 2-3-7 所示。分析表中数据可知，同轴度误差的最大示值为 0.024 mm，小于同轴度公差 0.025 mm，所以该阶梯轴同轴度合格。

 项目知识拓展

一、壁厚差法测量同轴度误差

对于如图 2-3-46a 所示的薄壁零件，其内外圆间的同轴度误差可以通过壁厚差法由游标卡尺测量获得。具体测量方法如图 2-3-46b 所示，用游标卡尺先量出右侧内外圆间最小壁厚 b，再测出其相对方向的壁厚 a，则同轴度误差 $f = a - b$。

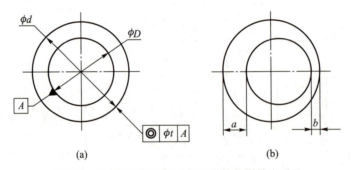

(a)　　　　　　　　　　　　(b)

图 2-3-46　壁厚差法测量薄壁零件的同轴度误差

二、综合环规法测量同轴度误差

如图 2-3-47a 所示的销轴零件，被测圆柱 ϕd_2 的轴线对基准圆柱 ϕd_1 的轴线不仅有同轴度要求，而且各自都遵守最大实体原则。需用综合环规检测其同轴度误差是否合格。测量步骤如下：

（1）先制作如图 2-3-47b 所示的综合环规，该环规的基准端孔径为基准轴 $\phi 25_{-0.033}^{0}$ 的最大实体尺寸 $\phi 25$ mm，而被测端孔径等于被测轴 $\phi 40_{-0.1}^{0}$ 的实效尺寸 $\phi 40.06$ mm。

（2）将被测零件放入环规内，若两段圆柱轴都能穿入相应孔内，则说明零件合格。

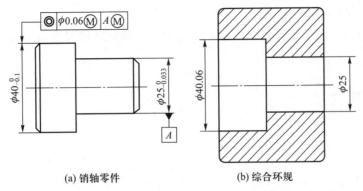

(a) 销轴零件　　　　　　　(b) 综合环规

图 2-3-47　两轴轴线遵守最大实体原则时同轴度误差的检测

三、数据采集仪法测量位置误差

需要的测量仪器有偏摆仪、百分表、数据采集仪。如图 2-3-48 所示,数据采集仪可从百分表中实时读取数据,并进行位置误差的计算与分析,直接通过数据采集软件的计算,测量定位误差、定向误差以及跳动误差等位置误差值。一旦测量误差值大于公差值时,数据采集仪就会自动报警。

利用数据采集仪测量位置误差是一种高效的检测方法。

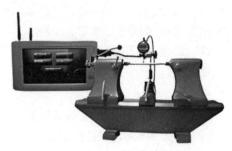

图 2-3-48　数据采集仪连接百分表测量位置误差示意图

子项目六　阶梯轴径向圆跳动的测量

 项目任务与要求

如图 2-3-49 所示为某企业生产的阶梯轴图样,其中间段 $\phi45$ mm 圆柱提出了径向圆跳动公差要求。本子项目任务的要求是:

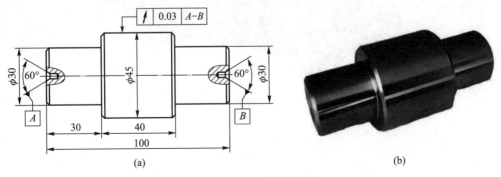

(a)　　　　　　　　　　(b)

图 2-3-49　阶梯轴图样

（1）识读图中径向圆跳动公差要求；

（2）用偏摆仪测量阶梯轴中间段 $\phi 45$ mm 圆柱的径向圆跳动误差值，并判断该段径向圆跳动误差是否合格。

 ## 项目预备知识

一、跳动误差及其评定

被测实际要素绕基准轴线做无轴向移动回转时，指示器在给定方向上测得的最大与最小示值之差称为跳动误差。

跳动误差按其测量要求不同可分为圆跳动误差和全跳动误差。根据所给定的测量方向的不同，圆跳动又可分为径向圆跳动、轴向圆跳动和斜向圆跳动。全跳动根据所给定的测量方向的不同，可分为径向全跳动和轴向全跳动。

跳动误差这一几何公差项目本身就是根据测量跳动原则定义的，因此，它的测量方法与误差定义是一致的，给生产中误差检测带来极大方便，不需要再用最小区域的概念进行评定。检测时应遵守以下原则：

（1）测量时被测要素应绕基准轴线回转。

（2）检测圆跳动误差时，应在给定测量面内对被测要素进行测量。被测零件不得产生轴向移动。

（3）检测全跳动误差时，应在指示器沿理想素线移动过程中，对被测要素进行测量。该理想素线是指相对于基准轴线为理想位置的直线，即径向全跳动为平行于基准轴线的直线；轴向全跳动为垂直于基准轴线的直线。

二、认识偏摆仪

偏摆仪的结构如图 2-3-50 所示，主要由底座、左右顶针座、百分表架等组成。偏摆仪主要用于检测轴类和盘类零件的径向圆跳动和轴向圆跳动。

图 2-3-50　偏摆仪的结构

项目任务实施

任务分析与思考

径向圆跳动是限制被测要素在任一测量截面内相对于基准轴线的径向最大允许变动量的一项指标。

本子项目测量的是圆柱表面截面轮廓,要求截面轮廓线限定在两同心圆之间的区域内,且该同心圆的圆心位于基准轴线上。

任务实施

一、识读圆柱径向圆跳动公差要求

本子项目为对中间段 $\phi45$ mm 圆柱径向圆跳动误差的测量,图样中径向圆跳动公差的要求为被测 $\phi45$ mm 圆柱的任一垂直于基准轴线的横截面内,实际轮廓圆应限定在间距等于 0.03 mm,且圆心在公共基准轴线 A–B 上的两同心圆之间的区域内。

二、准备工具和量具

准备偏摆仪一台,百分表及表架一套。

操作视频
测量阶梯轴
径向圆跳动

三、测量方法与步骤

用偏摆仪测量圆跳动误差时,用两顶针模拟公共基准轴线,如图 2-3-51 所示。测量方法和步骤如下:

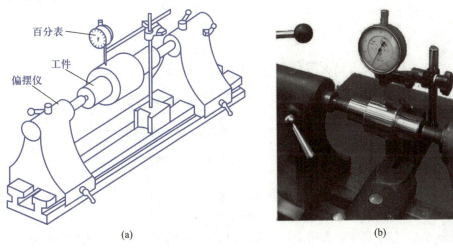

图 2-3-51 用偏摆仪测量圆跳动示意图

(1)调整偏摆仪两顶针的距离,并顶紧工件。锁紧偏摆仪紧定螺钉,保证被测零件不能轴向窜动,但能转动自如。

（2）将百分表固定在表架上，使测头压在被测 ϕ45 mm 圆柱面的最高素线上，并压表1~2 圈，然后将百分表调零。

（3）缓慢匀速地转动零件一周，读取百分表的最大和最小示值，填入表 2-3-8 中，其差值即为该被测横截面的径向圆跳动误差。

（4）按上述方法测量若干个圆柱截面，并记录各示值。

表 2-3-8　径向圆跳动误差测量数据及处理

mm

截面序号	百分表最大示值	百分表最小示值	该截面径向圆跳动误差	被测面径向圆跳动误差
1	+0.01	-0.01	0.02	0.02
2	+0.01	0	0.01	
3	0	-0.01	0.01	

四、处理数据，并判断零件合格性

取表 2-3-8 中所有截面径向圆跳动误差的最大值作为该圆柱面的径向圆跳动误差。

由于测得的径向圆跳动误差值为 0.02 mm，小于图样规定的径向圆跳动公差0.03 mm，所以该阶梯轴的径向圆跳动误差合格。

 项目知识拓展

一、用 V 形架模拟基准轴线测量径向圆跳动误差

本项目所示零件的公共基准也可以用两个等高的 V 形架来模拟，如图 2-3-52 所示。测量方法和步骤如下：

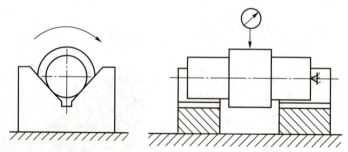

图 2-3-52　用 V 形架测量径向圆跳动示意图

操作视频
V 形架定位测量阶梯轴径向圆跳动

（1）根据图样中的跳动要求，直接将被测工件放在 V 形架上，并进行轴向定位，此时被测零件不能轴向窜动但能转动自如。

（2）将百分表或千分表装在磁性表座上，测头轻轻放在零件的被测面轮廓最高点上，并压表 1~2 圈，然后将指示表指针调到零。

（3）轻轻转动被测零件一圈，从指示表中读出最大值和最小值并记录，其最大和最小值代数差即为该截面的跳动误差。

（4）移动磁性表座，按照上述方法测量被测表面不同截面的跳动误差。

（5）取各截面上测得的径向圆跳动误差的最大值作为该零件的径向圆跳动误差。

二、径向全跳动误差的测量

径向全跳动误差是指被测零件回转过程中，指示器沿平行于基准轴线的理想素线移动时，在被测表面整个范围内的径向跳动量。因此，测量径向全跳动误差，应首先确定理想素线的方向。生产中通常采用检验平板或量仪表面作为模拟素线。

如图 2-3-53a 所示阶梯轴，给出了中间 $\phi 45$ mm 圆柱面对两端 $\phi 30$ mm 圆柱面的公共基准轴线 $A{-}B$ 的径向全跳动公差要求。测量时如图 2-3-53b 所示，将被测零件的两端基准圆柱面放到两等高的 V 形架上，调整两基准圆柱面等高，使公共基准轴线与检验平板的工作面平行。然后将指示器与被测圆柱面上端素线接触，压表 1~2 圈并调零。测量时使被测零件作连续回转，同时让指示器沿基准轴线方向作直线移动。在整个测量过程中，指示器示值的最大差值，即为该零件的径向全跳动误差。

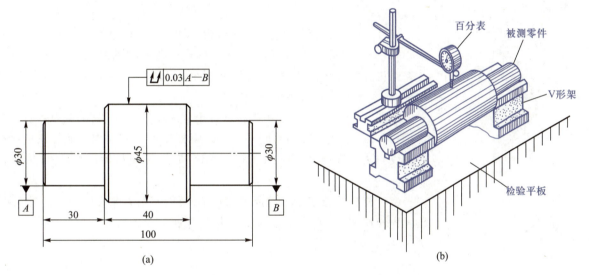

图 2-3-53　径向全跳动误差测量示意图

子项目七　销轴轴向圆跳动的测量

项目任务与要求

如图 2-3-54 所示为某企业生产的销轴图样，其台阶面提出了轴向圆跳动公差要求。本子项目任务的要求是：

（1）识读图中轴向圆跳动公差要求；

（2）用杠杆千分表测量 $\phi 50$ mm 圆柱左端面的轴向圆跳动误差值，并判断该轴向圆跳动误差是否合格。

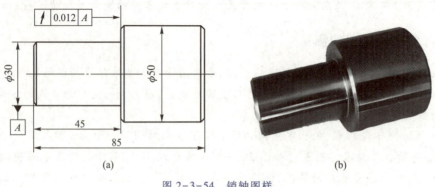

图 2-3-54　销轴图样

 项目预备知识

图 2-3-55　杠杆千分表

杠杆千分表是指针式量具,其结构如图 2-3-55 所示。杠杆千分表体积小,测头可回转 180°,适用于对内孔的径向跳动和轴向跳动、键槽和导轨的相互位置误差等的测量。杠杆千分表的分度值有 0.001 mm 和 0.002 mm 两种,测量范围为 ±0.2 mm。

如图 2-3-56 所示,使用时将杠杆千分表安装在表架上,调整其测杆位置,使测杆的轴线与被测表面平行。如因为零件结构等因素而无法使测杆的轴线与被测表面平行时,如图 2-3-57 所示,需要将读数乘以 cos α 加以修正。

由于杠杆千分表的示值范围比较小,所以使用时测头移动要轻缓,不能超量程使用,且表体不得猛烈振动,被测表面不能太粗糙。

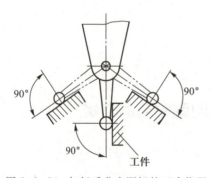

图 2-3-56　杠杆千分表测杆的正确位置

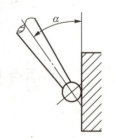

图 2-3-57　测杆与工件成一定角度

 项目任务实施

任务分析与思考

本子项目中销轴的台阶面既有平面度要求,又相对其定位轴线有垂直度要求。所以销轴采用轴向圆跳动公差同时限制 $\phi50$ mm 台阶面的形状和方向误差,将台阶面上的任一圆柱形截面上的实际圆,限定在轴向距离等于公差值的两个等半径圆之间。

由于千分表的测杆不好弯折,无法测量 $\phi50$ mm 台阶面根部的轴向圆跳动误差,所以本子项目需要选用杠杆千分表测量。

任务实施

一、识读圆柱轴向圆跳动公差要求

本子项目为对 $\phi50$ mm 台阶面轴向圆跳动误差的测量,图 2-3-54 中轴向圆跳动公差的要求为被测台阶面与基准轴线 A 同轴的任一半径的圆柱形截面上,实际圆应限定在轴向间距等于 0.012 mm 的两等半径圆之间的区域内。

二、准备工具和量具

准备检验平板一块,90°V 形铁一个,方箱一个,轴向支承一个,分度值为 0.002 mm 的杠杆千分表及表架一套。

📱 操作视频
测量销轴轴
向圆跳动

三、测量方法与步骤

(1) 将销轴放置在 V 形铁上,并进行轴向定位,如图 2-3-58 所示。

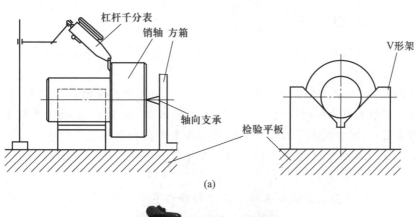

(a)

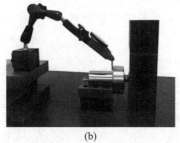

(b)

图 2-3-58 轴向圆跳动误差测量示意图

(2) 安装杠杆千分表,调整测杆位置,使测杆的轴线与被测 $\phi50$ mm 台阶面平行。
(3) 使杠杆千分表的触头压在台阶面上,压表并把指针调零。

（4）缓慢匀速地连续转动零件，读取杠杆千分表的最大和最小示值，填入表 2-3-9 中。其差值为该半径圆柱形截面上的轴向圆跳动误差。

（5）按上述方法在被测 $\phi 50$ mm 台阶面的若干个半径位置测量，并记录各最大和最小示值。

表 2-3-9　轴向圆跳动误差测量数据及处理   mm

截面序号	杠杆千分表最大示值	杠杆千分表最小示值	该截面轴向圆跳动误差	被测面轴向圆跳动误差
1	0	−0.005	0.005	
2	+0.005	−0.004	0.009	0.010
3	+0.004	−0.006	0.010	

四、处理数据，并判断零件合格性

取表 2-3-9 中所有截面轴向圆跳动误差的最大值作为该台阶面的轴向圆跳动误差。

由于测得的销轴轴向圆跳动误差值为 0.010 mm，小于图 2-3-54 中规定的轴向圆跳动公差 0.012 mm，所以该销轴的轴向圆跳动误差合格。

项目知识拓展

一、斜向圆跳动误差的测量

斜向圆跳动公差是指图样给定方向上的跳动量允许变动范围。因此，斜向圆跳动误差的测量方向应是图样上给定的方向。

如图 2-3-59a 所示，在被测零件的圆锥表面上给出了相对于基准轴线 A 的斜向圆跳动公差，其给定方向为垂直于圆锥表面素线的方向。如图 2-3-59b 所示，测量时，在检验平板上将被测零件基准轴固定在导向套筒内，并在轴向定位。使指示器沿垂直于被测圆锥表面的素线方向接触。将被测零件沿导向套筒轴线回转一周，百分表上测得的最大与最小示值之差，即为该被测圆锥面上的斜向圆跳动误差值。

将百分表沿被测表面素线方向移动不同位置，分别测得若干个测量面上的跳动误差，取其中最大值作为该零件的斜向圆跳动误差。

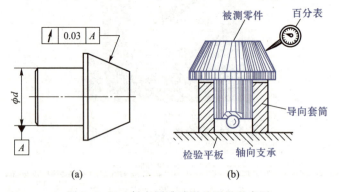

图 2-3-59　斜向圆跳动误差测量示意图

二、轴向全跳动误差的测量

轴向全跳动误差是指被测零件回转过程中,百分表沿垂直于基准轴线的理想素线移动时,在被测表面整个范围内的轴向跳动量。因此,测量轴向全跳动误差,也应首先确定理想素线的方向。生产中也常采用检验平板或量仪表面作为模拟素线进行测量。

如图 2-3-60a 所示零件,其右端面给出了相对于基准轴线 A 的轴向全跳动公差要求。测量时,如图 2-3-60b 所示,将被测零件的基准圆柱面插入导向套筒内,两者紧密配合,并使基准轴线垂直于检验平板工作面,在被测零件轴向用支承作轴向定位,用平板工作面模拟理想素线方向。

测量时使被测零件在连续回转过程中,百分表沿其径向做直线移动。在整个测量过程中,百分表测得的最大与最小示值之差,即为该零件的轴向全跳动误差。

拓展阅读

轴向圆跳动、轴向全跳动和端面垂直度公差

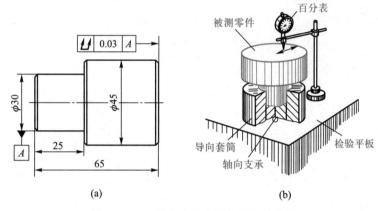

(a)　　　　　　(b)

图 2-3-60　轴向全跳动误差测量示意图

单元三

零件表面粗糙度的识读、选用与测量

项目一

螺纹轴套零件表面结构要求的识读

项目目标

知识目标

了解表面粗糙度对机械零件使用性能的影响，掌握表面结构代号的基本概念；

熟悉表面粗糙度评定参数的含义；

熟悉表面结构符号、代号及标注的国家标准规定。

技能目标

能够准确识读图样上表面结构代号标注的含义；

能够将零件表面粗糙度参数及要求正确标注到图样上。

素质目标

培养规范操作的职业习惯；

培养勤于思考、实事求是、脚踏实地的工匠精神。

项目任务与要求

如图 3-1-1 所示为某企业生产的螺纹轴套,图中给出了该零件的表面结构要求,本项目要求识读该图中所标注的表面粗糙度代号的含义。

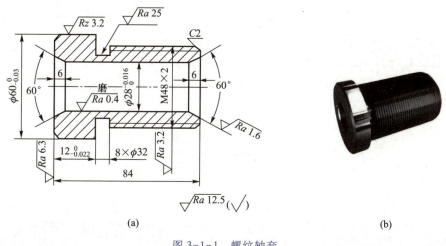

(a)　　　　　　　　　　　　　　(b)

图 3-1-1　螺纹轴套

 项目预备知识

机械零件的破坏总是从表面层开始的,零件的表面质量是保证机械产品质量的基础,直接影响零件的耐磨性、耐疲劳性、耐腐蚀性以及零件的配合质量。在零件图中需要标注零件的表面结构要求。

一、表面结构要求概述

零件表面经加工后,在微小区间内会形成高低不平的痕迹,如图 3-1-2 如示。表面结构是表面粗糙度、表面波纹度、表面缺陷、表面纹理和表面几何形状的总称。为保证零件的使用性能和互换性,在零件几何精度设计时必须提出合理的表面结构要求。

零件表面结构的状况可由轮廓参数、图形参数和支承率曲线参数评定。其中轮廓参数是最常用的评定参数,包括了 R 轮廓(粗糙度参数)、W 轮廓(波纹度参数)和 P 轮廓(原始轮廓参数)。

粗糙度是指加工表面上所具有的较小间距和峰谷所组成的微观几何形状特性。表面粗糙度直接影响产品质量,对零件的耐磨性、配合性质的稳定性、零件的抗疲劳强度、零件的抗腐蚀性、零件的密封性等许多性能都有影响。

二、基本概念及术语

国家标准 GB/T 3505-2009《产品几何技术规范(GPS) 表面结构 轮廓法 术语、定义及表面结构参数》规定的表面粗糙度评定参数有幅度参数、间距参数、混合参数及曲线等相关参数。限于篇幅,本书仅介绍表面结构参数中常用的表面粗糙度的幅度参数。

1. 取样长度 lr

如图 3-1-3 所示,取样长度 lr 是指用于在 X 轴方向判别被评定轮廓的不规则特征的长度,即具有表面粗糙度特征的一段基准线长度。X 轴的方向与轮廓的走向一致。一般取样长度 lr 应包含五个以上的轮廓峰、谷,表面越粗糙,取样长度就越大。国家标准 GB/T 1031—2009《产品几何技术规范 (GPS)　表面结构　轮廓法　表面粗糙度参数及其数值》规定的取样长度见表 3-1-1。

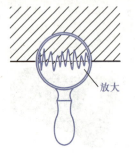

图 3-1-2　加工表面经放大后的图形

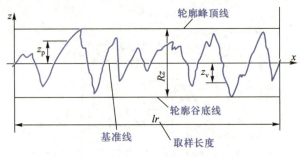

图 3-1-3　取样长度、轮廓峰顶线和轮廓谷底线

表 3-1-1　粗糙度参数 Ra、Rz 与取样长度 lr 和评定长度 ln 的取值

$Ra/\mu m$	$Rz/\mu m$	取样长度 lr/mm	评定长度 ln/mm ($ln = 5lr$)
≥(0.008)~0.02	≥(0.025)~0.1	0.08	0.4
>0.02~0.1	>0.1~0.5	0.25	1.25
>0.1~2	>0.5~10	0.8	4
>2~10	>10~50	2.5	12.5
>10~80	>50~320	8	40

2. 评定长度 ln

评定长度 ln 是指用于评定被评定轮廓的 X 轴方向上的长度。通常包含一个或几个取样长度,国家标准推荐 $ln = 5lr$,如图 3-1-4 所示。

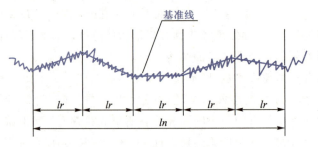

图 3-1-4　评定长度

3. 中线(基准线)

中线是指具有几何轮廓形状并划分轮廓的基准线。中线有轮廓的最小二乘中线和轮廓的算术平均中线。

轮廓的最小二乘中线是指在取样长度内,使轮廓线上各点轮廓偏距 Z_i 的平方和最小的线,即

$\min\left(\int_0^{lr} Z_i^2 \mathrm{d}x\right)$，如图 3-1-5 所示。轮廓偏距 Z 是指测量方向上，轮廓线上的点与基准线之间的距离。

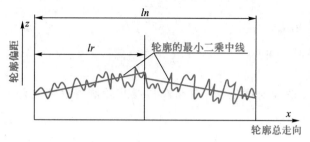

图 3-1-5　轮廓的最小二乘中线

轮廓的算术平均中线是指在取样长度内划分实际轮廓为上、下两部分，且使两部分面积相等的基准线，即 $\sum_{i=1}^{n} F_i = \sum_{i=1}^{n} F_i'$，如图 3-1-6 所示。

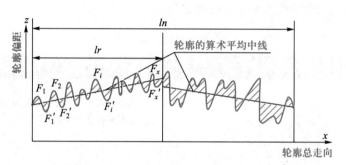

图 3-1-6　轮廓的算术平均中线

4. 轮廓峰顶线

如图 3-1-3 所示，轮廓峰顶线是指在取样长度内，平行于基准线并通过轮廓峰最高点的线。

5. 轮廓谷底线

如图 3-1-3 所示，轮廓谷底线是指在取样长度内，平行于基准线并通过轮廓谷最低点的线。

6. 轮廓算术平均偏差 Ra

如图 3-1-7 所示，轮廓算术平均偏差是指在取样长度 lr 内，轮廓偏距绝对值的算术平均值，用 Ra 表示，其计算公式为

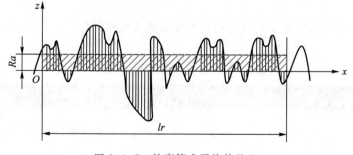

图 3-1-7　轮廓算术平均偏差 Ra

$$Ra = \frac{1}{n} \sum_{i=1}^{n} |z_i|$$

式中：Ra——轮廓算术平均偏差，μm；

z_i——第 i 个轮廓偏差，μm。

7. 轮廓最大高度 Rz

轮廓最大高度是指在取样长度 lr 内，轮廓峰顶线与轮廓谷底线之间的距离，用 Rz 表示，如图 3-1-3 所示。

三、表面结构符号、代号及标注

国家标准 GB/T 131—2006《产品几何技术规范（GPS） 技术产品文件中表面结构的表示法》对表面结构图形符号、代号及标注作了相关规定。

1. 表面粗糙度的图形符号

国家标准对表面结构图形符号及含义的规定见表 3-1-2。

表 3-1-2 表面结构图形符号及含义

符号名称	符号	含义
基本图形符号	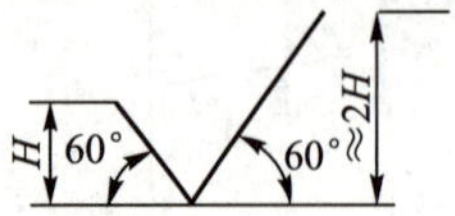	表示表面可用任何加工方式得到。当不加注粗糙度参数或有关说明时，仅适用于简化代号标注
扩展图形符号	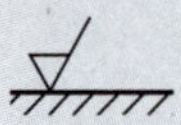	在基本图形符号上加一短横表示指定表面用去除材料的方法获得，如机械加工获得的表面
	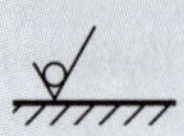	在基本图形符号上加一圆圈表示指定表面用非去除材料的方法获得
完整图形符号	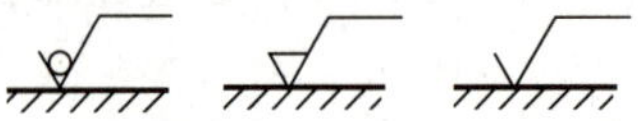	当要求标注表面结构特征的补充信息时，应在图形符号的长边上加一横线

2. 表面结构代号

注写了具体的表面粗糙度参数或其他有关要求后的表面结构图形符号称为表面结构代号。表面结构代号应用示例见表 3-1-3。

表 3-1-3 表面结构代号应用示例

代号	含义
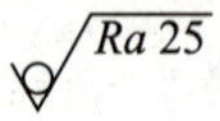 $\sqrt{Ra\,25}$	表示表面用非去除材料的方法获得，单向上限值，轮廓算术平均偏差 Ra 为 25 μm
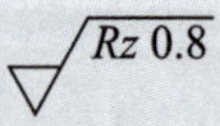 $\sqrt{Rz\,0.8}$	表示表面用去除材料的方法获得，单向上限值，轮廓最大高度 Rz 为 0.8 μm

续表

代号	含义
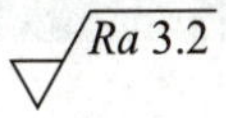Ra 3.2	表示表面用去除材料的方法获得，单向上限值，轮廓算术平均偏差 *Ra* 为 3.2 μm
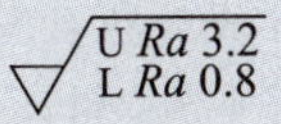U Ra 3.2 L Ra 0.8	表示表面用去除材料的方法获得，双向极限值，轮廓算术平均偏差 *Ra* 的上限值为 3.2 μm，下限值为 0.8 μm
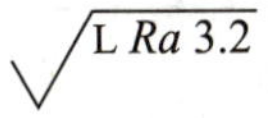L Ra 3.2	表示表面用任意加工方法活动，单向下限值，轮廓算术平均偏差 *Ra* 为 3.2 μm

3. 表面结构补充要求的注写

为了明确表面结构要求，除了标注表面结构参数和数值外，必要时应标注补充要求。补充要求包括加工工艺（方法）、表面纹理及方向、加工余量等。

在完整符号中，对表面结构的单一要求和补充要求应注写在如图 3-1-8 所示的指定位置。

位置 a 注写表面结构的单一要求。为了避免误解，在参数代号和极限值间应插入空格，如表 3-1-3 中所示；

位置 b 注写第二个或更多表面结构要求；

位置 c 注写加工方法、表面处理、其他加工工艺要求；

位置 d 注写所要求的表面纹理和方向；

位置 e 注写加工余量。

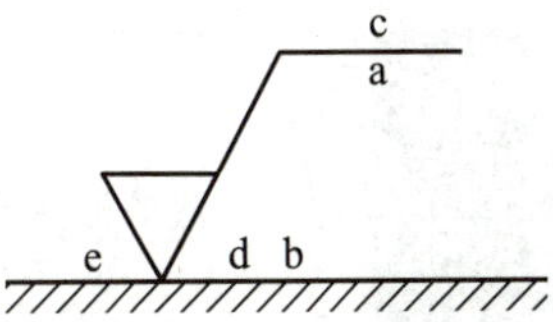
c
a
e
d b

图 3-1-8　表面结构补充要求的注写位置

如图 3-1-8 所示，在“a”“b”“d”“e”区域中的所有字母高应该等于字高 *h*，区域“c”中的字体可以是大写字母、小写字母或汉字，这个区域的高度可以大于 *h*，以便能够写出小写字母的尾部。

如表 3-1-4、表 3-1-5 所示为表面纹理和表面加工工艺方法及余量的标注示例。

表 3-1-4　表面纹理的标注示例（摘自 GB/T 131—2006）

注写内容	符号	标注方法及示例	说明	注写内容	符号	标注方法及示例	说明
加工纹理	=	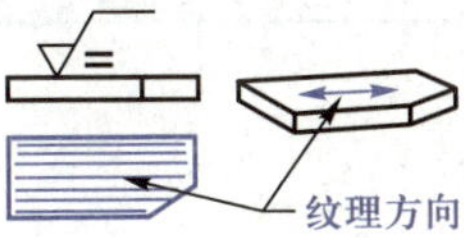= 纹理方向	纹理方向平行于视图的正投影面	加工纹理	M	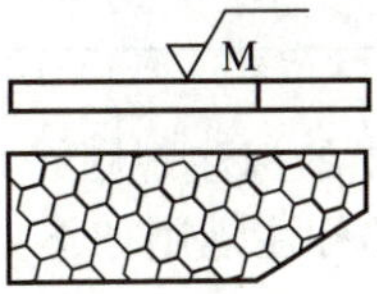M	纹理呈多方向
	⊥	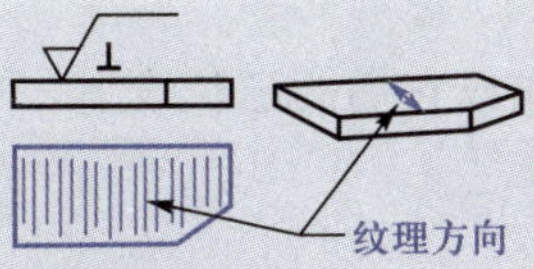⊥ 纹理方向	纹理方向垂直于视图的正投影面		C	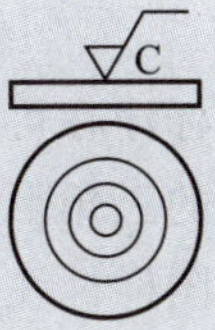C	纹理呈近似同心圆且圆心与表面中心相关

续表

注写内容	符号	标注方法及示例	说明	注写内容	符号	标注方法及示例	说明
加工纹理	×		纹理呈两斜向交叉且与视图的正投影面相交 纹理方向	加工纹理	R		纹理呈近似放射状且与表面圆心相关
					P		纹理呈微粒、凸起、无方向

表 3-1-5 表面加工工艺及余量的标注示例(摘自 GB/T 131—2006)

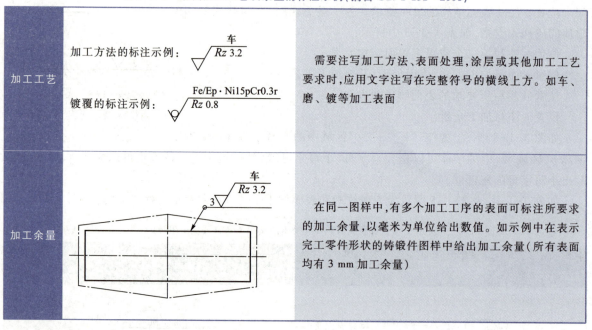

加工工艺	加工方法的标注示例: 车 / $Rz\ 3.2$ 镀覆的标注示例: Fe/Ep·Ni15pCr0.3r / $Rz\ 0.8$	需要注写加工方法、表面处理,涂层或其他加工工艺要求时,应用文字注写在完整符号的横线上方。如车、磨、镀等加工表面
加工余量	车 / $Rz\ 3.2$ 3	在同一图样中,有多个加工工序的表面可标注所要求的加工余量,以毫米为单位给出数值。如示例中在表示完工零件形状的铸锻件图样中给出加工余量(所有表面均有 3 mm 加工余量)

4. 表面结构要求的标注规则

表面结构要求的标注规则如下:

(1)标注表面结构代号时,其数字或字母大小和方向必须与图中尺寸数值大小和方向一致。

(2)同一图样上,每一表面只标注一次表面结构代号,并尽可能标注在相应的尺寸及其公差的同一视图上。

(3)表面结构代号标注在可见轮廓线(或面)、尺寸线、尺寸界线或它们的延长线上。

(4)表面结构代号的三角形尖底由材料外指向并接触表面。

常见表面结构代号图样标注示例见表 3-1-6。

表 3-1-6 常见表面结构代号图样标注示例(摘自 GB/T 131—2006)

序号	标注方法及说明	标注示例
1	表面结构代号可标注在轮廓线上,其符号应从材料外指向并接触表面。或用带箭头的指引线引出标注	
2	表面结构代号可以用带箭头或黑点的指引线引出标注	
3	表面结构代号可以标注在给定的尺寸线上(在不致引起误解时)	
4	圆柱和棱柱表面的表面结构要求只标注一次。表面结构代号可以标注在圆柱特征的延长线或轮廓线的延长线上	
5	表面结构代号可以标注在几何公差框格的上方	

续表

序号	标注方法及说明	标注示例
6	当多个表面具有相同的表面结构要求时,可将表面结构代号统一标注在标题栏附近。此时除全部表面有相同要求的情况外,代号后面应用:① 在圆括号内给出无任何其他标注的基本符号;② 在圆括号内给出不同的表面结构要求	
7	具有相同表面结构要求的表面,可采用简化注法,简化注释标注在图形或标题栏附近	
8	当在图样某个视图上构成封闭轮廓的各表面有相同表面结构要求时,应在完整图形符号上加一圆圈,标注在图样中工件的封闭轮廓线上。如果标注会引起歧义时,各表面应分别标注	
9	由几种不同的工艺方法获得的同一表面,可明确每种工艺方法的表面结构要求(同时给出镀覆前后的表面结构要求的注法)	

 项目任务实施

一、识读"$\phi 60_{-0.03}^{0}$"圆柱面的表面粗糙度代号

表面粗糙度代号"$\sqrt{Rz3.2}$"的尖底标注在 $\phi 60_{-0.03}^{0}$ 圆柱面的轮廓线上,表明 $\phi 60_{-0.03}^{0}$ 圆柱面用去除材料的方法获得,要求轮廓最大高度 Rz 的单向上限值为 3.2 μm。

二、识读"$8 \times \phi 32$ mm"槽底的表面粗糙度代号

表面粗糙度代号"$\sqrt{Ra25}$"标注在指引线上,指引线的箭头指向 $8 \times \phi 32$ mm 槽底圆柱面的轮廓线,表明 $\phi 32$ mm 圆柱面用去除材料的方法获得,要求轮廓算术平均偏差 Ra 的单向上限值为 25 μm。

三、识读零件左端面的表面粗糙度代号

表面粗糙度代号"$\sqrt{Ra6.3}$"尖底标注在零件左端面轮廓线的延长线上,表明零件左端面用去除材料的方法获得,要求轮廓算术平均偏差 Ra 的单向上限值为 6.3 μm。

四、识读"$\phi 28_{0}^{+0.016}$"内孔的表面粗糙度代号

表面粗糙度代号"$\sqrt[磨]{Ra0.4}$"的尖底标注在 $\phi 28_{0}^{+0.016}$ 内孔的轮廓线上,且在符号的上面有"磨",表明 $\phi 28_{0}^{+0.016}$ 内孔用磨削(去除材料)的方法获得,要求轮廓算术平均偏差 Ra 的单向上限值为 0.4 μm。

五、识读"M48×2"三角螺纹的表面粗糙度代号

表面粗糙度代号"$\sqrt{Ra3.2}$"的尖底标注在 M48×2 的尺寸线延长线上,表明螺纹用去除材料的方法获得,要求轮廓最大高度 Ra 的单向上限值为 3.2 μm。

六、识读 60°内锥面的表面粗糙度代号

表面粗糙度代号"$\sqrt{Ra1.6}$"的尖底标注在内锥面轮廓线的延长线上,表明该圆锥面用去除材料的方法获得,要求轮廓最大高度 Ra 的单向上限值为 1.6 μm。

七、识读图样右下角标注的表面粗糙度代号

在图形的右下角标有表面粗糙度代号"$\sqrt{Ra12.5}$ ($\sqrt{}$)",表明图中未注表面结构要求的所有表面均用去除材料的方法获得,要求轮廓最大高度 Ra 的单向上限值为 12.5 μm。

 项目知识拓展

表面结构的相关国家标准:
GB/T 131—2006《产品几何技术规范(GPS) 技术产品文件中表面结构的表示法》

GB/T 3505—2009《产品几何技术规范（GPS）　表面结构　轮廓法　术语、定义及表面结构参数》

GB/T 1031—2009《产品几何技术规范（GPS）　表面结构　轮廓法　表面粗糙度参数及其数值》

GB/T 10610—2009《产品几何技术规范（GPS）　表面结构　轮廓法　评定表面结构的规则和方法》

项目思考与习题

如图 3-1-9 所示为带轮图样，根据表 3-1-7 用表面粗糙度代号将各表面结构要求标注在图中。

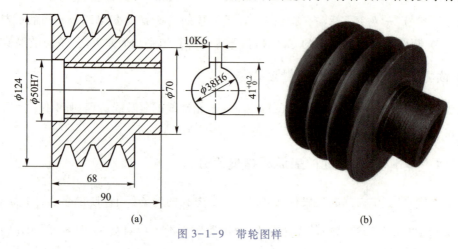

(a)　　　　　　　　　　　　　(b)

图 3-1-9　带轮图样

表 3-1-7　带轮表面粗糙度参数及要求

序号	标注部位	参数及要求
1	$\phi38H6$ 圆柱孔	用去除材料的方法获得的表面，轮廓算术平均偏差 Ra 的单向上限值为 0.8 μm
2	$\phi50H7$ 圆柱孔及孔底	用去除材料的方法获得的表面，轮廓算术平均偏差 Ra 的单向上限值为 1.6 μm
3	键槽两侧及槽底	用去除材料的方法获得的表面，轮廓算术平均偏差 Ra 的单向上限值均为 3.2 μm
4	$\phi124$ mm 圆柱左端面	用去除材料的方法获得的表面，轮廓算术平均偏差 Ra 的单向上限值为 3.2 μm
5	V 带槽两侧面	用去除材料的方法获得的表面，轮廓算术平均偏差 Ra 的上限值均为 6.3 μm，下限值为 1.6 μm
6	其他表面	用去除材料的方法获得的表面，轮廓算术平均偏差 Ra 的单向上限值均为 6.3 μm

项目二

泵体零件表面粗糙度的选用

项目目标

知识目标

了解表面粗糙度的选用原则；
熟悉表面粗糙度的选用方法。

技能目标

能够根据零件各表面的工作要求合理选用零件表面粗糙度要求。

素质目标

培养善于总结、善于学习前人经验的职业素养；
培养勤于思考、实事求是、脚踏实地的工匠精神。

项目任务与要求

如图 3-2-1 所示为某齿轮泵的泵体零件图样,图中已标注了尺寸要求,请完成下列工作:

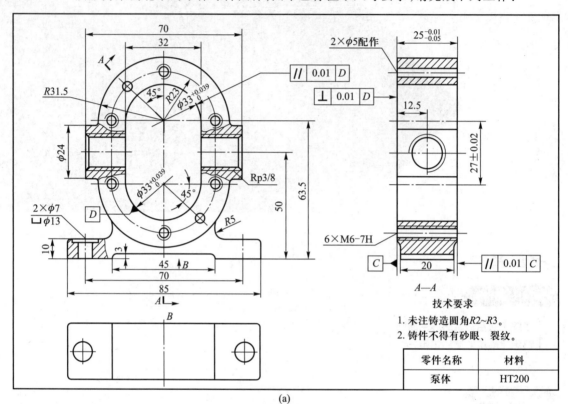

(a)

(b)

图 3-2-1　泵体零件图样

(1) 确定泵体各个表面的表面结构要求。
(2) 将泵体各表面的表面结构要求标注在零件图中。

 项目预备知识

一、表面粗糙度的选择原则

表面粗糙度参数的选择既要满足零件表面功能的要求,又要考虑经济性,一般应遵循以下原则:

(1) 优先选用常用系列值,见表 3-2-1。

(2) 优先选用轮廓算术平均偏差 Ra,当特别高或特别低时,可选用轮廓最大高度 Rz 参数。

(3) 在满足表面功能要求的情况下,尽量选用较大的表面粗糙度值。

(4) 工作表面的粗糙度参数值应小于非工作表面的粗糙度参数值。

(5) 摩擦表面比非摩擦表面的粗糙度数值要小;运动速度高、压力大的摩擦表面应比运动速度低、压力小的摩擦表面的粗糙度数值小。

(6) 承受循环载荷的表面(如圆角、沟槽等),容易引起应力集中,其粗糙度数值要小。

(7) 配合精度要求高的结合表面、配合间隙小的配合表面,以及要求联接可靠且承受重载的过盈配合表面,应采用较小的粗糙度数值。

二、表面粗糙度的选用方法

表面粗糙度参数的数值系列见表 3-2-1,表面粗糙度参数值选用举例见表 3-2-2,常用工作表面的表面粗糙度 Ra 值见表 3-2-3。表面特征与表面结构参数及加工方法的关系见表 3-2-4。

表 3-2-1　表面粗糙度参数的数值系列(摘自 GB/T 1031—2009)　　　　μm

表面粗糙度参数	参数系列				
轮廓算术平均偏差 Ra	0.012 0.025 0.05 0.1	0.2 0.4 0.8 1.6	3.2 6.3 12.5 25	50 100	
轮廓最大高度 Rz	0.025 0.05 0.1 0.2	0.4 0.8 1.6 3.2	6.3 12.5 25 50	100 200 400 800	1 600

表 3-2-2　表面粗糙度参数值选用举例

Ra 值不大于/μm	选用举例
100	毛坯经粗加工后的表面(粗车、切割、粗刨、钻孔、镗孔),用粗锉刀和粗砂轮等加工的表面等,一般很少采用
25、50	粗加工后的表面,焊接前的焊缝表面,粗钻孔壁等
12.5	支架、箱体、粗糙的手柄、离合器等不与其他零件接触的表面,轴的断面、倒角,不重要的安装支承表面,穿螺钉、铆钉的孔表面

续表

Ra 值不大于/μm	选用举例
6.3	不重要零件的非配合表面,如支柱、轴、支架、外壳、衬套、端盖等的端面,紧固件的自由表面,螺栓、螺钉、双头螺柱和螺母的表面,不要求定心及配合特性的表面,螺栓孔、螺钉孔和铆钉孔等表面,飞轮、带轮、联轴器、凸轮、偏心轴的侧面,平键及键槽的上、下表面,楔键侧面,花键非定心表面,齿顶圆表面,不重要的联接或配合表面等
3.2	按 IT10~IT11 制造的零件配合表面,外壳、箱体、盖、套筒、支架等和其他零件联接而不形成配合的表面,外壳、座架、端盖、凸耳端面,扳手和手轮的外圆,要求有定心及配合特性的固定支撑面、定心的轴肩,键及键槽的工作表面,不重要的螺纹表面,非传动用梯形螺纹、锯齿形螺纹表面,齿轮的非工作面,燕尾槽的表面,低速工作的滑动轴承和轴的摩擦表面,张紧链轮、导向滚动轮的孔与轴的配合表面,对工作精度及可靠性有影响的连杆结构的铰链表面,低速工作的支撑轴肩、推力滑动轴承及中间垫片的工作表面,滑块及导向面(速度 20~50 m/min)等
1.6	按 IT8~IT9 制造的零件配合表面,要求粗略定心的配合表面及固定支承表面,衬套、轴承和定位销的压入孔,不要求定心及配合特性的活动支承面,活动关节、花键的结合面,8 级齿轮的齿面,传动螺纹工作面,低速传动的轴颈、楔键及键槽的上、下表面,轴承座凸肩表面(对中心用),端盖内侧面,滑块及导向面,V 带轮槽表面,电镀前的金属表面,轴与毡毯的摩擦面等
0.8	按 IT7 级制造的零件配合表面,销孔与圆柱销的表面,齿轮、蜗轮、套筒的配合表面;与普通级滚动轴承配合的孔,中速转动的轴颈,过盈配合的 7 级孔(H7),间隙配合的 8~9 级孔(H8~H9),花键轴上的定心表面,不要求保证定心及配合特性的活动支承面,安装直径在 180 mm 以下的滚动轴承机体孔(按 IT7 级镗孔),与滚动轴承紧靠在一起的零件端面等
0.4	按 IT5 级制造的轴与 IT7 级制造的孔配合,且要求长久保持配合性质稳定的零件配合表面。在有色金属零件上镗制安装滚动轴承的 IT6 级内孔表面,与普通级和 6(6X)级滚动轴承相配合的轴颈、偏心轴、精度螺杆、齿轮轴的表面。曲轴及凸轮轴的工作轴颈,传动螺杆(丝杠)的工作表面,活塞销孔,7 级齿轮工作表面,7 级和 8 级蜗杆的齿面等
0.2	按 IT5~IT6 级制造的零件配合表面,如小直径精度心轴及转轴的配合表面。顶尖的圆锥面,与 6(6X)、5、4 级滚动轴承配合的轴颈,高精度齿轮(3、4、5 级)的工作表面,发动机曲轴及凸轮轴的工作表面,液压油缸和柱塞的表面,喷雾器、活塞泵缸套筒内表面,齿轮泵轴颈,工作时承受反复应力的重要零件表面等
0.1	在摩擦条件下工作且其稳定性直接决定着机构工作精度的表面,高精度和较重要的轴,仪器导轨面,阀的工作表面,较高级滚动轴承(5 级)的座圈滚道,气缸内表面,活塞销的外表面等
0.05	高级(4 级)球轴承套筒滚道,滚动轴承球及滚子表面,摩擦离合器的摩擦表面,精度高的机床轴颈,极限量规的测量面等
0.025	高级(4 级)和精密级(2 级)高速滚动轴颈轴承的球、滚子表面,测量仪器中精度高的间隙配合零件的工作表面,柴油发动机的高压油泵中柱塞套的配合表面等

表 3-2-3　常用工作表面的表面粗糙度 *Ra* 值

配合表面	公差等级	表面	基本尺寸/mm	
			~50	>50~500
	5	轴	0.2	0.4
		孔	0.4	0.8
	6	轴	0.4	0.8
		孔	0.4~0.8	0.8~1.6
	7	轴	0.4~0.8	0.8~1.6
		孔	0.8	1.6
	8	轴	0.8	1.6
		孔	0.8~1.6	1.6~3.2

端面接触不动的支承面(法兰等)	垂直度公差/(μm/100 mm)		
	~25	>25~60	>60
	1.6	3.2	6.3

箱体分界面(减速器)	类型	有垫片	无垫片
	密封的	3.2~6.3	0.8~1.6
	不密封的	6.3~12.5	6.3~12.5

和其他零件接触但不是配合面	3.2~6.3			
齿轮、链轮和蜗轮的非工作面	3.2~12.5	影响零件平衡的表面	~180	1.6~3.2
孔和轴的非工作面	6.3~12.5		直径/mm　>180~500	6.3
倒角、倒圆、退刀槽等	3.2~12.5		>500	12.5~25
穿螺栓、螺柱、螺钉等的孔	25	光学读数的精密刻度尺		0.025~0.05

表 3-2-4　表面特征与表面结构参数及加工方法的关系

表面特征		常用参数值		加工方法
		Ra/μm	*Rz*/μm	
粗糙表面	可见刀痕	25	100	粗车、粗铣、粗刨、钻削、粗锉、锯割等
	微见刀痕	12.5	50	
平光表面	可见加工痕迹	6.3	25	车、铣、镗、刨、钻、锉、粗磨、粗铰等
	微见加工痕迹	3.2	12.5	车、铣、镗、磨、刨、拉、滚压、电火花加工、粗刮等
	看不清加工痕迹	1.6	6.3	车、铣、镗、磨、刨、拉、滚压、刮等
光表面	可辨加工痕迹的方向	0.8	3.2	车、铣、镗、磨、拉、滚压、精铰刮等
	微辨加工痕迹的方向	0.4	1.6	精铰、精镗、磨、滚压、刮等
	不可辨加工痕迹的方向	0.2	0.8	精磨、研磨、超精加工、抛光等
极光表面	暗光泽面	0.1	0.4	精磨、研磨、超精加工、抛光等
	亮光泽面	0.05	0.2	超精磨、精研、镜面磨削、精抛光等
	镜状光泽面	0.025	0.1	
	镜面	0.012	0.05	镜面磨削、超精研等

项目任务实施

任务分析与思考

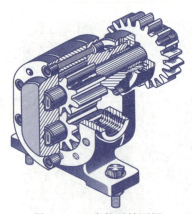

要合理地选用表面结构要求，必须搞清零件各表面的作用，以及该零件和其他相邻零件的关系。如图 3-2-2 所示为齿轮泵轴测图，从图中可看出泵体与其他零件的关系。

任务实施

图 3-2-2 齿轮泵轴测图

一、各表面结构要求的确定

1. 两个 $\phi 33^{+0.039}_{0}$ 内圆柱面

两个 $\phi 33^{+0.039}_{0}$ 的内圆柱面与齿轮的齿顶圆配合，其精度要求较高（IT8），且要求有较好的密封性，依据表 3-2-3 中"配合表面"栏，应选用表面粗糙度值 Ra 为 $0.8 \sim 1.6 \ \mu m$，但是考虑到该表面在工作时与齿轮的齿顶圆配合起密闭作用，故选用较小的表面粗糙度值 Ra $0.8 \ \mu m$。

2. 泵体内腔两圆柱面之间平面

泵体内腔两圆柱面之间平面不与其他零件接触，根据表 3-2-2 选用 Ra $12.5 \ \mu m$。

3. 泵体的前、后端面

泵体的前、后端面与泵盖结合，为了密封，在它们之间加了密封垫片。故与泵盖接合的前、后端面属于重要的结合面。根据其尺寸 $25^{-0.01}_{-0.05}$ 的公差，考虑到其表面结构质量会影响密封效果，选用较小的表面粗糙度值 Ra $1.6 \ \mu m$。

4. 泵体底面

齿轮泵一般安装在机床的机体上，泵体的底面为安装面，根据表 3-2-3 中"和其他零件接触但不是配合面"栏中给出的"3.2~6.3"，考虑到该表面的表面质量对设备的安装影响不大，故选用 Ra $6.3 \ \mu m$。

5. 螺纹表面

如图 3-2-1 所示的螺纹共有 8 处，其中管螺纹两处（Rp3/8），普通螺纹 6 处（6×M6-7H），它们都属于紧固螺纹，根据表 3-2-2，选用表面粗糙度值为 Ra $3.2 \ \mu m$。

6. 进、出油口的左、右凸台

左、右凸台与带有外螺纹的管接头相连，属于不太重要的结合面，根据表 3-2-3 中"和其他零件接触但不是配合面"栏中给出的"3.2~6.3"，选用 Ra $6.3 \ \mu m$。

7. 2×$\phi 5$ mm 销孔

销孔属于重要的配合面，根据表 3-2-2 选用 Ra $0.8 \ \mu m$。

8. 泵体安装孔

泵体两个螺栓安装孔的表面粗糙度参数，根据表 3-2-2 选用 Ra $12.5 \ \mu m$。

9. 铸造表面

泵体为铸造毛坯，其非加工表面的表面粗糙度不影响机器的质量，一般不必考虑其表面粗糙度参数,标注形式为"$\checkmark(\sqrt{})$"。

二、表面结构要求的标注

泵体各表面结构要求标注如图 3-2-3 所示。

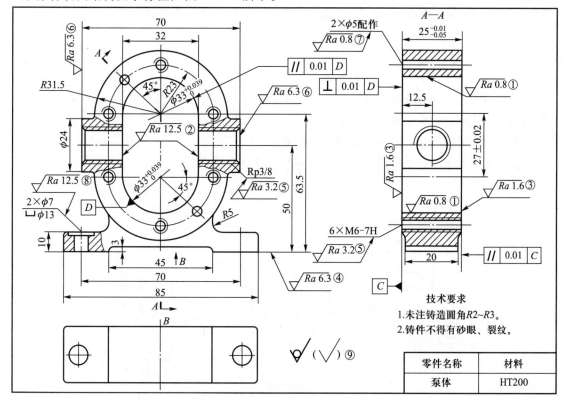

图 3-2-3　泵体各表面结构要求标注

1. 标注内腔各表面的表面结构代号

$\phi33^{+0.039}_{0}$ 内圆柱面的表面粗糙度代号标注在左视图上,上面的 $\phi33^{+0.039}_{0}$ 内圆柱面的表面结构代号用引出标注形成,指引线箭头指向轮廓线,下面的 $\phi33^{+0.039}_{0}$ 内圆柱面的表面粗糙度代号标注在轮廓线上,如图 3-2-3 中①所示。内腔左右两平面的表面结构代号用引出线标注在主视图上,两表面共用一个表面结构代号,如图 3-2-3 中②所示。

2. 标注泵体的前、后端面的表面结构代号

泵体前端面的表面结构代号用引出标注的形式标注在左视图上,泵体后端面的表面结构代号直接标注在左视图的轮廓线上,如图 3-2-3 中③所示。

3. 标注泵体底面的表面结构代号

泵体底面的表面结构代号用引出标注的形式,指引线的箭头指向主视图轮廓线的延长线(尺寸界线),如图 3-2-3 中④所示。

4. 标注销孔、螺纹孔和螺栓安装孔的表面结构代号

销孔、Rp3/8 螺纹孔、6×M6-7H 螺纹孔和泵体下部螺栓安装孔的表面结构代号都用引出标注的形式,其指引线的箭头指向尺寸线,如图 3-2-3 中⑤所示。

5. 标注进出油管的左右凸台的表面结构代号

左凸台的表面结构代号标注在主视图轮廓线的延长线上。右凸台的表面结构代号采用引出标注形式,批示箭头指向主视图轮廓线,如图 3-2-3 中⑥所示。

6. 标注其余铸造表面的表面结构代号

其余铸造表面的表面结构代号"⍌(⍌)"标注在图样的右下角,如图 3-2-3 中⑦所示。

 项目思考与习题

如图 3-2-4 所示为减速器输出轴,两个 $\phi55j6$ 轴颈与普通级滚动轴承配合,$\phi60r6$ 和 $\phi45m6$ 分别与齿轮和带轮配合。根据该轴的功能要求,完成下列任务:

(1) 确定减速器输出轴各个表面的表面结构要求。

(2) 将减速器输出轴各表面的表面结构要求标注在零件图上。

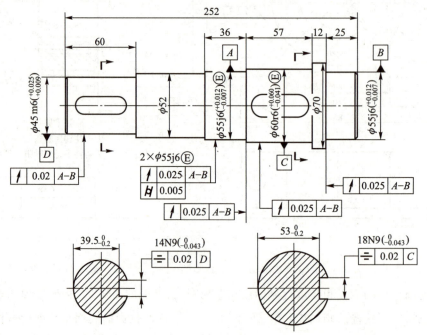

图 3-2-4　减速器输出轴

项目三

滚轮轴零件表面粗糙度的测量

项目目标

知识目标

了解表面粗糙度常用的检测方法和使用场合。

技能目标

了解对比法检测表面粗糙度的方法。

素质目标

培养规范操作的职业习惯；
培养勤于动手、实事求是、脚踏实地的工匠精神。

项目任务与要求

如图 3-3-1 所示的滚轮轴图样,请用表面粗糙度比较样块检验其各表面质量。

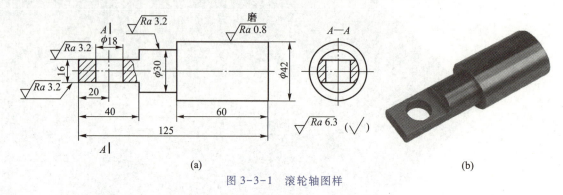

图 3-3-1　滚轮轴图样

 项目预备知识

一、表面粗糙度测量

测量表面粗糙度参数值时,若图样上无特别注明测量方向时,则应在尺寸最大的方向上测量。通常就是在垂直于加工纹理方向的截面上测量。对无一定加工纹理方向的表面(如研磨、电火花等加工表面),应在几个不同的方向上测量,取最大值为测量结果。此外,测量时不要将表面缺陷(如气孔、划痕等)包含进去。

二、表面粗糙度比较测量法

1. 测量原理

表面粗糙度比较测量法是将工件表面与表面粗糙度比较样块进行视觉比较甚至是触觉比较,来判断工件表面粗糙度是否合格的检测方法。其特点是检测方便、成本低、对环境要求不高。但该测量方法不能给出具体的参数误差值。

2. 认识表面粗糙度比较样块

如图 3-3-2 所示为组合式表面粗糙度比较样块,它由研磨、外磨、平磨、车床、刨床、立铣、平铣 7 组样板组成。样块工作面的表面粗糙度用轮廓算术平均偏差 Ra 参数来评定。

图 3-3-2　表面粗糙度比较样块

项目任务实施

一、检测滚轮轴各表面粗糙度

在采用表面粗糙度比较样块检测零件表面质量时,应根据被测对象选择样块,即样块的材质与被测工件的材质相同,样块的表面加工方法与被测表面的加工方法相同。

1. 检测 ϕ42 mm 圆柱面表面粗糙度

在如图 3-3-1 所示的 ϕ42 mm 圆柱面的表面粗糙度代号为 "$\sqrt[\text{磨}]{Ra\,0.8}$",表示该表面需要用磨削加工获得。用表面粗糙度比较样块检测 ϕ42 mm 圆柱面的方法如图3-3-3所示,选取外磨表面粗糙度比较样块,将被检验的表面与样块靠在一起,反复观察,比较两表面的加工痕迹、反光的强弱,从而获得被测表面的表面粗糙度值。必要时可借助放大镜或低倍率显微镜观察比较。

通过比较检测该表面的表面粗糙度 Ra 值为 0.8 μm,符合图样要求,该表面质量合格。

2. 检测 ϕ30 mm 圆柱面表面粗糙度

ϕ30 mm 圆柱面采用车削加工方法获得,因此选用车床表面粗糙度比较样块进行检验,检测方法如图 3-3-4 所示。

ϕ30 mm 圆柱面的轮廓算术平均偏差 Ra 为单向上限值 3.2 μm,通过比较检测,该表面的表面粗糙度 Ra 值为 3.2 μm,符合图样要求,该表面质量合格。

3. 检测 ϕ42 mm 圆柱左(右)端面、ϕ30 mm 圆柱左端面表面粗糙度

这些端面虽然用车削加工获得,但这些表面的纹理与立铣的纹理相似,故选用立铣表面粗糙度比较样块进行检测。ϕ42 mm 圆柱左(右)端面、ϕ30 mm 圆柱左端面的轮廓算术平均偏差 Ra 均为单向上限值 6.3 μm。通过比较获得表面粗糙度值并判断是否合格,检测方法如图 3-3-5 所示。

图 3-3-3　检测 ϕ42 mm 圆柱面的表面粗糙度

图 3-3-4　检测 ϕ30 mm 圆柱面的表面粗糙度

ϕ42 mm圆柱右端面

ϕ30 mm圆柱左端面

ϕ42 mm圆柱左端面

图 3-3-5　检测端面表面粗糙度

4. 检测台阶平面(厚 16 mm)和半月形端面的表面粗糙度

台阶平面用立铣的方法获得,故选用立铣表面粗糙度比较样块进行检测,如图 3-3-6 所示。半月形端面的加工纹理与平铣的类似,故选用平铣表面粗糙度比较样块进行检测,如图 3-3-7 所示。

图 3-3-6　检测上、下台阶平面表面粗糙度　　　图 3-3-7　检测上、下半月形端面表面粗糙度

图 3-3-1 中要求滚轮轴的台阶平面(厚度 16 mm)轮廓算术平均偏差 Ra 为单向上限值 3.2 μm,半月形端面的轮廓算术平均偏差 Ra 均为单向上限值 6.3 μm。通过比较获得表面粗糙度值并判断是否合格。

5. 检测 ϕ18 mm 圆柱孔的表面粗糙度

图 3-3-8　检测 ϕ18 mm
圆柱孔的表面粗糙度

该孔由钻床加工而成,其加工面的纹理与车削加工类似,故选用车床表面粗糙度比较样块进行检测,如图 3-3-8 所示。

如图 3-3-1 所示,要求 ϕ18 mm 圆柱孔的轮廓算术平均偏差 Ra 均为单向上限值6.3 μm。通过比较获得表面粗糙度值并判断是否合格。

二、根据检测结果判断表面质量

通过以上检测,该零件所有表面的表面粗糙度 Ra 值都符合图样要求,则该零件的表面质量合格;若有一项不合格,则该零件的表面质量不合格。

 项目知识拓展

使用表面粗糙度比较样块检验零件的表面质量是一种估值测量,其检验结果的可靠性和准确性很大程度上取决于检验人员的经验。当需要获得精确表面粗糙度误差值时,应选用合适的仪器进行测量。常见的表面粗糙度测量法见表 3-3-1。

表 3-3-1　常见的表面粗糙度测量法

测量方法	说明
光切法	光切法指利用光切原理测量表面粗糙度的方法,采用光切法的量仪称为光切显微镜。其原理是将平行光束以 45° 的倾角投射到被测表面上,利用光学原理成像放大获得表面轮廓,经数据处理得到表面粗糙度高度参数值。光切法通常用于检测较规则的零件表面的表面粗糙度值,其常用测量范围为 Rz 0.5~60 μm

续表

测量方法	说明
干涉法	干涉法指利用光波干涉原理测量表面粗糙度的方法。采用光波干涉原理制成的量仪称为干涉显微镜。其原理是将平行光束分成两路,分别投射到被测表面和参考镜上,经反射后使这两条光束叠加形成起伏不平的干涉条纹,通过测量干涉条纹的弯曲量及两相邻条纹之间的距离,经数据处理得到表面粗糙度高度参数值。其常用测量范围为 $Rz\ 0.025\sim0.860\ \mu m$
激光反射法	激光反射法是近几年出现的一种测量表面粗糙度的方法,其原理是将激光束以一定的角度照射到被测表面,除了一部分激光束被吸收外,其余部分激光束被反射和散射。反射光较为集中地形成明亮的光斑,散射光则分布在光斑周围形成较弱的光带。光洁表面的光斑较强,光带较弱且宽度较小;粗糙表面则相反
触针法	触针法是利用触针式电动轮廓仪的金刚石触针在被测表面上移动,表面轮廓的微观不平痕迹使触针在垂直于被测轮廓的方向产生上下位移,再把触针的微小变化通过传感器转换成电信号,经数据处理得到被测表面轮廓图形和表面粗糙度高度参数值,其常用测量范围为 $Ra\ 0.025\sim5\ \mu m$
印模法	用可塑性材料(石蜡或低熔点合金等)将被测零件表面轮廓复制下来,通过测量复制品的粗糙度来确定被测零件的粗糙度值,这是一种间接测量方法。它适用于内孔、凹槽、大尺寸零件表面。其常用测量范围为 $Ra\ 0.08\sim80\ \mu m$ 或 $Rz\ 0.8\sim330\ \mu m$

榜样力量

中国"深海钳工"第一人——管延安

圆锥公差的选用与测量

项目一

传动机构中的结构性圆锥公差的选用

项目目标

知识目标

掌握圆锥配合中的基本参数、锥度和锥角系列；

掌握圆锥公差项目、圆锥公差的给定方法；

熟悉圆锥配合的特点，掌握圆锥配合的种类、圆锥配合的形成方法和圆锥配合的基本要求。

技能目标

能熟练选择圆锥公差项目；

能熟练选用圆锥直径公差、圆锥角度公差。

素质目标

培养学生的标准质量意识；

培养学生实事求是、精益求精的工匠精神；

培育学生的爱国主义情怀。

项目任务与要求

如图 4-1-1 所示,为某传动机构中的结构型圆锥联接,根据传递转矩的需要,$Y_{max} = -159\ \mu m$, $Y_{min} = -70\ \mu m$,公称直径(在大端)为 100 mm,锥度为 $C = 1:50$,试确定内、外圆锥直径公差代号。

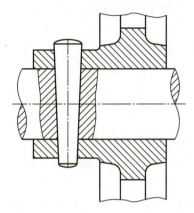

图 4-1-1　某传动机构中的结构型圆锥联接

项目预备知识

一、圆锥配合中的基本参数

圆锥配合中的基本参数如图 4-1-2 所示。

1. 圆锥表面

由与轴线成一定角度,且一端相交于轴线的一条线段(母线),围绕着该轴线旋转形成的表面。

2. 圆锥角

圆锥角是指在通过圆锥轴线的截面内,两条素线之间的夹角,用 α 表示。

3. 圆锥直径

圆锥直径是指与圆锥轴线垂直截面内的直径。圆锥直径有内、外圆锥的最大直径 D_i、D_e,内、外圆锥的最小直径 d_i、d_e。距端面一定距离,任意给定截面圆锥直径 d_x。

4. 圆锥长度

圆锥长度是指圆锥最大直径与最小直径所在截面之间的轴向距离。内、外圆锥长度分别用 L_i、L_e 表示。

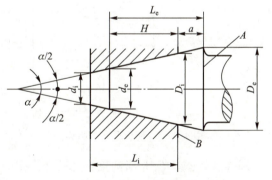

A—外圆锥基准面;B—内圆锥基准面
图 4-1-2　圆锥配合中的基本参数

5. 锥度

锥度是指圆锥最大直径与最小直径之差与圆锥长度之比,用 C 表示,即 $C = (D-d)/L = 2\tan\dfrac{\alpha}{2}$。锥度常用比例或者分数表示,例如 $C = 1:20$ 或 $C = 1/20$ 等。

6. 圆锥配合长度

圆锥配合长度是指内、外圆锥配合面间的轴向距离,用 H 表示。

7. 基面距

基面距是指相互配合的内、外锥基面间的距离,用 a 表示。基面距用来确定内、外圆锥的轴向相对位置。基面可以是圆锥大端面,也可以是小端面。

二、锥度与锥角系列

为便于圆锥件的设计、生产和检验,保证产品的互换性,减少生产中所需的定值刀具、量具的规格,国家标准规定了一般用途的锥度与圆锥角系列和特殊用途圆锥的锥度与圆锥角系列,选用时参考相关手册。

莫氏锥度是一种在机械制造业中广泛使用的锥度,它通过圆锥面之间的过盈配合实现零件间的精确定位。莫氏锥配合由于锥度很小,利用两锥摩擦可以传递一定的转矩,又可以方便地拆卸。常用的莫氏锥度共有 7 种,分别为 5、6、0、4、3、2、1 号,其圆锥角依次减小,使用时只有相同号数的莫氏内、外锥才能配合。

三、圆锥公差项目

GB/T 11334—2005《产品几何量技术规范(GPS) 圆锥公差》适用于圆锥体锥度 $1:3 \sim 1:500$,圆锥长度 L 为 $6 \sim 630$ mm 的光滑圆锥工件。

1. 公称圆锥

公称圆锥是指设计给定的理想形状的圆锥,如图 4-1-3 所示。它可用以下两种形式确定:

1)一个公称圆锥直径(最大圆锥直径 D、最小圆锥直径 d、给定截面圆锥直径 d_x)、公称圆锥长度 L、公称圆锥角 α 或公称锥度 C。

2)两个公称圆锥直径和公称圆锥长度 L。

2. 圆锥直径公差 T_D

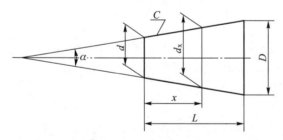

图 4-1-3 理想形状的圆锥

圆锥直径公差 T_D 是指圆锥直径的允许变动量。它适用于圆锥全长,其公差区是在圆锥的轴剖面内,两个极限圆锥所限定的区域。

所谓极限圆锥是指与公称圆锥共轴且圆锥角相等,直径分别为上极限尺寸和下极限尺寸的两个圆锥(D_{max}、D_{min}、d_{max}、d_{min})。在垂直圆锥轴线的任一截面上,这两个圆锥的直径差都相等,如图 4-1-4 所示。

为了统一公差标准,圆锥直径公差区的标准公差和基本偏差都没有专门制定标准,而是从光滑圆柱体的公差标准中选取。以公称圆锥直径(一般取最大圆锥直径 D)为公称尺寸,其数值适用于圆锥长度范围内的所有圆锥直径。

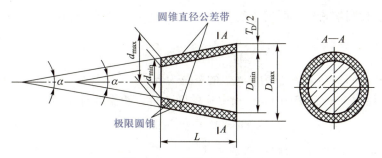

图 4-1-4　圆锥直径公差区

3. 圆锥角公差 AT

圆锥角公差 AT 是指圆锥角的允许变动量。以弧度或角度为单位时用 AT_α 表示；以长度为单位时用 AT_D 表示。

圆锥角公差区是两个极限圆锥角 α_{max} 和 α_{min} 所限定的区域，如图 4-1-5 所示。所谓极限圆锥角就是所允许的上极限或下极限圆锥角。

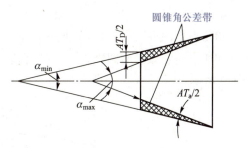

图 4-1-5　圆锥角公差区

GB/T 11334—2005 对圆锥角公差规定了 12 个等级，用 $AT1$ ~ $AT12$ 表示，其中 $AT1$ 精度最高，其余依次降低，如表 4-1-1 所示列出了 $AT4$ ~ $AT9$ 级圆锥角公差数值。

表 4-1-1　圆锥角公差数值（摘自 GB/T 11334—2005）

公称圆锥长度 L/mm		圆锥角公差等级									
		$AT4$			$AT5$			$AT6$		
		AT_α		AT_D	AT_α		AT_D	AT_α		AT_D
大于	至	μrad	(″)	μm	μrad	(″)	μm	μrad	(″)	μm
16	25	125	26″	>2.0~3.2	200	41″	>3.2~5.0	315	1′05″	>5.0~8.0
25	40	100	21″	>2.5~4.0	160	33″	>4.0~6.3	250	52″	>6.3~10.0
40	63	80	16″	>3.2~5.0	125	26″	>5.0~8.0	200	41″	>8.0~12.5
63	100	63	13″	>4.0~6.3	100	21″	>6.3~10.0	160	33″	>10.0~16.0
100	160	50	10″	>5.0~8.0	80	16″	>8.0~12.5	125	26″	>12.5~20.0

公称圆锥长度 L/mm		圆锥角公差等级									
		$AT7$			$AT8$			$AT9$		
		AT_α		AT_D	AT_α		AT_D	AT_α		AT_D
大于	至	μrad	(″)	μm	μrad	(″)	μm	μrad	(″)	μm
16	25	500	1′43″	>8.0~12.5	800	2′45″	>12.5~20.0	1 250	4′18″	>20~32
25	40	400	1′22″	>10.0~16.0	630	2′10″	>16.0~25.0	1 000	3′26″	>25~40
40	63	315	1′05″	>12.5~20.0	500	1′43″	>20.0~32.0	800	2′45″	>32~50
63	100	250	52″	>16.0~25.0	400	1′22″	>25.0~40.0	630	2′10″	>40~63
100	160	200	41″	>20.0~32.0	315	1′05″	>32.0~50.0	500	1′43″	>50~80

表中,在每一公称圆锥长度 L 的尺寸段内,当公差等级一定时,AT_α 为一定值,对应的 AT_D 随长度不同而变化

$$AT_\alpha = AT_D \times L \times 10^{-3}$$

式中,AT_α 的单位为 μrad;AT_D 的单位为 μm;L 的单位为 mm。

1 μrad 等于半径为 1 m、弧长为 1 μm 所对应的圆心角。微弧度与分、秒的关系为:

$$5 \ \mu rad \approx 1'' \quad 300 \ \mu rad \approx 1'$$

例如,当 $L = 100$ mm,AT_α 为 9 级时,查表 4-1-1 得 $AT_\alpha = 630$ μrad 或 $2'10''$,$AT_D = 63$ μm。若 $L = 80$ mm,AT_α 仍为 9 级,则 $AT_D = 630 \times 80 \times 10^{-3}$ $\mu m \approx 50$ μm。

4. 给定截面圆锥直径公差 T_{DS}

给定截面圆锥直径公差 T_{DS} 是指在垂直于圆锥轴线的给定截面内,圆锥直径的允许变动量。它仅适用于该给定截面的圆锥直径。其公差区是在给定的截面内,由两个同心圆所限定的区域,如图 4-1-6所示。

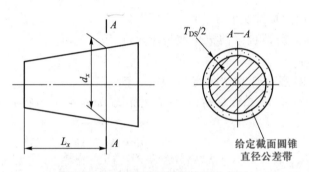

图 4-1-6　给定截面圆锥直径公差区

T_{DS} 公差区限定的是平面区域,而 T_D 公差区限定的是空间区域,二者是不同的。

5. 圆锥的形状公差 T_F

圆锥的形状公差包括素线直线度公差和截面圆度公差等。T_F 的数值从形状和位置公差国家标准中选取。推荐按 GB/T 1184—1996 中附录 B"图样上注出公差值"的规定选取。

四、圆锥公差的给定方法

对于具体的圆锥工件,并不都需要给定上述 4 项公差,而是根据工件使用要求来提出公差项目。GB/T 11334—2005 中规定了两种圆锥公差的给定方法。

1) 给出圆锥的公称圆锥角 α(或锥度 C)和圆锥直径公差 T_D,由 T_D 确定两个极限圆锥。此时,圆锥角误差和圆锥的形状误差均应在极限圆锥所限定的区域内。如图 4-1-7a 所示为此种给定方法的标注示例,如图 4-1-7b 所示为其公差带。

对圆锥角公差、形状公差有更高要求时,可再给出圆锥角公差 AT、形状公差 T_F。此时,AT、T_F 仅占 T_D 的一部分。

此种给定公差的方法通常运用于有配合要求的内、外圆锥。

2) 给出给定截面圆锥直径公差 T_{DS} 和圆锥角公差 AT。此时,T_{DS} 和 AT 是独立的,应分别满足,如图 4-1-8 所示,图 4-1-8a 为此种给定方法的标注示例,图 4-1-8b 为 T_{DS} 和 AT 的关系。

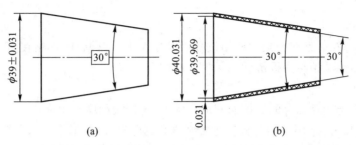

图 4-1-7　给出圆锥的公称圆锥角 α(或锥度 C)和圆锥直径公差 T_D 的标注示例

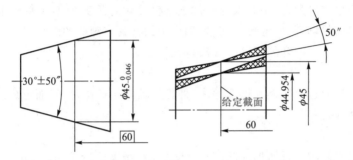

图 4-1-8　给出给定截面圆锥直径公差 T_DS 和圆锥角公差 AT 的标注示例

　　该方法是在假定圆锥素线为理想直线的情况下给出的。当对圆锥形状公差有更高的要求时,可再给出圆锥的形状公差 T_F。

　　圆锥公差除按上述两种给定方法标注外,制图标准还规定可以按面轮廓度标注。在 GB/T 15754—1995《技术制图　圆锥的尺寸和公差标注》中,提出圆锥公差也可用面轮廓度标注,如图 4-1-9 所示。必要时还可给出形状公差要求,但只占面轮廓度公差的一部分。

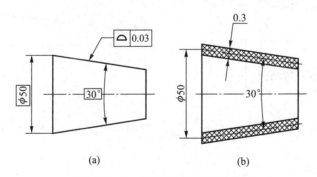

图 4-1-9　面轮廓度的标注示例

五、圆锥配合

　　圆锥配合是指公称圆锥相同的内、外圆锥直径之间,由于配合不同所形成的相互关系。圆锥配合时,其配合间隙或过盈是在圆锥素线的垂直方向上起作用的。但在一般情况下,可以认为圆锥素线垂直方向的量与圆锥径向的量两者差别很小,可以忽略不计,因此这里所讲的配合间隙或过盈为垂直于圆锥轴线的间隙或过盈。

1. 圆锥配合种类

（1）间隙配合

这类配合具有间隙，而且在装配和使用过程中间隙大小可以调整，常用在有相对运动的机构中。如某些车床主轴的圆锥轴颈与圆锥滑动轴承衬套的配合。

（2）过盈配合

这类配合能借助于相互配合的圆锥面间的自锁，产生较大的摩擦力来传递转矩，常用于定心传递转矩。例如钻头（或铰刀）的圆锥柄与机床主轴圆锥孔的配合、圆锥形摩擦离合器中的配合等。

（3）过渡配合

这类配合具有间隙或过盈，其中要求内外圆锥紧密接触时间隙为零或略小于零，称为过渡配合。主要用于对中定心或密封场合，如锥形旋塞、发动机中的气阀与阀座的配合等。为保证密封性通常要将内、外锥成对研磨，故这类配合的零件一般没有互换性。

2. 圆锥配合的形成

圆锥配合的特征是通过改变相互结合的内、外锥的轴向相对位置，从而形成间隙或过盈。圆锥配合的形成有以下两种方式：

（1）结构型圆锥配合

由圆锥的结构确定装配位置而形成的配合，称之为结构型配合。由内、外圆锥的结构或内、外圆锥基面距确定装配后的最终轴向位置，它可以是间隙配合、过渡配合或过盈配合。如图 4-1-10 所示，这种配合要求外圆锥的轴肩与内圆锥的端面相互贴紧获得间隙配合，配合的性质就可确定，图示是获得间隙配合的例子。如图 4-1-11 所示，要求装配后，内、外圆锥基准面间的距离（基面距）为 a，则配合的性质就能确定，图示是获得过盈配合的例子。

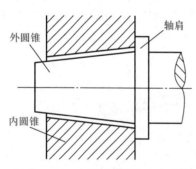

图 4-1-10 由轴肩接触确定的配合

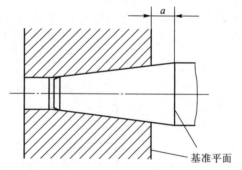

图 4-1-11 由结构尺寸确定最终位置

（2）位移型圆锥配合

它是内、外圆锥在装配时由实际初始位置（P_a）开始产生一定的相对轴向位移（E_a），或施加一定轴向装配力 F_a 产生轴向位移而获得的圆锥配合。

它也有两种方式，第一种如图 4-1-12 所示。内、外圆锥表面接触位置（不施加力）称实际初始位置 P_a，从这位置开始让内、外圆锥相对作一定轴向位移 E_a，到达终止位置 P_f，则可获得间隙或过盈两种配合，图示为间隙配合的例子。第二种则从实际初始位置 P_a 开始，施加一定的轴向装配力 F_a 而产生轴向位移，到达终止位置 P_f 如图 4-1-13 所示。所以这种方式只能产生过盈配合。

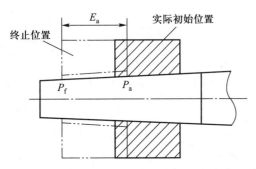

图 4-1-12　作一定轴向位移形成间隙配合

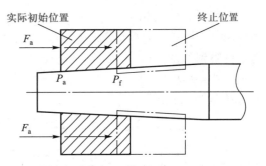

图 4-1-13　施加一定装配力形成过盈配合

3. 圆锥配合的基本要求

1）圆锥配合应根据使用要求有适当的间隙或过盈。间隙或过盈在垂直于圆锥表面的方向起作用，但按垂直于圆锥轴线方向给定并测量。对于锥度小于或等于 1∶3 的圆锥，两个方向的数值差异很小，可忽略不计。

2）间隙或过盈应均匀，即接触均匀性。为此应控制内、外锥角偏差和形状误差。

3）有些圆锥配合要求实际基面距 a 控制在一定范围内。因为当内、外圆锥长度一定时，基面距太大，会使配合长度减小，影响结合的稳定性和传递转矩；若基面距太小，则补偿圆锥表面磨损的调节范围就将减小。

六、圆锥公差的选用

圆锥公差通常采用给出圆锥的公称圆锥角（或锥度 C）和圆锥直径公差 T_D 的方法，故本单元主要介绍此种情况下圆锥公差的选用。

1. 圆锥直径公差 T_D 的选用

以公称圆锥直径（一般取最大圆锥直径 D）为公称尺寸，按 GB/T 1800.1—2020 规定的标准公差选取，其数值适用于圆锥长度范围内的所有圆锥直径。

对于结构型圆锥，直径误差主要影响实际配合间隙或过盈。选用时可根据配合公差 T_{DP} 来确定内、外圆锥直径公差 T_{Di}、T_{De}，和光滑圆柱配合一样

$$T_{DP} = X_{max} - X_{min} = Y_{min} - Y_{max} = X_{max} - Y_{max}$$
$$T_{DP} = T_{Di} + T_{De}$$

上述公式中，X、Y 分别表示配合间隙、过盈。

国家标准中推荐结构型圆锥配合优先选用基孔制。

对于位移型圆锥，其配合性质是通过给定内、外圆锥的轴向位移量或装配力确定的，而与直径公差带无关。直径公差仅影响接触的初始位置和终止位置及接触精度。

所以，对位移型圆锥配合，可根据对终止位置基面距有无要求来选取直径公差。如对基面距有要求，公差等级一般在 IT8~IT12 级之间选取，必要时应通过计算来选取和校核内、外圆锥角的公差带；若对基面距无严格要求，可选较低的公差等级，以便使加工更经济；如对接触精度要求较高，可设置圆锥角公差来满足。为了计算和加工方便，GB/T 12360—2005 推荐位移型圆锥的基本偏差用 H、h 或 JS、js 的组合。

2. 圆锥角公差的选用

当圆锥公差以给出圆锥的公称圆锥角和圆锥直径公差 T_D 后所规定的方法给定时,圆锥角误差限制在两个极限圆锥范围内,可不另外给出圆锥角公差。如表 4-1-2 所示列出了当圆锥长度 $L=100$ mm 时圆锥直径公差 T_D 所限制的最大圆锥角误差 $\Delta\alpha_{max}$。当 $L\neq100$ mm 时,应将表中的数值× $100/L$,L 的单位为 mm。

表 4-1-2　$L=100$ mm 的圆锥直径公差 T_D 所限制的最大圆锥角误差 $\Delta\alpha_{max}$

（摘自 GB 11334—2005）   μrad

圆锥直径公差等级	圆锥直径/mm												
	≤3	>3~6	>6~10	>10~18	>18~30	>30~50	>50~80	>80~120	>120~180	>180~250	>250~315	>315~400	>400~500
IT4	30	40	40	50	60	70	80	100	120	140	160	180	200
IT5	40	50	60	80	90	110	130	150	180	200	230	250	270
IT6	60	80	80	110	130	160	190	220	250	290	320	360	400
IT7	100	120	150	180	210	250	300	350	400	460	520	570	630
IT8	140	180	220	270	330	390	460	540	630	720	810	890	970
IT9	250	300	360	430	520	620	740	870	1 000	1 150	1 300	1 400	1 550
IT10	400	480	580	700	840	1 000	1 200	1 400	1 300	1 850	2 100	2 300	2 500

如果对圆锥角有更高要求,可另外给出圆锥角公差。

对于国家标准规定的圆锥角的 12 个公差等级,其适用范围大体如下:

$AT1\sim AT5$ 用于高精度的圆锥量规、角度样板等;

$AT6\sim AT8$ 用于工具圆锥、传递大力矩的摩擦锥体、锥销等;

$AT8\sim AT10$ 用于中等精度锥体零件;

$AT11\sim AT12$ 用于低精度零件。

从加工角度考虑,角度公差 AT 的等级数字与相应的尺寸公差 IT 等级有大体相当的加工难度。例如 $AT6$ 级与 IT6 级加工难度大体相当。

圆锥角极限偏差可按单向($\alpha+AT$ 或 $\alpha-AT$)或双向选取。双向选取时可以对称($\alpha+AT/2$),也可以不对称。对于有配合要求的圆锥,若只要求接触均匀性,则内、外圆锥角的极限偏差方向应尽量一致。

 项目任务实施

任务回顾

本项目要求确定某传动机构中的结构型圆锥内、外圆锥直径公差代号,该圆锥需要传递转矩,$Y_{max}=-159$ μm,$Y_{min}=-70$ μm,公称直径(在大端)为 100 mm,锥度为 $C=1:50$。

任务分析与思考

本项目圆锥属于有配合要求的结构型圆锥,通常采用第一种方法给出公差,选用时可根据配合公差 T_{DP} 来确定内、外圆锥直径公差 T_{Di}、T_{De}。

任务实施

圆锥配合公差 $T_{DP} = [-70-(-159)]\mu m = 89\ \mu m$

本项目圆锥基本直径为 100 mm,查 GB/T 1800.1—2020(见表 1-1-1 标准公差数值),IT7+IT8 = $(35+54)\mu m = 89\ \mu m$,因一般孔的精度比轴低一级,故取内圆锥直径为 $\phi100H8(^{+0.054}_{0})$,外圆锥直径为 $\phi100u7(^{+0.059}_{+0.124})$。

项目二

锥塞零件圆锥角的角度测量

项目目标

知识目标

理解锥度的概念，掌握万能角度尺的结构原理；
掌握万能角度尺的使用方法和读数方法。

技能目标

能熟练使用万能角度尺测量圆锥的锥角；
能正确处理测量数据，判断零件是否合格。

素质目标

培养爱岗敬业的岗位意识；
培养实事求是、精益求精的工匠精神；
培育爱国主义情怀。

项目任务与要求

如图 4-2-1a 所示的锥塞,由圆锥体和圆柱柄组成,如图 4-2-1b 所示为锥塞的零件图样,图中标注了各个结构的尺寸,圆锥体部分标注了圆锥面的圆锥角及其公差为 30°±4′、圆锥的大端直径 ϕ36 mm 和两底面间的轴向距离 30 mm。本任务的要求是:

1)识读如图 4-2-1 所示锥塞的圆锥角公差;

2)用万能角度尺测量锥塞的锥角,并判断是否合格。

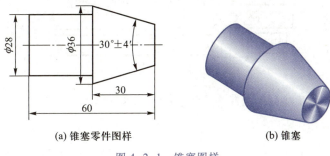

(a) 锥塞零件图样　　　　　　　　　　(b) 锥塞

图 4-2-1　锥塞图样

 项目预备知识

一、锥度的概念

表达圆锥体的大小可以由圆锥体的大端直径 D、小端直径 d、两底圆之间的轴向距离 L、圆锥角 α 四个参数中的任意三个确定。

二、万能角度尺

万能角度尺又被称为角度规、游标角度尺和万能量角器,它是利用游标读数原理来直接测量工件角或进行划线的一种角度量具。

1. 结构

万能角度尺结构如图 4-2-2 所示,它由尺身、直角尺、游标、制动器、扇形板、基尺、直尺、夹块、扇形板等组成。

2. 万能角度尺的使用

使用万能角度尺测量时应先校准零位,万能角度尺的零位是当角尺与直尺均装上,而角尺的底边及基尺与直尺无间隙接触时,主尺与游标的"0"线对准。调整好零位后,通过改变基尺、直角尺、直尺的相互位置可测量 0°~320° 范围内的任意角,如图 4-2-3 所示。

如图 4-2-3a 所示为测量 0°~50° 时的情况,被测工件放在基尺和直尺的测量面之间,按尺身上的第一排刻度读数。

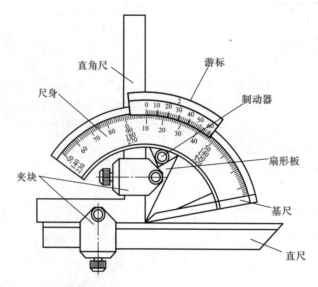

图 4-2-2　万能角度尺结构

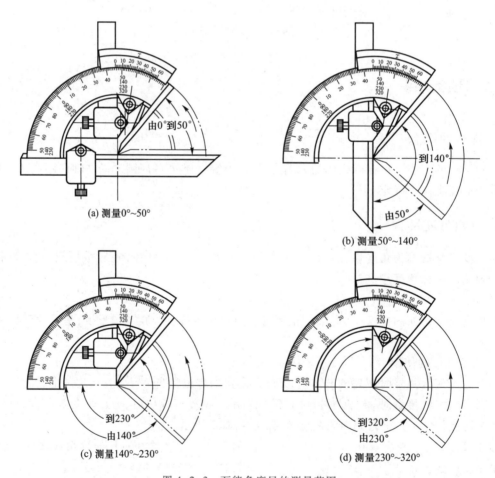

(a) 测量 0°~50°

(b) 测量 50°~140°

(c) 测量 140°~230°

(d) 测量 230°~320°

图 4-2-3　万能角度尺的测量范围

如图 4-2-3b 所示为 50°~140°测量时的情况,此时将直角尺取下来,将直尺直接装在扇形板的夹块上,利用基尺和直尺的测量面进行测量,并按尺身上第二排刻度读数。

如图 4-2-3c 所示为 140°~230°测量时的情况,此时将直尺及固定直尺的夹块取下,调整直角尺的位置,使直角尺的直角顶点与基尺的尖端对齐,然后把直角尺的短边和基尺的测量面靠在被测工件的被测量面上进行测量,并按尺身上第三排刻度读数。

如图 4-2-3d 所示为 230°~320°测量时的情况,此时将直角尺、直尺及夹块全部取下,直接用基尺和扇形板的测量面对被测工件进行测量,并按尺身上第四排刻度读数。

3. 万能角度尺的读数

万能角度尺的分度值一般有 2′和 5′两种,如图 4-2-4 所示的万能角度尺分度值为 2′。万能角度尺的扇形板可在尺身上回转移动(有制动器),形成了和游标卡尺相似的游标读数机构,即先从尺身上读出游标零刻度线指示角度"度"的数值,再找到游标上刻线与尺身上刻线对齐的位置,读出角度"分"的数值,两者相加即为被测角度的数值。如图 4-2-4 所示的万能角度尺,先在尺身上读出"度"数值为 11°,然后在游标上读出"分"数值为 36′,故万能角度尺的示值为 11°36′。

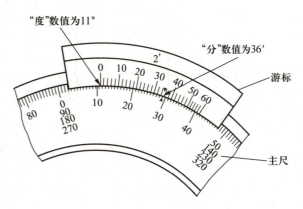

图 4-2-4　万能角度尺的读数

项目任务实施

任务实施

一、准备工具和量具

准备测量范围为 0°~320°的万能角度尺一把。

二、用万能角度尺测量塞锥的锥角

1)将万能角度尺擦干净并校零。
2)将基尺贴近圆锥台右端面,直尺刀口紧贴圆锥面,如图 4-2-5 所示。
3)移开万能角度尺,读取测得角度,记录测量结果,如表 4-2-1 所示。
4)旋转工件,选择其他位置进行测量,并记录结果,见表 4-2-1。

表 4-2-1　锥塞圆锥台圆锥角测量

测量次数	1	2	3	4	5	6	7	8
所测 β 角	105°1′	105°	104°57′	105°2′	105°1′	105°2′	105°2′	104°57′
换算成 $\alpha/2$	15°1′	15°	14°57′	15°2′	15°1′	15°2′	15°2′	14°57′

圆锥角 α	30°2′	30°	29°54′	30°4′	30°2′	30°4′	30°4′	29°54′
圆锥角误差	+2′	0	−6′	+4′	+2′	+4′	+4′	−6′

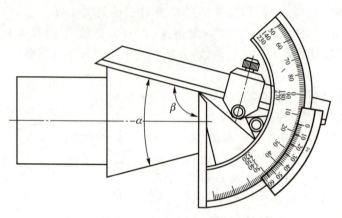

图 4-2-5   用万能角度尺测量锥度

5）测量结束后，将万能角度尺擦拭干净，放入刀具盒内。

三、处理数据，判断零件是否合格

1. 处理数据
将测得的角度 β 换算成圆锥半角 $\alpha/2$，再转换成圆锥角 α，见表 4-2-1。

2. 判断零件是否合格
由于所有测得的圆锥角中有些超出误差范围，所以该零件的圆锥角不合格。

单元五

键公差的选用与测量

项目一

齿轮轴键联接公差的选用

项目目标

知识目标

掌握平键联接的尺寸公差与配合、几何公差和表面粗糙度的选用与标注；
了解花键联接的尺寸公差与配合、几何公差和表面粗糙度的选用与标注。

技能目标

掌握平键联接公差的选用方法；
了解花键联接公差的选用方法。

素质目标

培养规范操作的职业习惯；
培养善于总结的习惯和向前人学习的意识；
培养勤于动手、实事求是、脚踏实地的工匠精神。

项目任务与要求

任 务 一

某减速器中,一齿轮与轴之间用平键联结,如图 5-1-1 所示。齿轮与轴的配合为 $\phi56H7/r6$,平键采用正常联接,平键尺寸 $b=16$ mm,$L=32$ mm。请确定齿轮与轴的键槽尺寸公差、几何公差和表面粗糙度,并分别标注在轴和齿轮的断面图上。

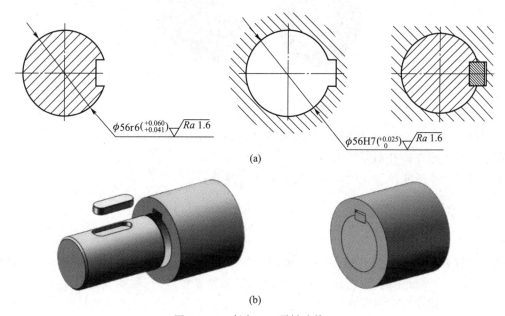

(a)

(b)

图 5-1-1　任务一　平键连接

任 务 二

如图 5-1-2 所示,某大批量生产的齿轮和轴为矩形花键联接,花键规格为 8×46 mm×54 mm×9 mm,花键孔长 40 mm,花键轴长 85 mm,齿轮花键孔经常需要相对花键轴做轴向移动,要求齿轮定心精度较高。请确定:

(1)齿轮花键孔和花键轴的尺寸公差、几何公差和表面粗糙度,并分别标注在轴和齿轮的断面图上。

(2)分别写出花键副和内、外花键在装配图和零件图上的标记。

 项目预备知识

键和花键广泛用于轴和轴上传动件(如齿轮、带轮、联轴器等)之间的联接,以传递转矩和运动。

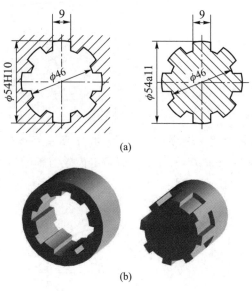

(a)

(b)

图 5-1-2　任务二　花键连接

键又称单键,可分为平键、半圆键和楔形键等几种,其中应用最广泛的是平键。

花键可分为矩形花键和渐开线形花键。

本单元只讨论平键和矩形花键联接的公差选用与测量。

一、平键联接的公差选用

1. 概述

平键分为普通平键和导向平键,前者一般用于固定联接,后者用于可移动的联接。平键联接由键、轴槽和轮毂槽三部分组成,是通过键和键槽的侧面来传递转矩的,如图 5-1-3 所示。因此,键宽和键槽宽度 b 是平键联接的主要参数,是配合尺寸,应规定较小的公差;而键的高度 h 和长度 L 以及轴槽深度 t_1 和轮毂槽深度 t_2 均为非配合尺寸,应给予较大的公差。

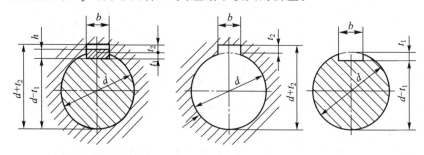

图 5-1-3　平键联接

在键联接中,键宽同时要与轴槽宽和轮毂槽宽分别配合,且配合性质的要求往往不同,所以键宽采用基轴制配合。国家标准 GB/T 1095—2003《平键　键槽的剖面尺寸》对键宽尺寸 b 仅规定一种公差带 h9,这样,键可采用精拔型钢,其宽度可不需要再加工,并可在专业工厂中生产。

2. 平键联接中配合尺寸的公差与配合种类

标准中对键宽规定了一种公差带 h9,采用基轴制配合,平键联接中键宽的不同配合是依靠改变轴槽和轮毂槽宽度公差带的位置来获得的。依据不同用途的需要,标准对轴槽宽度规定了三种公差带,即 H9、N9 和 P9;对轮毂槽宽度也规定了三种公差带,即 D10、JS9 和 P9,分为松联接、正常联接和紧密联接,如图 5-1-4 所示。各种配合种类及其用途见表 5-1-1,有关尺寸见表 5-1-2。

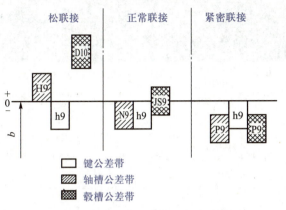

图 5-1-4　键宽与键槽宽 b 的公差带图

表 5-1-1　平键的配合种类及其用途

配合	尺寸 b 的公差带			配合性质及适用场合
	键	轴槽	毂槽	
松	h9	H9	D10	主要用于导向平键,导向平键装在轴上,借螺钉固定,轮毂可在轴上移动,也可用于薄型平键
正常		N9	JS9	普通平键压在轴槽中固定,轮毂顺着键侧套在轴上固定,用于传递一般转矩,也用于薄型平键、楔键的轴槽和毂槽
紧密		P9	P9	普通平键压在轴槽和轮毂槽中,均固定。用于传递重载和冲击载荷,或双向传递转矩,也用于薄型平键

表 5-1-2　普通平键和键槽的尺寸(摘自 GB/T 1095—2003)　　　　mm

轴	键	键槽									
		宽度 b					深度				
公称直径 d	键尺寸 $b×h$	基本尺寸	极限偏差					轴 t_1		毂 t_2	
			正常联接		紧密联接	松联接		基本尺寸	极限偏差	基本尺寸	极限偏差
			轴 N9	毂 JS9	轴和毂 P9	轴 H9	毂 D10				
6~8	2×2	2	−0.004 −0.029	±0.0125	−0.006 −0.031	+0.025 0	+0.060 +0.020	1.2	+0.1 0	1.0	+0.1 0
>8~10	3×3	3						1.8		1.4	
>10~12	4×4	4	0 −0.030	±0.015	−0.012 −0.042	+0.030 0	+0.078 +0.030	2.5		1.8	
>12~17	5×5	5						3.0		2.3	
>17~22	6×6	6						3.5		2.8	

续表

轴	键	键槽									
			宽度 b						深度		
公称直径 d	键尺寸 b×h	基本尺寸	极限偏差					轴 t₁		毂 t₂	
			正常联接		紧密联接	松联接		基本尺寸	极限偏差	基本尺寸	极限偏差
			轴 N9	毂 JS9	轴和毂 P9	轴 H9	毂 D10				
>22~30	8×7	8	0 −0.036	±0.018	−0.015 −0.051	+0.036 0	+0.098 +0.040	4.0	+0.2 0	3.3	+0.2 0
>30~38	10×8	10						5.0		3.3	
>38~44	12×8	12						5.0		3.3	
>44~50	14×9	14	0 −0.043	±0.0215	−0.018 −0.061	+0.043 0	+0.120 +0.050	5.5		3.8	
>50~58	16×10	16						6.0		4.3	
>58~65	18×11	18						7.0		4.4	
>65~75	20×12	20						7.5		4.9	
>75~85	22×14	22	0 −0.052	±0.026	−0.022 −0.074	+0.052 0	+0.149 +0.065	9.0		5.4	
>85~95	25×14	25						9.0		5.4	
>95~110	28×16	28						10.0		6.4	

注：GB/T 1095—2003《平键　键槽的剖面尺寸》没有推荐轴的公称直径，表中数值为旧国标根据一般受力情况推荐的参考值。

3. 平键联接中非配合尺寸的公差

平键联接的非配合尺寸中，轴槽深 t_1 和轮毂槽深 t_2 的公差带由国家标准 GB/T 1095—2003 规定，见表 5-1-2。键高 h 的公差带为 h11，键长 L 的公差带为 h14，轴槽长度的公差带为 H14。为了便于测量，在图样上对轴槽深度 t_1 和轮毂槽深度 t_2 分别标注尺寸"$d-t_1$"和"$d+t_2$"（d 为孔和轴的基本尺寸），如图 5-1-3 所示。此时应注意，当轴槽深度标注为 $d-t_1$ 时，其极限偏差值应为表 5-1-2 中 t_1 尺寸极限偏差值的对称值。

4. 平键联接的几何公差

为保证键和键槽侧面具有足够的接触面积和避免装配困难，国家标准对键和键槽的几何公差作了以下规定：

1）对称度公差　由于键槽的实际中心平面在径向产生偏移、轴向产生倾斜，造成了键槽的对称度误差，应分别规定轴槽和轮毂槽对轴线的对称度公差。对称度公差等级按国家标准 GB/T 1184—1996《形状和位置公差　未注公差值》选取（见表 2-2-8），根据不同要求一般取 7~9 级。键槽（轴槽及轮毂槽）的对称度公差的主参数是指键宽 b。

2）平行度公差　当平键的键长 L 与键宽 b 之比大于或等于 8 时，应规定键宽 b 的两工作侧面在长度方向上的平行度要求。当 b≤6 mm 时，公差等级取 7 级；当 b 取 8~36 mm 时，公差等级取 6 级；当 b≥40 mm 时，公差等级取 5 级。

5. 平键联接的表面粗糙度

国家标准 GB/T 1095—2003 规定，平键联接配合面轴槽、轮毂槽的键槽宽度 b 两侧表面粗糙度 Ra 值为 1.6~3.2 μm；非配合面轴槽底面、轮毂底面的表面粗糙度 Ra 值为 6.3 μm。

6. 平键联接的图样标注

键槽尺寸、几何公差和表面粗糙度标注示例如图 5-1-5 所示。如图 5-1-5a 所示为轴槽，如图

5-1-5b所示为轮毂槽。

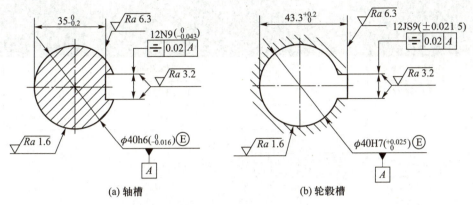

(a) 轴槽　　　　　　　　　　(b) 轮毂槽

图 5-1-5　键槽尺寸、几何公差和表面粗糙度标注示例

二、矩形花键联接的公差选用

1. 概述

花键是把多个平键与轴和孔制成一个整体,由内花键(花键孔)和外花键(花键轴)两个零件组成。与平键联接相比具有定心精度高,导向性能好,刚性好,承载能力强等优点。花键联接既可用于传动转矩,也可用于轴向导向,在机床、汽车等行业中得到广泛应用。

花键的截面形状可分为矩形、渐开线形、梯形和三角形四种,以适应不同用途的需要。其中,矩形花键应用最广。

2. 矩形花键的主要参数和定心方式

(1) 尺寸系列

国家标准 GB/T 1144—2001《矩形花键尺寸、公差和检验》规定矩形花键的主要参数为大径 D、小径 d、键宽和键槽宽 B,如图 5-1-6 所示。为便于加工和测量,键数 N 规定为偶数,有 6 键、8 键和 10 键三种。按承载能力不同,矩形花键尺寸规定了轻、中两个系列。中系列的键高尺寸

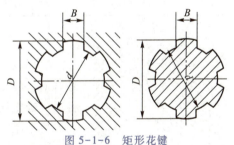

图 5-1-6　矩形花键

较大,承载能力强;轻系列的键高尺寸较小,承载能力较低。矩形花键尺寸系列见表 5-1-3。

表 5-1-3　矩形花键尺寸系列(摘自 GB/T 1144—2001)　　　　　mm

小径 d	轻系列				中系列			
	规格 $N{\times}d{\times}D{\times}B$	键数 N	大径 D	键宽 B	规格 $N{\times}d{\times}D{\times}B$	键数 N	大径 D	键宽 B
11					6×11×14×3		14	3
13					6×13×16×3.5		16	3.5
16	—	—	—	—	6×16×20×4	6	20	4
18					6×18×22×5		22	5
21					6×21×25×5		25	

续表

小径 d	轻系列				中系列			
	规格 N×d×D×B	键数 N	大径 D	键宽 B	规格 N×d×D×B	键数 N	大径 D	键宽 B
23	6×23×26×6	6	26	6	6×23×28×6	6	28	6
26	6×26×30×6		30		6×23×32×6		32	
28	6×28×32×7		32	7	6×28×34×7		34	7
32	6×32×36×6		36	6	8×32×38×6	8	38	6
36	8×36×40×7	8	40	7	8×36×42×7		42	7
42	8×42×46×8		46	8	8×42×48×8		48	8
46	8×46×50×9		50	9	8×46×54×9		54	9
52	8×52×58×10		58	10	8×52×60×10		60	10
56	8×56×62×10		62		8×56×65×10		65	
62	8×62×68×12		68	12	8×62×72×12		72	
72	10×72×78×12	10	78		10×72×82×12	10	82	12
82	10×82×88×12		88		10×82×92×12		92	
92	10×92×98×14		98	14	10×92×102×14		102	14
102	10×102×108×16		108	16	10×102×112×16		112	16
112	10×112×120×18		120	18	10×112×125×18		125	18

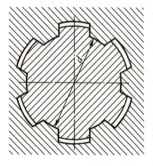

图 5-1-7　小径定心方式

（2）定心方式

矩形花键联接的结合面有三个，即大径结合面、小径结合面和键侧结合面。实用中只需以其中之一为主要结合面，确定内、外花键的配合性质。确定配合性质的结合面称为定心表面。

每个结合面都可以作为定心表面，采用小径 d 定心时，经过热处理后的内、外花键，其小径可分别采用内圆磨及成型磨进行精加工，因此可获得较高的加工及定心精度。国家标准 GB/T 1144—2001 中规定采用小径结合面为定心表面，即小径定心，如图 5-1-7 所示。定心小径 d 采用较高的公差等级；非定心大径 D 采用较低的公差等级，并且非定心直径表面之间留有较大的间隙，以保证它们不接触，从而可获得更高的定心精度，保证花键的表面质量，有利于提高联接质量。

3. 矩形花键的公差与配合

（1）内、外花键的尺寸公差带

矩形花键配合的精度，按其使用要求分为一般用和精密传动用两种。精密级适用于机床变速箱中，其定心精度要求高或传递转矩较大；一般级适用于汽车、拖拉机的变速箱中。内、外花键的尺寸公差带和装配形式见表 5-1-4。

表 5-1-4　内、外花键的尺寸公差带和装配形式（摘自 GB/T 1144—2001）

内花键				外花键			装配形式
d	D	B		d	D	B	
		拉削后不热处理	拉削后热处理				
一般用							
H7	H10	H9	H11	f7	a11	d10	滑动
				g7		f9	紧滑动
				h7		h10	固定
精密传动用							
H5	H10	H7、H9		f5	a11	d8	滑动
				g5		f7	紧滑动
				h5		h8	固定
H6				f6		d8	滑动
				g6		f7	紧滑动
				h6		h8	固定

注：1. 精密传动用的内花键，当需要控制键侧配合间隙时，槽宽可选 H7，一般情况下可选 H9；

2. d 为 H6 和 H7 的内花键，允许与高一级的外花键配合。

从表 5-1-4 中可见，定心直径 d 的公差等级高，要求严。d 的公差带在一般情况下，内、外花键取相同的公差等级，这个规定不同于普通光滑孔、轴的配合（一般精度较高的情况下，孔比轴低一级）。主要是考虑到矩形花键采用小径定心，使加工难度由内花键转为外花键。但在有些情况下，内花键允许与提高一级的外花键配合，公差带为 H7 的内花键可以与公差带为 f6、g6、h6 的外花键配合；公差带为 H6 的内花键可以与公差带为 f5、g5、h5 的外花键配合。这主要是考虑到矩形花键常用来作为齿轮的基准孔，有可能出现外花键的定心直径公差等级高于内花键定心直径公差等级的情况。

矩形花键联接采用基孔制，可以减少加工和检验内花键所用花键拉刀和花键量规的规格和数量，并规定了最松的滑动配合、略松的紧滑动配合和较紧的固定配合。此固定配合仍属于光滑圆柱体配合的间隙配合，但由于几何误差的影响，故配合变紧。对于内、外花键之间要求有相对移动，而且移动距离长、移动频率高的情况，应选用配合间隙较大的滑动联接，以保证运动灵活性并使配合面间有足够的润滑油层，如汽车、拖拉机变速箱中的变速齿轮与轴的联接。对于内、外花键之间虽有相对滑动，但定心精度要求高的，传递转矩大或经常有反向转动的情况，应选用配合间隙较小的紧滑动联接。对于内、外花键间无轴向移动，只用来传递转矩的情况，则应选用固定配合。

（2）矩形花键的几何公差

由于矩形花键联接表面复杂，键长与键宽比值较大，几何误差对花键联接的装配性能和传递转矩与运动的性能影响很大，是影响联接质量的重要因素，因此必须对其加以控制。

国家标准对矩形花键的几何公差作了如下规定：

1）为了保证定心表面的配合性质，内、外花键小径 d（定心表面）的尺寸公差和几何公差必须采用包容原则。

2）在大批量生产时,对键和键槽只需要规定位置度公差进行综合控制,并对键宽采用最大实体要求,采用花键综合量规来检验矩形花键。其位置度公差见表 5-1-5,公差标注如图 5-1-8 所示。

表 5-1-5   矩形花键位置度公差值 t_1（摘自 GB/T 1144—2001）   mm

键槽宽或键宽 B		3	3.5~6	7~10	12~18
		t_1			
键槽宽		0.010	0.015	0.020	0.025
键宽	滑动	0.010	0.015	0.020	0.025
	固定	0.006	0.010	0.013	0.016

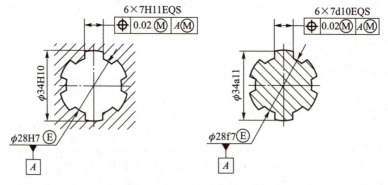

图 5-1-8   矩形花键位置度公差标注

3）单件小批量生产时,对键（键槽）宽规定对称度公差和等分度公差,并遵守独立原则,两者同值,其对称度公差见表 5-1-6,公差标注如图 5-1-9 所示。

表 5-1-6   矩形花键对称度公差值 t_2（摘自 GB/T 1144—2001）   mm

键槽宽或键宽 B	3	3.5~6	7~10	12~18
	t_2			
一般用	0.010	0.012	0.015	0.018
精密传动用	0.006	0.008	0.009	0.011

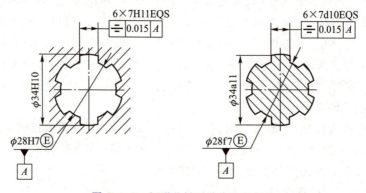

图 5-1-9   矩形花键对称度公差标注

4）对于较长的花键,国家标准未作规定,可根据产品性能自行规定键（键槽）侧对定心轴线的平行度公差。

（3）矩形花键的表面粗糙度

矩形花键表面粗糙度推荐值见表5-1-7。

表 5-1-7 矩形花键表面粗糙度推荐值 μm

加工表面	内花键	外花键
	Ra 不大于	
大径	6.3	3.2
小径	1.6	0.8
键侧	3.2	1.6

4. 矩形花键联接的标注

矩形花键在图样上的标记代号按次序包括下列项目:键数 N×小径 d×大径 D×键宽 B,其各自的公差带代号和精度等级标注在各自的基本尺寸之后。公差标注如图5-1-10所示,如图5-1-10a所示为花键副装配图的标注,表示花键数为6,小径配合为23H7/f7,大径配合为28H10/a11,键宽配合为6H11/d10,在零件图上,花键公差带可仍按花键规格顺序注出,如图5-1-10b、c为零件图上花键孔和花键轴的标注。

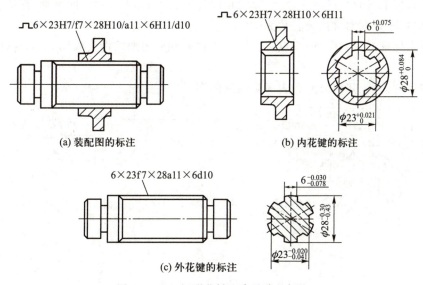

(a) 装配图的标注

(b) 内花键的标注

(c) 外花键的标注

图 5-1-10 矩形花键配合及公差标注

 项目任务实施

任务一

任务回顾

本项目任务一为某减速器中,一齿轮与轴之间平键联接键槽的设计,平键采用正常联接,如图 5-1-1 所示。齿轮与轴的配合为 $\phi 56H7/r6$,平键尺寸 $b=16$ mm,$L=32$ mm。需要确定齿轮与轴的键槽尺寸公差、几何公差和表面粗糙度,并分别标注在轴和齿轮的断面图上。

任务实施

1)该平键联接为一般联接,参见表 5-1-2,确定键槽宽度的公差带代号为 N9,极限偏差上偏差为 0,下偏差为 -0.043 mm,轮毂槽宽度的公差带代号为 JS9,极限偏差为 ±0.0215 mm。轴槽深 t_1 为 6 mm,图样中轴槽深($d-t_1$)的基本尺寸应为 50 mm,其极限偏差值为表中 t_1 极限偏差值的负数,上偏差为 0,下偏差为 -0.20 mm,轮毂槽深 t_2 为 4.3 mm,图样中轮毂槽深($d+t_2$)的基本尺寸应为 60.3 mm,极限偏差值为上偏差 +0.20 mm,下偏差 0。

2)根据国家标准 GB/T 1184—1996《形状和位置公差 未注公差值》的推荐,键槽宽度对称度公差取 8 级,参见表 2-2-8,对称度公差值为 20 μm。

3)根据国家标准 GB/T 1095—2003 的推荐,键槽两侧面表面粗糙度取 3.2 μm,槽底表面粗糙度取 6.3 μm。

4)键槽的尺寸公差、几何公差和表面粗糙度的图样标注如图 5-1-11 所示。

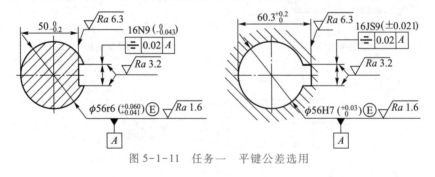

图 5-1-11 任务一 平键公差选用

任务二

任务回顾

本项目任务二为某大批量生产的齿轮和轴的矩形花键联接公差设计,花键规格为 8×46 mm×54 mm×9 mm,花键孔长 40 mm,花键轴长 85 mm,齿轮花键孔经常需要相对花键轴做轴向移动,要求齿轮定心精度较高。需要确定:

1）齿轮花键孔和花键轴的尺寸公差、几何公差和表面粗糙度，并分别标注在轴和齿轮的断面图上。

2）分别写出花键副和内、外花键在装配图和零件图上的标记。

任务实施

1）参见表 5-1-4，本任务中齿轮花键孔经常需要相对花键轴做轴向移动，要求齿轮定心精度较高，因此选用精密级的紧滑动。键数 $N=8$，小径 $d=46$ mm，配合为 H6/g6；大径 $D=54$ mm，配合为 H10/a11；键（键槽）宽 $B=9$ mm，配合为 H9/f7。

2）内、外花键定心小径 $\phi46$ mm 的尺寸公差与几何公差的关系采用包容要求。

3）大批量生产，键宽采用最大实体要求，内、外花键应规定键槽侧面对小径定心轴线的位置度公差。参见表 5-1-5 可得，键和键槽位置度公差值均为 0.02 mm。

4）表面粗糙度 Ra 上限值的选用参见表 5-1-7，对于内花键：小径取 1.6 μm，大径取 6.3 μm，键槽侧面取 3.2 μm；对于外花键：小径取 0.8 μm，大径取 3.2 μm，键槽侧面取 1.6 μm。

5）齿轮花键孔和花键轴的尺寸公差、几何公差和表面粗糙度，在断面图上的标注见图 5-1-12。

6）花键标记如下：

花键副：在装配图上标注花键规格和配合代号

$$8\times46\,\frac{\text{H6}}{\text{g6}}\times54\,\frac{\text{H10}}{\text{a11}}\times9\,\frac{\text{H9}}{\text{f7}} \qquad \text{GB/T 1144—2001}$$

内花键：在零件图上标注花键规格和尺寸公差带代号

$$8\times46\text{H6}\times54\text{H10}\times9\text{H9} \qquad \text{GB/T 1144—2001}$$

外花键：在零件图上标注花键规格和尺寸公差带代号

$$8\times46\text{g6}\times54\text{a11}\times9\text{f7} \qquad \text{GB/T 1144—2001}$$

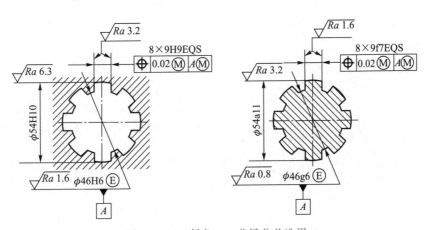

图 5-1-12 任务二 花键公差选用

 项目思考与习题

1. 平键联接为什么只对键（键槽）宽规定较严的公差？

2. 平键联接的配合采用何种基准制？花键联接采用何种基准制？

3. 某减速器中有一传动轴与齿轮孔采用平键联接,要求键在轴槽和轮毂槽中均固定,且承受的载荷不大,采用正常联接。如图 5-1-13 所示,齿轮孔与轴的配合为 $\phi45H7/h6$,平键尺寸 $b=14\text{mm}$,$h=9\text{mm}$,$L=30\text{mm}$。请确定齿轮与轴的键槽尺寸及公差、几何公差和表面粗糙度,并分别标注在轴和齿轮的断面图上。

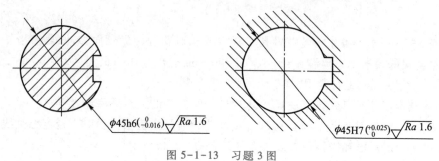

图 5-1-13   习题 3 图

项目二

传动轴键槽对称度的测量

项目目标

知识目标

了解平键联接键槽对称度的检测方法；
了解矩形花键的检测方法。

技能目标

了解平键键槽对称度测量的方法；
熟悉平键键槽对称度误差的测量方法与步骤，并能进行测量数据处理，判断合格性。

素质目标

培养规范操作的职业习惯；
培养勤于动手、实事求是、脚踏实地的工匠精神。

项目任务与要求

如图 5-2-1 所示为某企业生产的齿轮变速箱的中间传动轴图样,其上有一键槽,并给出了键槽的对称度公差要求。本项目任务的要求是:

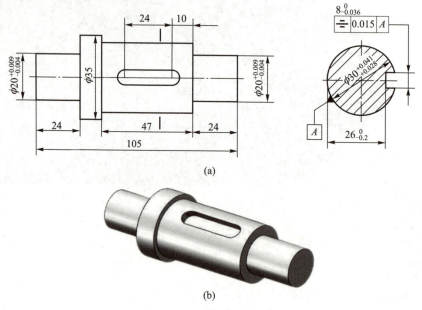

图 5-2-1   中间传动轴图样

(1)识读键槽的对称度公差要求;
(2)测量键槽对称面相对于基准轴线的对称度误差值,并判断该键槽对称度误差是否合格。

项目任务实施

任务分析与思考

对称度是限制被测要素相对于基准要素的偏离全量的一项指标。

本项目键槽用于安装联接齿轮和轴的平键,如果键槽出现偏离或歪斜,则会影响齿轮的运动精度或者无法安装齿轮。

键槽的中心平面,要求相对于基准轴线对称。即应使键槽的中心平面限定在两平行平面之间的区域内,且该平行平面对称于基准轴线。

任务实施

一、识读键槽对称度公差要求

本项目为对键槽对称度误差的测量,图样中对称度公差的要求为被测键槽的中心平面应限定在间距等于 0.02 mm 的两平行平面之间的区域内,该平行平面对称于基准轴线。

二、准备工具和量具

准备与键槽尺寸、形状一致的定位块一只,千分表及表架一套,V 形架一块,检验平板一块。

三、测量方法与步骤

将定位块装入键槽中,保证不松动,必要时可进行研合。如图 5-2-2 所示,将被测轴放置在 V 形架上,用 V 形架模拟基准轴线,被测键槽中心平面由定位块模拟,以检验平板作为测量基准。

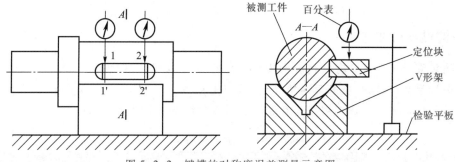

图 5-2-2 键槽的对称度误差测量示意图

1)将千分表的测头与定位块的顶面接触,沿定位块的某一横截面(垂直于被测圆柱轴线的平面)移动,稍微转动被测工件以调整定位块的位置,直到使千分表在这个横截面上移动时示值不变为止,则定位块沿径向(前后方向)与检验平板平行。

2)用千分表测量 1、2 两点,测得示值 $M_1 = 0$,$M_2 = +0.013$ mm。

3)将轴在 V 形架上翻转 180°,调整被测零件,再次使定位块沿径向与检验平板平行。然后测量 1、2 两点的对应点 1′、2′,得示值 $M_1' = -0.009$ mm,$M_2' = -0.012$ mm。

四、处理数据,判断零件合格性

1. 计算截面偏移量

两个测量截面上键槽实际被测中心相对于基准轴线的偏移量为读数差的一半 Δ_1 和 Δ_2:

$$\Delta_1 = |M_1 - M_1'|/2 = |0 - (-0.009)|/2 \text{ mm} = 0.004\ 5 \text{ mm}$$

$$\Delta_2 = |M_2 - M_2'|/2 = |0.013 - (-0.012)|/2 \text{ mm} = 0.012\ 5 \text{ mm}$$

2. 对称度误差

可用下式计算

$$f = \frac{2f_2 t + d(f_1 - f_2)}{d - t}$$

式中:f_1、f_2——截面偏移量 Δ_1 和 Δ_2,以绝对值大者为 f_1,小者为 f_2,mm;

$\quad\quad t$——键槽深度,mm;

$\quad\quad d$——轴的直径,mm。

3. 计算对称度误差

测量得到该轴段的直径为 $d = 30.03$ mm,键槽的深度为 $t = 4.06$ mm。则该键槽的对称度误差为:

$$f=\frac{2f_2t+d(f_1-f_2)}{d-t}=\frac{2\times0.004\ 5\times4.06+30.03\times(0.012\ 5-0.004\ 5)}{30.03-4.06}\ \text{mm}\approx0.010\ 7\ \text{mm}$$

4. 判断键槽对称度是否合格

键槽的对称度误差为 0.010 7 mm，小于图样上标注的对称度公差 0.015 mm，所以此键槽的对称度误差合格。

 项目知识拓展

一、平键键槽检测量规

平键联接需要检测的项目有轴槽和轮毂槽的宽度、深度及槽的对称度。

在单件小批量生产时，一般采用通用计量器具（如千分尺、游标卡尺等）测量；在大批量生产时，可用专用极限量规来测量。检测键槽宽度和深度的各种极限量规见表 5-2-1。

表 5-2-1　检测键槽的量规

检验项目	量规名称及图形	说明
槽宽（b）	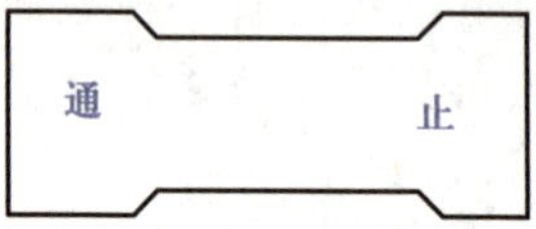 键宽尺寸极限量规	一端为"通"规，另一端为"止"规
轮毂槽深 $d+t_2$	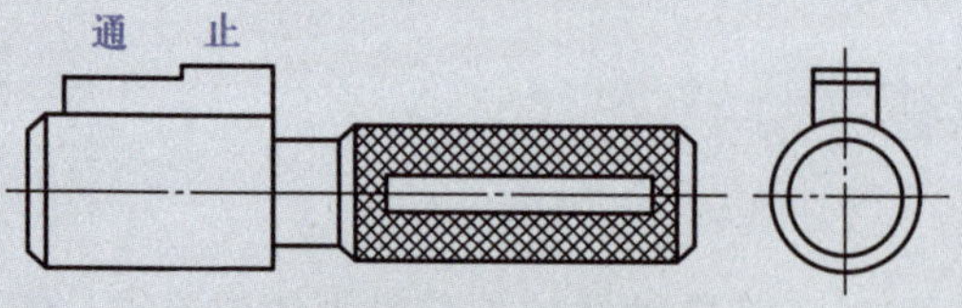 轮毂槽深极限尺寸量规	一个轴和台阶的组合，台阶分别为"通"规和"止"规
轴槽深 $d-t_1$	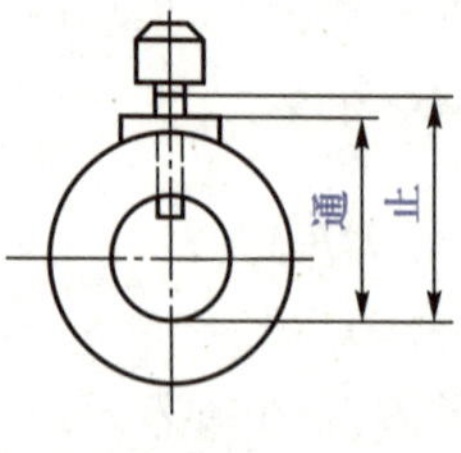 轴槽深极限尺寸量规	圆环内径作为测量基准，上支杆可以调整到轴槽深度"通"或"止"的位置

续表

检验项目	量规名称及图形	说明
轮毂槽的对称度	轮毂槽对称度量规	只有"通"规,量规能塞入孔中即为合格
轴槽的对称度	轴槽对称度量规	带有中心柱的 V 形块,只有"通"规,量规能通过轴槽即为合格

二、矩形花键的检测

矩形花键的检测包括尺寸检验和几何误差检验。检测方式根据不同的生产规模而定。

在单件小批量生产中,花键的尺寸和位置误差用千分尺、游标卡尺、指示表等通用计量器具分别测量。

在大批量生产中,对花键的尺寸,形位误差按控制实效边界原则,用综合量规进行检测。内(外)花键用花键综合塞(环)规同时检验内(外)花键的小径、大径、各键槽宽(键宽),大径对小径的同轴度和键(键槽)的位置度等项目。此外,还要用单项止端塞(卡)规或普通计量器具检测其小径、大径、各键槽宽(键宽)的实际尺寸是否超越其最小实体尺寸。

检测内、外花键时,如果花键综合量规能通过,而单项止端量规不能通过,则表示被测内、外花键合格。反之,即为不合格。

花键的极限塞规和卡规如图 5-2-3 所示,矩形花键综合量规如图 5-2-4 所示。

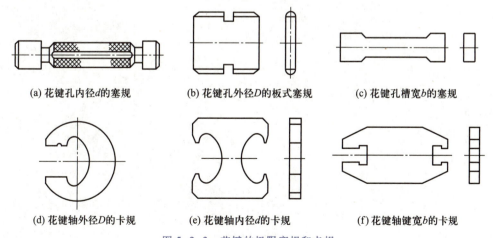

(a) 花键孔内径*d*的塞规　　(b) 花键孔外径*D*的板式塞规　　(c) 花键孔槽宽*b*的塞规

(d) 花键轴外径*D*的卡规　　(e) 花键轴内径*d*的卡规　　(f) 花键轴键宽*b*的卡规

图 5-2-3　花键的极限塞规和卡规

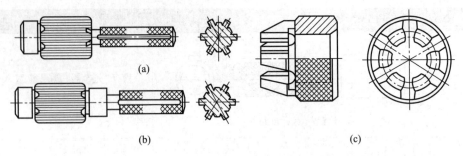

图 5-2-4　矩形花键综合量规

单元六

普通螺纹的识读、选用与测量

项目一

普通螺纹的识读

项目目标

知识目标

了解螺纹的种类及使用要求；

掌握普通螺纹的基本牙型和主要几何参数；

掌握普通螺纹的几何参数误差对互换性的影响；

掌握螺纹公差带的大小、公差等级、公差带的形状和位置及其在图样上的表示方法。

技能目标

能够进行零件图样上螺纹公差标注的识读；

能够根据测量数据判断螺纹中径是否合格。

素质目标

培养遵守国家标准的意识；

培养爱岗敬业的岗位意识；

培养实事求是、精益求精的工匠精神；

培育爱国主义情怀。

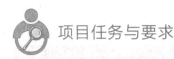 项目任务与要求

任务一

识读如图 6-1-1 所示的某企业生产的螺纹轴套中螺纹标记的含义。

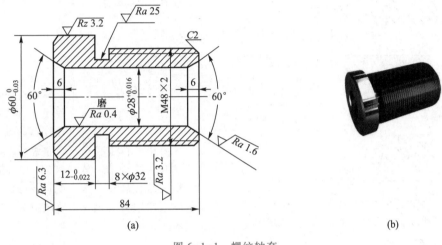

图 6-1-1　螺纹轴套

任务二

已知螺纹尺寸和公差要求为 M24×2-6 g，加工后测得：实际单一中径 $d_{2单-} = 22.521$ mm，螺距累积偏差 $\Delta P_\Sigma = +0.05$ mm，牙型半角偏差分别为：$\Delta \dfrac{\alpha}{2}_左 = +20'$，$\Delta \dfrac{\alpha}{2}_右 = -25'$，请判断该螺纹中径是否合格。

 项目预备知识

螺纹联接是由互相联接的内、外螺纹组成，通过相互旋合及牙侧面的接触作用将零、部件组合成整机或将部件、整机固定在机座上，螺纹联接形成运动副传递运动和动力。螺纹联接是一种典型的具有互换性的联接结构。

一、螺纹的种类及使用要求

螺纹的种类繁多，按螺纹结合性质和使用要求可分为三类，见表 6-1-1。

表 6-1-1   螺纹的种类及使用要求

螺纹种类		用途	要求
联接螺纹（又称紧固螺纹） 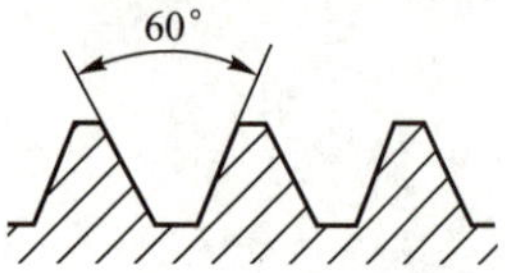 60°	普通螺纹	主要用于联接和紧固各种机械零件,普通螺纹的应用最为普遍	联接螺纹使用要求是保证旋合性和联接强度
	过渡配合螺纹		
	过盈配合螺纹		
传动螺纹 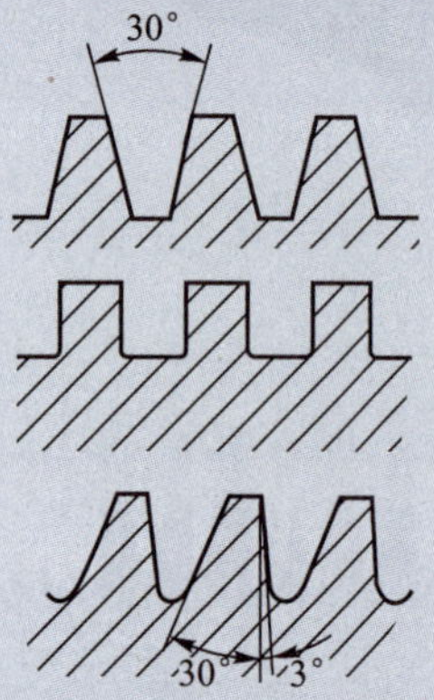 30° 30° 3°	传递位移螺纹	主要用于传递精确位移和传递动力。传动螺纹结合均有一定的侧隙,以便于存储一定的润滑油	传动螺纹使用要求是传递动力的可靠性和传递位移的准确性。传递位移螺纹能准确传递位移(具有一定的传动精度)和传递一定载荷(如机床中的丝杠和螺母);传递动力螺纹可以传递较大的载荷,具有较高的承载强度(如千斤顶的起重螺杆)
	传递动力螺纹		
密封螺纹 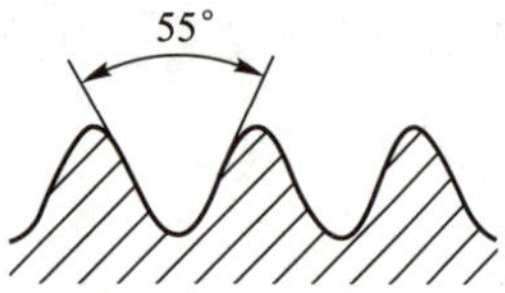 55°		主要用于管道系统中有气密性和水密性要求的管件联接	密封螺纹使用要求主要是具有良好的旋合性、联接强度及密封性

二、普通螺纹的基本牙型和主要几何参数

国家标准规定普通螺纹的基本牙型是将原始三角形(两相邻等边三角形,高为 H)按规定的削平高度截去顶部和底部,所形成的内外螺纹共有的理论牙型。普通螺纹的牙型是指在通过螺纹轴线的剖面上螺纹的轮廓形状,它由牙顶、牙底以及两牙侧构成,如图 6-1-2 所示。普通螺纹的主要几何参数如下:

(1) 原始三角形高度 H 和牙型高度

原始三角形高度是指由原始三角形顶点沿垂直于螺纹轴线方向到其底边的距离($H=\sqrt{3}P/2$);牙型高度是指在螺纹牙型上,牙顶和牙底之间在垂直于螺纹轴线方向上的距离($5H/8$)。

（2）牙型角（α）、牙型半角（α/2）、牙侧角

牙型角（α）是在螺纹牙型上，两相邻牙侧间的夹角，普通螺纹牙型角为60°。牙型半角（α/2）是牙型角的一半。普通螺纹牙型半角为30°。牙侧角（α_1，α_2）是指在螺纹牙型上，牙侧与螺纹轴线的垂线间的夹角，普通螺纹牙侧角的基本值为30°，如图6-1-3所示。

（3）大径 $D(d)$

螺纹的大径是指与外螺纹的牙顶（或内螺纹的牙底）相切的假想圆柱的直径，如图6-1-4所示。内、外螺纹的大径分别用 D、d 表示。外螺纹的大径又称外螺纹的顶径。国家标准规定，普通螺纹的公称直径是指螺纹大径的基本尺寸。

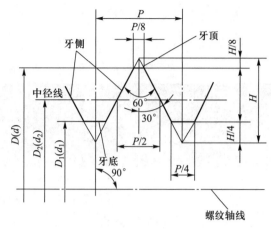

图 6-1-2　普通螺纹基本牙型的形成

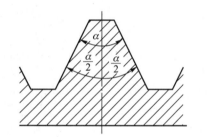 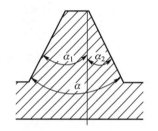

图 6-1-3　牙型角、牙型半角、牙侧角

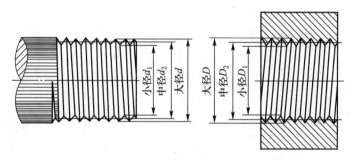

图 6-1-4　螺纹直径系列

（4）小径 $D_1(d_1)$

螺纹的小径是指与外螺纹的牙底（或内螺纹的牙顶）相切的假想圆柱直径，如图6-1-4所示。内、外螺纹的小径分别用 D_1、d_1 表示。内螺纹的小径又称内螺纹的顶径。

（5）中径 $D_2(d_2)$

螺纹牙型的沟槽和凸起宽度相等处假想圆柱的直径称为螺纹中径。内、外螺纹中径分别用 D_2、d_2 表示，如图6-1-4所示。

（6）螺距 P、导程 L

在螺纹中径线（中径所在圆柱面的母线）上，相邻两牙对应两点间的轴向距离称为螺距，用 P 表示，如图6-1-2所示。螺距有粗牙和细牙两种。

普通螺纹的直径与螺距系列(摘自 GB/T 193—2003)和普通螺纹的基本尺寸(摘自 GB/T 196-2003)见表 6-1-2。

表 6-1-2　普通螺纹的直径与螺距系列和普通螺纹的基本尺寸　　　　mm

公称直径(大径)D、d			螺距 P	中径 D_2、d_2	小径 D_1、d_1	公称直径(大径)D、d			螺距 P	中径 D_2、d_2	小径 D_1、d_1
第一系列	第二系列	第三系列				第一系列	第二系列	第三系列			
5			0.8	4.480	4.134			15	1.5	14.026	13.376
			0.5	4.675	4.459				1	14.350	13.917
		5.5	0.5	5.175	4.959	16			2	14.701	13.835
6			1	5.350	4.917				1.5	15.026	14.376
			0.75	5.513	5.188				1	15.350	14.917
	7		1	6.350	5.917			17	1.5	16.026	15.376
			0.75	6.513	6.188				1	16.350	15.917
8			1.25	7.188	6.647		18		2.5	16.376	15.294
			1	7.350	6.917				2	16.701	15.835
			0.75	7.513	7.188				1.5	17.026	16.376
		9	1.25	8.188	7.647				1	17.350	16.917
			1	8.350	7.917	20			2.5	18.376	17.294
			0.75	8.513	8.188				2	18.701	17.835
10			1.5	9.026	8.376				1.5	19.026	18.376
			1.25	9.188	8.647				1	19.350	18.917
			1	9.350	8.917		22		2.5	20.376	19.294
			0.75	9.513	9.188				2	20.701	19.835
		11	1.5	10.026	9.376				1.5	21.026	20.376
			1	10.350	9.917				1	21.350	20.917
			0.75	10.513	10.188	24			3	22.051	20.752
12			1.75	10.863	10.106				2	22.701	21.835
			1.5	11.026	10.376				1.5	23.026	22.376
			1.25	11.188	10.647				1	23.350	22.917
			1	11.350	10.917			25	2	23.701	22.835
	14		2	12.701	11.835				1.5	24.026	23.376
			1.5	13.026	12.376				1	24.350	23.917
			1.25[a]	13.188	12.647			26	1.5	25.026	24.376
			1	13.350	12.917			27	3	25.051	23.752

续表

公称直径(大径)D、d			螺距P	中径D_2、d_2	小径D_1、d_1	公称直径(大径)D、d			螺距P	中径D_2、d_2	小径D_1、d_1
第一系列	第二系列	第三系列				第一系列	第二系列	第三系列			
	27		2	25.701	24.835				3	38.051	36.752
			1.5	26.026	25.376			40	2	38.701	37.835
			1	26.350	25.917				1.5	39.026	38.376
		28	2	26.701	25.835	42			4.5	39.077	37.129
			1.5	27.026	26.376				4	39.402	37.670
			1	27.350	26.917				3	40.051	38.752
30			3.5	27.727	26.211				2	40.701	39.835
			(3)	28.051	26.752				1.5	41.026	40.376
			2	28.701	27.835		45		4.5	42.077	40.129
			1.5	29.026	28.376				4	42.402	40.670
			1	29.350	28.917				3	43.051	41.752
		32	2	30.701	29.835				2	43.701	42.835
			1.5	31.026	30.376				1.5	44.026	43.376
	33		3.5	30.727	29.211	48			5	44.752	42.587
			(3)	31.051	29.752				4	45.402	43.670
			2	31.701	30.835				3	46.51	44.752
			1.5	32.026	31.376				2	46.701	45.835
		35^b	1.5	34.026	33.376				1.5	47.026	46.376
36			4	33.402	31.670				3	48.051	46.752
			3	34.051	32.752			50	2	48.701	47.835
			2	34.701	33.835				1.5	49.026	48.376
			1.5	35.026	34.376				5	48.752	46.587
		38	1.5	37.026	36.376				4	49.402	47.670
	39		4	36.402	34.670		52		3	50.051	48.752
			3	37.051	35.752				2	50.701	49.835
			2	37.701	36.835				1.5	51.026	50.376
			1.5	38.026	37.376						

注:1. 优先选用第一系列直径,其次选择第二系列直径,最后选择第三系列直径。

2. 尽可能地避免选用括号内的螺距。

3. 表内带注(a、b)的两个规格螺纹应仅用于其所限定的特定使用场合。a 仅用于发动机的火花塞,b 仅用于轴承的锁紧螺母。

导程是指同一条螺旋线在中径线上相邻两牙对应点之间的轴向距离,用 L 表示。对单线螺纹,导程 L 和螺距 P 相等。对多线螺纹,导程 L 等于螺距 P 与螺纹线数 n 的乘积,即 $L=nP$。

已知螺纹的公称直径（大径）和螺距，用下列公式可计算出螺纹的中径和小径。

$$D_2(d_2) = D(d) - 2 \times \frac{3}{8}H = D(d) - 0.649\ 5P$$

$$D_1(d_1) = D(d) - 2 \times \frac{5}{8}H = D(d) - 1.082\ 5P$$

（7）单一中径

单一中径是一个假想圆柱的直径，该圆柱的母线通过牙型上沟槽宽度等于螺距基本值一半（$P/2$）的地方（如图 6-1-5 所示），P 为基本螺距，ΔP 为螺距误差。

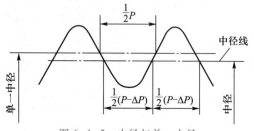

图 6-1-5　中径与单一中径

（8）螺纹接触高度

螺纹接触高度是指在两个相互配合螺纹的牙型上，它们的牙侧重合部分在垂直于螺纹轴线方向上的距离。普通螺纹接触高度的基本值等于 $5H/8$，如图 6-1-2 所示。

（9）螺纹旋合长度

螺纹旋合长度是指两个相互配合的螺纹沿螺纹轴线方向相互旋合部分的长度，如图 6-1-6 所示。

（10）作用中径

在规定的旋合长度内，恰好包容实际螺纹的一个假想螺纹的中径，这个假想螺纹有螺距、半角、牙型角等，并在牙顶、牙底外侧留有间隙以保证包容时不与实际螺纹的大、小径发生干涉。

螺纹的作用中径可以通过测量螺纹的单一中径、牙型半角误差、螺距累积误差这三者计算得出。作用中径才是影响螺纹装配和互换性的根本因素。

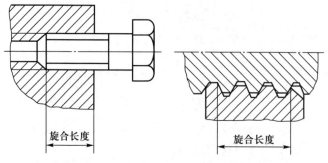

图 6-1-6　螺纹的旋合长度

三、普通螺纹的几何参数误差对互换性的影响

螺纹联接的互换性要求指装配过程的可旋合性和使用过程中联接的可靠性。

影响螺纹互换性的几何参数有螺纹的大径、小径、中径、螺距和牙型半角五个，它们在加工过程中都会产生误差，都将不同程度地影响螺纹的互换性。螺纹的大径、小径处均留有间隙，不会影响配合性质，内外螺纹联接是依靠它们旋合后牙侧面接触的均匀性来实现的，因此螺距误差、中径误差和牙型半角误差是影响互换性的主要因素。

1. 螺距误差对螺纹互换性的影响

普通螺纹的螺距误差有两种，一种是单个螺距误差，另一种是螺距累积误差。后者与旋合长度有关,是影响旋合性的主要因素。

　　单个螺距误差是指单个螺距的实际值与理论值之差,与旋合长度无关,用 ΔP 表示。螺距累积误差是指在指定的螺纹长度内,包含若干个螺距的任意两牙,在中径线上对应两点之间的实际轴向距离与其两牙间所有理论螺距之和的差值,用 ΔP_Σ 表示,如图 6-1-7 所示。

　　为便于分析,假设内螺纹具有理想牙型(无螺距误差,也无牙型半角误差),外螺纹无中径误差、半角误差,但存在螺距累积误差,内、外螺纹旋合时,就会发生干涉(见图 6-1-7a 中阴影部分),且随着旋进牙数的增加,干涉量会增加,最后无法再旋合,从而影响螺纹的旋合性。

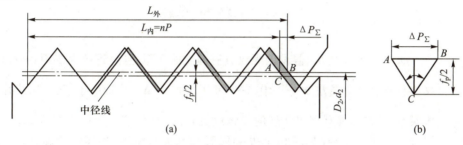

图 6-1-7　螺距累积误差对旋合性的影响

　　螺距误差主要是由加工机床运动链的传动误差引起的。若用成型刀具如板牙、丝锥加工,则刀具本身的螺距误差会直接造成工件的螺距误差。

　　为了使有螺距累积误差的外螺纹可旋入具有理想牙型的内螺纹,必须将外螺纹中径减小一个 f_P 值(或将内螺纹中径加大一个 f_P 值),f_P 值是补偿螺距误差的影响而折算到中径上的数值,称为螺距误差的中径当量。

　　如图 6-1-7b 所示,由 $\triangle ABC$ 得

$$f_P = |\Delta P_\Sigma| \cot \frac{\alpha}{2} \qquad (6-1-1)$$

当米制螺纹 $\alpha/2 = 30°$ 时,则 $f_P = 1.732|\Delta P_\Sigma|$。

　　同理,当内螺纹有螺距误差时,为了保证内、外螺纹自由旋合,应将内螺纹的中径加大一个 f_P 值(或将外螺纹中径减小一个 f_P 值)。

　　由于 ΔP_Σ 不论正或负,都影响旋合性,只是干涉发生在左、右牙侧面的不同而已,故 ΔP_Σ 应取绝对值。

2. 牙型半角误差对互换性的影响

　　螺纹的牙型半角误差是指实际牙型半角与理论牙型半角之差,即 $\Delta \dfrac{\alpha}{2} = \dfrac{\alpha}{2}_{\text{实}} - \dfrac{\alpha}{2}_{\text{理}}$。牙型半角误差主要是实际牙型角方向偏斜或牙型角的角度误差。

　　车削螺纹时,若车刀未装正,便会造成实际牙型角方向偏斜,螺纹的左、右牙型半角不对称,即 $\Delta \dfrac{\alpha}{2}_{\text{左}} \neq \Delta \dfrac{\alpha}{2}_{\text{右}}$,如图 6-1-8a 所示。由于加工螺纹的刀具角度不等于 60°,导致左、右牙型半角相等,但不等于 30°,如图 6-1-8b 所示。不论哪一种牙型半角误差,都会影响螺纹的旋合性,同时影响接触面积,降低螺纹联接强度。

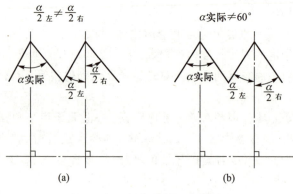

图 6-1-8　螺纹的牙型半角误差

如图 6-1-9 所示，假设内螺纹具有理想的牙型，且外螺纹无螺距、中径误差，外螺纹的左牙型半角误差 $\Delta\dfrac{\alpha}{2}_{左}<0$，右牙型半角误差 $\Delta\dfrac{\alpha}{2}_{右}>0$。由于外螺纹存在牙型半角误差，当它与具有理想牙型的内螺纹旋合时，将分别在牙的上半部 $3H/8$ 处和下半部 $H/4$ 处发生干涉（见图 6-1-9 中阴影），从而影响内、外螺纹的旋合性。为了让一个有牙型半角误差的外螺纹仍能与内螺纹自由旋合，必须将外螺纹的中径减小 $f_{\frac{\alpha}{2}}$，该减小量称为牙型半角误差的中径当量。由图中的几何关系，可以推导出在一定的牙型半角误差情况下，外螺纹牙型半角误差的中径当量 $f_{\frac{\alpha}{2}}$ 为：

$$f_{\frac{\alpha}{2}}=0.073P\left(k_1\left|\Delta\frac{\alpha}{2}_{左}\right|+k_2\left|\Delta\frac{\alpha}{2}_{右}\right|\right) \tag{6-1-2}$$

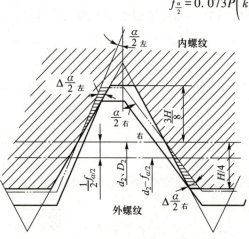

图 6-1-9　牙型半角误差对螺纹旋合性的影响

式中：P——螺距，mm；

k_1、k_2——修正系数。k_1、k_2 的取值：对外螺纹，当 $\Delta\dfrac{\alpha}{2}>0$ 时，k_1（或 k_2）$=2$；当 $\Delta\dfrac{\alpha}{2}<0$ 时，k_1（或 k_2）$=3$；对内螺纹，则相反。

当外螺纹具有理想牙型，而内螺纹存在牙型半角误差时，就需要将内螺纹的中径加大一个 $f_{\frac{\alpha}{2}}$ 量，如图 6-1-9 所示。

国家标准中没有规定普通螺纹的牙型半角公差，而是折算成中径公差的一部分，通过检验中径来控制牙型半角误差。

3. 中径误差对螺纹互换性的影响

由于螺纹在牙侧面接触，因此中径的大小直接影响牙侧相对轴线的径向位置。外螺纹中径大于内螺纹中径，影响旋合性；外螺纹中径过小，影响联接强度。因此必须对内、外螺纹中径误差加以控制。

综上所述，螺纹的螺距误差、牙型半角误差和中径误差都影响螺纹互换性。螺距误差、牙型半角误差可以用中径当量 f_P、$f_{\frac{\alpha}{2}}$ 来表示。

4. 保证普通螺纹互换性的条件

内、外螺纹旋合时实际起作用的中径称为作用中径（$D_{2作用}$、$d_{2作用}$）。

当外螺纹存在牙型半角误差时，为了保证其可旋合性，须将外螺纹的中径减小一个中径当量 $f_{\frac{\alpha}{2}}$，即相当于在旋合中外螺纹真正起作用的中径比理论中径增大了一个 $f_{\frac{\alpha}{2}}$。同理，当该外螺纹又存在螺距累积误差时，其真正起作用的中径又比原来增大了一个 f_P 值。因此，对于实际外螺纹而言，其作用中径为：

$$d_{2作用} = d_{2单一} + \left(f_P + f_{\frac{\alpha}{2}}\right) \tag{6-1-3}$$

对于内螺纹而言，当存在牙型半角误差和螺距累积误差时，相当于在旋合中起作用的中径值减小了，即内螺纹的作用中径为：

$$D_{2作用} = D_{2单一} - \left(f_P + f_{\frac{\alpha}{2}}\right) \tag{6-1-4}$$

显然，为使外螺纹与内螺纹能自由旋合，应保证 $D_{2作用} \geqslant d_{2作用}$。

作用中径将中径误差、螺距误差和牙型半角误差三者联系在了一起，它是影响螺纹互换性的主要因素，必须加以控制。螺纹联接中，若内螺纹单一中径过大，外螺纹单一中径过小，内、外螺纹虽可旋合，但间隙过大，影响联接强度。因此，对单一中径也应控制。控制作用中径以保证旋合性，控制单一中径以保证联接强度。

保证普通螺纹互换性的条件，遵循泰勒原则：

对于外螺纹：作用中径不大于中径最大极限尺寸；任意位置的单一中径不小于中径最小极限尺寸。即

$$d_{2作用} \leqslant d_{2max} \qquad d_{2单一} \geqslant d_{2min} \tag{6-1-5}$$

对于内螺纹：作用中径不小于中径最小极限尺寸；任意位置的单一中径不大于中径最大极限尺寸。即

$$D_{2作用} \geqslant D_{2min} \qquad D_{2单一} \leqslant D_{2max} \tag{6-1-6}$$

四、螺纹公差带

螺纹公差带与尺寸公差带一样，也是由其大小（公差等级）和相对于基本牙型的位置（基本偏差）所组成。国家标准 GB/T 197—2018 规定了螺纹公差带，对大径为 1~355 mm、螺距值为 0.2~8 mm 的普通螺纹规定了配合最小间隙为零，以及具有保证间隙的螺纹公差带、旋合长度和公差精度。螺纹的公差精度则由公差带和旋合长度决定。

1. 公差带的大小和公差等级

普通螺纹公差带的大小由公差等级决定。内、外螺纹中径、顶径公差等级如表 6-1-3 所示。其中 6 级为基本级；3 级公差值最小，精度最高；9 级精度最低。各公差值如表 6-1-4 和表 6-1-5 所示。由于内螺纹加工困难，在公差等级和螺距值都一样的情况下，内螺纹的公差值比外螺纹的公差值大 32% 左右。

表 6-1-3　螺纹公差等级

螺纹直径		公差等级
外螺纹	中径 d_2	3、4、5、6、7、8、9
	顶径（大径）d	4、6、8
内螺纹	中径 D_2	4、5、6、7、8
	顶径（小径）D_1	4、5、6、7、8

表 6-1-4   内、外螺纹中径公差（摘自 GB/T 197—2018）   μm

公称直径 D/mm		螺距	内螺纹中径公差 T_{D2}				外螺纹中径公差 T_{d2}			
>	≤	P/mm	公差等级							
			5	6	7	8	5	6	7	8
5.6	11.2	0.75	106	132	170		80	100	125	
		1	118	150	190	236	90	112	140	180
		1.25	125	160	200	250	95	118	150	190
		1.5	140	180	224	280	106	132	170	212
11.2	22.4	0.75	112	140	180		85	106	132	
		1	125	160	200	250	95	118	150	190
		1.25	140	180	224	280	106	132	170	212
		1.5	150	190	236	300	112	140	180	224
		1.75	160	200	250	315	118	150	190	236
		2	170	212	265	335	125	160	200	250
		2.5	180	224	280	355	132	170	212	265
22.4	45	1	132	170	212		100	125	160	200
		1.5	160	200	250	315	118	150	190	236
		2	180	224	280	355	132	170	212	265
		3	212	265	335	425	160	200	250	315

表 6-1-5   内、外螺纹顶径公差（摘自 GB/T 197—2018）   μm

公差项目	内螺纹顶径（小径）公差 T_{D1}				外螺纹顶径（大径）公差 T_d		
公差等级 螺距/mm	5	6	7	8	4	6	8
0.75	150	190	236		90	140	
0.8	160	200	250	315	95	150	236
1	190	236	300	375	112	180	280
1.25	212	265	335	425	132	212	335
1.5	236	300	375	475	150	236	375
1.75	265	335	425	530	170	265	425
2	300	375	475	600	180	280	450
2.5	355	450	560	710	212	335	530
3	400	500	630	800	236	375	600

国家标准对外螺纹的小径和内螺纹的大径均不规定具体公差值，而只规定内、外螺纹牙底实际轮廓的任何点均不能超越按基本偏差所确定的最大实体牙型。

2. 公差带的形状和位置

螺纹公差带以基本牙型为零线，沿着螺纹牙型的牙侧、牙顶和牙底布置，在垂直于螺纹轴线的方向上计量。普通螺纹规定了中径和顶径的公差带，对外螺纹的小径规定了最大极限尺寸，对内螺纹的大径规定了最小极限尺寸。内螺纹的公差带位于零线上方，小径 D_1 和中径 D_2 的基本偏差相同，为下偏差 EI。外螺纹的公差带位于零线下方，大径 d 和中径 d_2 的基本偏差相同，为上偏差 es。

国家标准 GB/T 197—2018 对外螺纹规定了八种基本偏差，其代号分别为 h、g、f、e、d、c、b、a，如图 6-

1-10a、b 所示。对内螺纹规定了两种基本偏差,其代号分别为 H、G,如图6-1-10c、d 所示。内、外螺纹的基本偏差值如表 6-1-6 所示。

表 6-1-6　内、外螺纹的基本偏差(摘自 GB/T 197—2018)　　　　μm

螺距 P/mm	内螺纹		外螺纹			
	G	H	e	f	g	h
	EI		es			
0.75	+22	0	−56	−38	−22	0
0.8	+24	0	−60	−38	−24	0
1	+26	0	−60	−40	−26	0
1.25	+28	0	−63	−42	−28	0
1.5	+32	0	−67	−45	−32	0
1.75	+34	0	−71	−48	−34	0
2	+38	0	−71	−52	−38	0
2.5	+42	0	−80	−58	−42	0
3	+48	0	−85	−63	−48	0

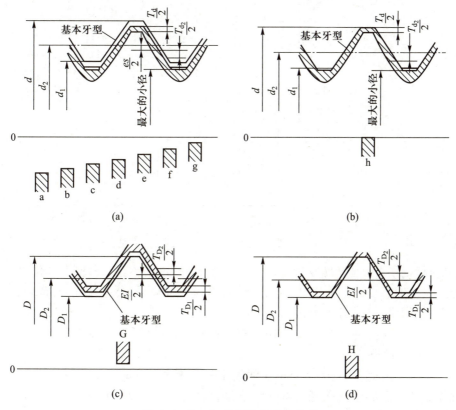

图 6-1-10　内、外螺纹的基本偏差

五、螺纹的旋合长度

内、外螺纹的旋合长度是螺纹精度设计时应考虑的一个因素。GB/T 197—2018 根据螺纹的公称直径和螺距基本值规定了三组旋合长度,分别用代号 L、N、S 表示。设计时一般选用中等旋合长度组 N,只有当结构或强度上需要时,才选用普通螺纹旋合长度短旋合长度组 S 或长旋合长度组 L,如表 6-1-7 所示。

表 6-1-7   普通螺纹旋合长度(摘自 GB/T 197—2018)   μm

公称直径 D、d		螺距 P	旋合长度				
			S		N		L
>	≤		≤	>	≤	>	
5.6	11.2	0.75	2.4	2.4	7.1	7.1	
		1	3	3	9	9	
		1.25	4	4	12	12	
		1.5	5	5	15	15	
11.2	22.4	1	3.8	3.8	11	11	
		1.25	4.5	4.5	13	13	
		1.5	5.6	5.6	16	16	
		1.75	6	6	18	18	
		2	8	8	24	24	
		2.5	10	10	30	30	
22.4	45	1	4	4	12	12	
		1.5	6.3	6.3	19	19	
		2	8.5	8.5	25	25	
		3	12	12	36	36	
		3.5	15	15	45	45	
		4	18	18	53	53	
		4.5	21	21	63	63	

六、螺纹标记

完整的螺纹标记依次由普通螺纹特征代号(M)、尺寸代号(公称直径×螺距,单位为 mm)、公差带代号及其他信息(旋合长度组代号、旋向代号)组成,并且尺寸代号、公差带代号、旋合长度组代号和旋向代号之间用短横线"-"分开。例如:

M16×1-5h6h-L-LH

其中:M——螺纹特征代号;

16×1——尺寸代号(公称直径为 16 mm,单线细牙螺纹,螺距为 1 mm);

5h6h——外螺纹公差带代号(中径公差带代号 5h,顶径公差带代号 6h);

　L——旋合长度组代号;

LH——左旋旋向代号。

表示内、外螺纹配合时,内螺纹公差带代号在前,外螺纹公差带代号在后,中间用斜线分开。例如,M24×2-7H/7g6g-L。

标注螺纹标记时应注意:粗牙螺纹不标注其螺距数值;中等旋合长度组代号(N)不标注;右旋螺纹不标注旋向代号。此外,对于中等公差精度螺纹,公称直径D(或d)≥1.6 mm的6H、6g公差带和公称直径D(或d)≤1.4 mm的5H、5h公差带的代号不标注。

 项目任务实施

任务一

任务回顾

本任务是识读如图6-1-1所示的螺纹轴套中螺纹标记M48×2的含义。

任务实施

一、识读螺纹"M48×2"代号

螺纹公称直径为48 mm,螺距为2 mm。

二、M48×2的主要几何参数

查表6-1-2得:螺纹大径为48 mm,中径为46.701 mm,小径为45.835 mm。

任务二

任务回顾

本任务要求判断某螺纹中径是否合格。已知该螺纹尺寸和公差要求为M24×2-6g,加工后测得:实际单一中径$d_{2单一}=22.521$ mm,螺距累积偏差$\Delta P_{\Sigma}=+0.05$ mm,牙型半角偏差分别为:$\Delta\frac{\alpha}{2}_{左}=+20'$,$\Delta\frac{\alpha}{2}_{右}=-25'$。

任务实施

一、确定螺纹螺距、中径、中径公差及基本偏差

查表6-1-2得:螺纹中径$d_2=22.701$ mm,螺距$P=2$ mm。

查表6-1-4得:中径公差$T_{d_2}=170$ μm$=0.17$ mm。

查表6-1-6得:中径基本偏差es$=-38$ μm$=-0.038$ mm。

二、判断中径的合格性

$$d_{2\max}=d_2+\mathrm{es}=22.701\ \mathrm{mm}+(-0.038\ \mathrm{mm})=22.663\ \mathrm{mm}$$

$$d_{2\min}=d_{2\max}-T_{d_2}=22.663\ \mathrm{mm}-0.17\ \mathrm{mm}=22.493\ \mathrm{mm}$$

$$f_{\mathrm{P}}=1.732\,|\Delta P_{\Sigma}|=1.732\times(+0.05\ \mathrm{mm})=0.087\ \mathrm{mm}$$

$$f_{\frac{\alpha}{2}}=0.073P\left(k_1\left|\Delta\frac{\alpha_1}{2}\right|+k_2\left|\Delta\frac{\alpha_2}{2}\right|\right)=\left[\,0.073\times2\times(2\times20+3\times25)\,\right]\ \mu\mathrm{m}$$

$$=16.79\ \mu\mathrm{m}\approx0.017\ \mathrm{mm}$$

$$d_{2\text{作用}}=d_{2\text{单一}}+(f_{\mathrm{P}}+f_{\frac{\alpha}{2}})=22.521\ \mathrm{mm}+(0.087\ \mathrm{mm}+0.017\ \mathrm{mm})=22.625\ \mathrm{mm}$$

满足泰勒原则：

$d_{2\text{作用}}<d_{2\max}$，$d_{2\text{单一}}>d_{2\min}$，故该螺纹中径合格。

 项目思考与习题

1. 保证普通螺纹互换性的条件是什么？

2. 解释下列螺纹标记的含义

（1）M30×2-7g6g-24-LH　　　　　（2）M12×1.25-6g-N

（3）M16-5H6H-S-LH　　　　　　　（4）M20×2-6G/6h-LH

3. 有一内螺纹 M30×3-7H，测得其实际单一中径 $D_{2\text{单一}}=28.61\ \mathrm{mm}$，螺距累积误差 $\Delta P_{\Sigma}=40\ \mu\mathrm{m}$，实际牙型半角 $\frac{\alpha}{2}_{\text{左}}=30°30'$，$\frac{\alpha}{2}_{\text{右}}=29°10'$，问此内螺纹的中径是否合格？

4. 测得 M24-5g6g 实际螺栓的单一中径 $d_{2\text{单一}}=21.940\ \mathrm{mm}$，螺距误差 $\Delta P_{\Sigma}=50\ \mu\mathrm{m}$，牙型半角误差 $\Delta\frac{\alpha}{2}_{\text{左}}=-32'$，$\Delta\frac{\alpha}{2}_{\text{右}}=-20'$，试判断该螺栓中径合格性。

项目二

普通螺纹公差的选用

项目目标

知识目标

熟悉普通螺纹国家标准推荐的不同公差精度宜采用的公差带；
了解普通螺纹表面粗糙度的常用推荐值。

技能目标

能够根据零件图样及公差特点，分析螺纹的公差要求；
能够合理选用零件上的螺纹公差精度和公差带；
能够合理选用螺纹的表面粗糙度。

素质目标

培养遵守国家标准的意识；
培养善于向他人学习的意识；
培养善于总结的习惯；
培养实事求是、脚踏实地的职业精神；
培育爱国主义情怀。

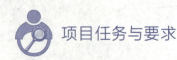

项目任务与要求

任务一

生产中某螺纹联接,已知螺纹公称直径为 12 mm,螺距为 1.5 mm,旋合长度为14 mm。大批量生产,要求旋合性好,易拆卸,又要有一定联接强度,要求确定内、外螺纹公差带的代号。

任务二

生产中一螺纹配合,图样标记为 M24×2-6H/5g6g,加工过程中要求确定内、外螺纹的中径、顶径的极限偏差、极限尺寸。

项目预备知识

一、螺纹的公差精度及公差带的选用

螺纹的精度不仅与螺纹的公差等级有关,而且与螺纹的旋合长度有关。螺纹公差等级仅反映了中径和顶径尺寸精度的高低。旋合长度越长的螺纹,产生的螺距累积误差就越大,且较易弯曲,这就对互换性产生不利的影响,若要综合评价螺纹质量,还应考虑旋合长度。因此,GB/T 197—2018 根据螺纹的公差带和旋合长度两个因素,规定了螺纹的公差精度,分为精密级、中等级和粗糙级,精度依次由高到低。

如表 6-2-1、表 6-2-2 所示为国家标准推荐的不同公差精度宜采用的内、外螺纹公差带,同一公差精度的螺纹旋合长度越长,则公差等级就应越低。如果设计时不知道螺纹旋合长度的实际值,可按中等旋合长度组 N 选取螺纹公差带。除特殊情况外,表 6-2-1、表 6-2-2 以外的其他公差带不宜选用。

表 6-2-1　内螺纹的推荐公差带(摘自 GB/T 197—2018)

精度等级	公差带位置 G			公差带位置 H		
	S	N	L	S	N	L
精密级				4H	5H	6H
中等级	(5G)	**6G**	(7G)	**5H**	**6H**	**7H**
粗糙级		(7G)	(8G)		7H	8H

表 6-2-2　外螺纹的推荐公差带（摘自 GB/T 197—2018）

精度等级	公差带位置 e			公差带位置 f			公差带位置 g			公差带位置 h		
	S	N	L	S	N	L	S	N	L	S	N	L
精密级							(4g)	(5g4g)	(3h4h)	**4h**	(5h6h)	
中等级	**6e**	(7e6e)		**6f**		(5g6g)	**6g**	(7g6g)	(5h6h)	6h	(7h6h)	
粗糙级		(8e)	(9e8e)					8g	(9g8g)			

① 表 6-2-1、表 6-2-2 内的公差带优先选用顺序为：粗字体公差带、一般字体公差带、括号内公差带。

② 在粗框内的粗字体公差带用于大量生产的紧固件螺纹。

选择螺纹公差精度时，对一般用途的螺纹多采用中等级。对配合性质要求稳定、配合间隙变动较小、需要有定心精度要求的螺纹联接，应采用精密级，如飞机零件可采用 4H5H 内螺纹与 4h 外螺纹配合。对于加工较困难或对精度要求不高的螺纹联接，例如在深盲孔内加工螺纹或热轧棒上的螺纹，则应采用粗糙级。

如表 6-2-1、表 6-2-2 所列内、外螺纹的公差带可以任意选择组合成各种螺纹配合。为了保证螺纹副有足够的螺纹接触高度，以保证螺纹的联接强度，螺纹副宜优先选用 H/g、H/h 或 G/h 配合。对于公称直径不大于 1.4 mm 的螺纹，应采用 5H/6 h、4H/6 h 或更精密的配合。

二、螺纹的表面粗糙度要求

螺纹牙型表面粗糙度主要根据中径公差等级来确定。如表 6-2-3 所示，列出了螺纹牙侧表面粗糙度参数 Ra 推荐值。

表 6-2-3　螺纹牙侧表面粗糙度参数 Ra 推荐值

工件	螺纹中径公差等级		
	4~5	6~7	7~9
	Ra 不大于/μm		
螺栓、螺钉、螺母	1.6	3.2	3.2~6.3
轴及套上的螺纹	0.8~1.6	1.6	3.2

 项目任务实施

任务一

任务回顾

本任务要求确定某螺纹联接内、外螺纹公差带的代号，已知该螺纹联接公称直径为 12 mm，螺距为 1.5 mm,旋合长度为 14 mm。大批量生产,要求旋合性好,易拆卸,又要有一定的联接强度。

任务实施

查表 6-1-2、表 6-1-7 可知,该螺纹为中等旋合长度组(N)的细牙螺纹。工作精度无特殊要求,因此选择中等精度。

该螺纹用于大批量生产,又要有一定联接强度要求,查表 6-2-1、表 6-2-2 选择内螺纹公差带为 6H,外螺纹公差带为 6g。

确定内、外螺纹公差带的代号为 M12×1.5-6H/6g。

任务二

任务回顾

本任务要求确定某螺纹联接内、外螺纹的中径、顶径的极限偏差、极限尺寸,该螺纹配合图样标记为 M24×2-6H/5g6g。

(1) 确定内、外螺纹的中径、小径、大径和基本尺寸

已知标记中的公称直径为螺纹大径的基本尺寸,即 $D=d=24$ mm。

从普通螺纹各参数的关系可知:

$$D_1=d_1=d-1.082\ 5P=21.835\ \text{mm}$$

$$D_2=d_2=d-0.649\ 5P=22.701\ \text{mm}$$

实际工作中,可直接查有关手册。

(2) 确定内、外螺纹的极限偏差

内螺纹中径、顶径(小径)的基本偏差代号为 H,公差等级为 6 级;外螺纹中径、顶径(大径)的基本偏差代号为 g;公差等级分别为 5 级、6 级。查表 6-1-6 确定基本偏差,查表 6-1-4、表 6-1-5 确定公差,算出内、外螺纹的极限偏差:

$$EI(D_2)=0 \qquad ES(D_2)=0.224\ \text{mm}$$

$$EI(D_1)=0 \qquad ES(D_1)=0.375\ \text{mm}$$

$$es(d_2)=-0.038\ \text{mm} \qquad ei(d_2)=-0.17\ \text{mm}$$

$$es(d)=-0.038\ \text{mm} \qquad ei(d)=-0.318\ \text{mm}$$

(3) 计算内、外螺纹的极限尺寸

由内、外螺纹的各基本尺寸及各极限偏差算出极限尺寸:

$$D_{2\max}=22.925\ \text{mm}; D_{2\min}=22.701\ \text{mm}$$

$$D_{1\max}=22.210\ \text{mm}; D_{1\min}=21.835\ \text{mm}$$

$$d_{2\max}=22.663\ \text{mm}; d_{2\min}=22.531\ \text{mm}$$

$$d_{\max}=23.962\ \text{mm}; d_{\min}=23.682\ \text{mm}$$

项目思考与习题

1. 生产中某螺纹联接,已知螺纹公称直径为 16 mm,螺距为 1.5 mm,旋合长度为 24 mm。大批量生产,要求旋合性好,易拆卸,又要有一定的联接强度,要求确定内、外螺纹公差带的代号。

2. 查表写出 M16×2-6H/5g6g 的大、中、小径尺寸,中径和顶径的上、下偏差和公差。

项目三

普通螺纹的测量

项目目标

知识目标

了解普通螺纹综合检验的测量工具和测量方法；

了解普通螺纹单项测量的测量工具和测量方法。

技能目标

掌握常用普通螺纹误差测量工具的使用方法；

掌握螺纹综合检验和单项测量的方法，并能进行数据测量，判断合格性。

素质目标

培养安全第一的职业素养；

培养规范操作的职业习惯；

培养勤于动手、实事求是、脚踏实地的工匠精神。

项目任务与要求

某企业大批量生产的螺纹轴套如图 6-1-1 所示,在生产过程中如何进行螺纹的质量控制?

项目预备知识

螺纹的测量方法可分为综合检验和单项测量两类。

综合检验是指一次同时检验螺纹的几个参数,以几个参数的综合误差来判断螺纹的合格性。综合检验生产率高,适合于成批生产精度不太高的或只要求保证可旋合性的螺纹件。生产中广泛应用螺纹极限量规综合检验螺纹的合格性。

单项测量是指用指示量仪分别测量螺纹的各项几何参数,主要是中径、螺距和牙型半角,并以所得的实际值来判断螺纹的合格性。单项测量精度高,主要用于精密螺纹、螺纹刀具及螺纹量规的测量或在生产中分析形成各参数误差的原因时使用。单项测量有牙型量头法、量针法和影像法等。

一、普通螺纹的综合检验

对螺纹进行综合检验时使用的是螺纹量规和光滑极限量规,它们都由通规(通端)和止规(止端)组成。光滑极限量规用于检验内、外螺纹顶径尺寸的合格性,螺纹量规的通规用于检验内、外螺纹的作用中径及底径的合格性,螺纹量规的止规用于检验内、外螺纹单一中径的合格性。检验内螺纹用的螺纹量规称为螺纹塞规。检验外螺纹用的螺纹量规称为螺纹环规。

螺纹量规按极限尺寸判断原则设计。通规体现的是最大实体牙型尺寸,具有完整的牙型,并且其长度等于被检螺纹的旋合长度。止规用于检验被检螺纹的单一中径。为了避免牙型半角误差和螺距累积误差对检验结果的影响,止规的牙型常做成截短形牙型,以使止端只在单一中径处与被检螺纹的牙侧接触,并且止端的牙扣只做出几牙。

如图 6-3-1 所示是外螺纹的综合检验。用卡规先检验外螺纹顶径的合格性,再用螺纹环规的通端检验,若外螺纹的作用中径合格,且底径(外螺纹小径)没有大于其最大极限尺寸,通端应能在旋合长度内与被检螺纹顺利旋合。若被检螺纹的单一中径合格,螺纹环规的止端不应通过被检螺纹,但允许旋进最多 2~3 牙。

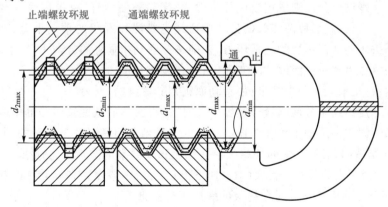

图 6-3-1 外螺纹的综合检验

　　如图 6-3-2 所示是检验内螺纹的示例。用光滑极限量规(塞规)检验内螺纹顶径的合格性。再用螺纹塞规的通端检验内螺纹的作用中径和底径,若作用中径合格且内螺纹的底径(内螺纹大径)不小于其最小极限尺寸,通规应能在旋合长度内与内螺纹顺利旋合。若内螺纹的单一中径合格,螺纹塞规的止端就不能通过,但允许旋进最多 2~3 牙。

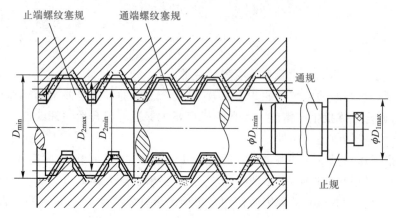

图 6-3-2　内螺纹的综合检验

　　用螺纹环规进行外螺纹检验时,通规通过螺纹有三种情况:

　　1) 全通:螺纹规能从工件螺纹的第一扣牙一直通到最后一扣牙。

　　2) 顺通:螺纹规能全通,且用三个手指以正常力度旋转一下,松开手指后螺纹规能自由旋转。

　　3) 紧通:螺纹规能全通,但用三个手指以正常力度旋转一下,松开手指后螺纹规不能自由旋转,螺纹规只有在手指持续用力的情况下才能转动,并且手感较紧。

　　用螺纹塞规进行内螺纹检验时,通规通过螺纹也有三种情况:全通、顺通及紧通。

　　根据生产的实际需要选择通规全通、顺通还是紧通。

二、普通螺纹的单项测量

1. 螺纹千分尺测量螺纹中径

　　螺纹千分尺是测量低精度外螺纹中径的常用量具。它的结构与一般外径千分尺相似,所不同的是测头,它有成对配套的、适用于不同牙型和不同螺距的测头,如图 6-3-3 所示。

操作视频
螺纹千分尺测量螺纹中径

　　螺纹千分尺测量螺纹中径步骤:擦干净被测螺杆,将被测螺纹放入两测头之间,找正中径部位,使两测头的公共中心线与被测量螺纹的轴线垂直;转动测力装置,使测头表面保持适当的测量压力,在同一截面互相垂直的方向上分别测量,以两者的平均值作为这一截面螺纹的实际中径;在螺纹长度方向上(上、中、下)五个不同截面处测量,记录五次测量结果;用泰勒原则判断螺纹的合格性。

　　用螺纹千分尺测量外螺纹中径时,读得的数值是螺纹中径的实际尺寸,它不包括螺距误差和牙型半角误差在中径上的当量值。但是螺纹千分尺的测头是根据牙型角和螺距的标准尺寸制造的,当被测量的外螺纹存在螺距和牙型半角误差时,测量头与被测量的外螺纹不能很好地吻合,所以测出的螺纹中径实际尺寸误差比较大,一般误差在 0.05~0.20 mm 左右,因此螺纹千分尺只能用于工序间测量或对粗糙级的螺纹工件测量。

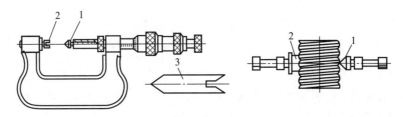

1、2—测头；3—校对板

图 6-3-3　螺纹千分尺测外螺纹中径

2. 用三针量法测量螺纹中径

三针量法是一种间接量法，具有精度高、测量简便的特点，可以测量螺纹的中径和牙型半角。选用 0 级量针和量块在光学比较仪上测量，其测量误差可控制在 ±1.5 μm 以内，可用来测量精密螺纹和螺纹量规。如图 6-3-4 所示，用三根直径相等的量针分别放在螺纹两边的牙槽中，用接触式量仪测出针距尺寸 M。

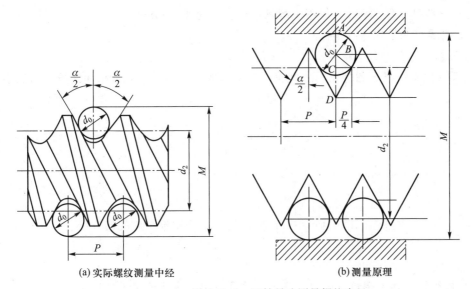

(a) 实际螺纹测量中经　　　　　　(b) 测量原理

图 6-3-4　三针量法测量螺纹中经

（1）测量中径

根据已知螺距 P、牙型半角 $\alpha/2$、量针直径 d_0 和测出的 M 值，综合图 6-3-4b 测量原理推算中径计算公式，可用式（6-3-1）计算螺纹中径 d_2 的测量值，有：

$$d_2 = M - d_0 \left(1 + \frac{1}{\sin \dfrac{\alpha}{2}} \right) + \frac{P}{2} \cos \frac{\alpha}{2} \tag{6-3-1}$$

对于公制普通螺纹 $\alpha = 60°$，故有

$$d_2 = M - 3d_0 + 0.866P \tag{6-3-2}$$

为了减小螺纹牙形半角误差对测量结果的影响，应选择合适的量针直径，该量针与螺纹牙形的切点恰好位于螺纹中径处。此时所选择的量针直径 d_0 为最佳量针直径：

$$d_0 = \frac{P}{2\cos\frac{\alpha}{2}} \tag{6-3-3}$$

（2）测量牙型半角

用两种不同直径 d_{01} 和 d_{02} 的量针，各自放入螺纹的沟槽中分别测出 M_1、M_2。结合图6-3-4b测量原理推算实测牙型半角计算公式：

$$\sin(\frac{\alpha}{2}) = \frac{d_{01}-d_{02}}{M_1-M_2-(d_{01}-d_{02})}$$

$$\frac{\alpha}{2} = \sin^{-1}\frac{d_{01}-d_{02}}{M_1-M_2-(d_{01}-d_{02})} \tag{6-3-4}$$

实测牙型半角：

在实际工作中，如果成套的三针中没有所需的最佳量针直径时，可选择与最佳量针直径相近的三针来测量。

量针的精度分成0级和1级两种。0级用于测量中径公差为 $4\sim8$ μm 的螺纹塞规；1级用于测量中径公差大于 8 μm 的螺纹塞规或螺纹零件。

3. 影像法测量外螺纹几何参数

该方法是利用工具显微镜将被测螺纹的牙型轮廓放大成像，然后测量其螺距、牙侧角、中径，也可测量其大径和小径。

 项目任务实施

任务回顾

本项目任务要求寻找大批量生产螺纹轴套时，在生产过程中控制螺纹质量的方法。

任务实施

在生产过程中，螺纹轴套加工螺纹工序时生产者首检螺纹可以采用外径千分尺测量螺纹大径、螺纹千分尺测量螺纹中径，确认合格后送检验员首检。

检验员首检可以用外径千分尺测量螺纹大径、用螺纹千分尺检验螺纹中径或者用三针法检验螺纹中径，可以采用光滑极限量规和螺纹量规联合对螺纹进行综合检验。确认螺纹合格后允许批量生产螺纹部分。

生产者在批量加工工件的螺纹部分时，应适时用外径千分尺测量螺纹大径、螺纹千分尺测量螺纹中径抽检，根据抽检情况适时修改加工参数，确保工件合格。每修改一次加工参数自检合格后送检验员检验，检验员检验合格后再批量生产。

由于是大批量生产，终检要求检测迅速、方便。检验员采用光滑极限量规和螺纹量规联合对螺纹进行综合检验。即用光滑极限量规检验螺纹顶径，用螺纹量规检验其作用中径和底径的合格性。

螺纹千分尺测量螺纹中径步骤：

1）根据被测螺纹的螺距，选取一对测头。

2）擦净仪器和被测螺纹，校正螺纹千分尺零位。

3）将被测螺纹放入两测头之间，找正中径部位。

4）分别在同一截面相互垂直的两个方向上测量螺纹中径。取它们的平均值作为螺纹的实际中径，然后判断被测螺纹中径的合格性。

用三针法测量螺纹中径步骤：

1）根据被测螺纹的螺距，计算并选择最佳量针直径 d_0。

2）在尺座上安装好杠杆千分尺和三针。

3）擦净仪器和被测螺纹，校正仪器零位。

4）将三针放入螺纹牙槽中，旋转杠杆千分尺的微分筒，使两端测头与三针接触，然后读出尺寸 M 的数值。

5）在同一截面相互垂直的两个方向上测出尺寸 M，并按平均值计算螺纹中径，然后判断螺纹中径的合格性。

螺纹规进行螺纹综合检测注意事项：

1）检测内螺纹，以用拇指和食指轻轻夹持螺纹塞规，用力不能大，以刚好能转动螺纹规的力度为准。

2）检测外螺纹，用五指持握力道均匀分布在环规上，掌心悬空，以五指力旋转螺纹环规。用力不能大，以刚好能转动螺纹规的力度为准。

3）通规能自由通过螺纹，止规进入螺纹内不能超过 2.5 牙的有效牙，一般的要求是实际不得超过 2 牙，"通规通、止规止"螺纹才合格。

 项目思考与习题

1. 用螺纹千分尺测量螺纹中径时，为什么不同的螺纹螺距要选用不同的测头？

2. 用三针法测量螺纹中径，有哪些测量误差？

3. 用三针法测量外螺纹中径属于哪一种测量方法？为什么要选用最佳量针直径？

单元七

滚动轴承公差配合的选用

项目目标

知识目标

了解滚动轴承的结构特点、精度等级及应用；
了解滚动轴承的尺寸公差带；
掌握滚动轴承与轴和外壳孔配合的选择方法；
掌握滚动轴承精度设计的基本方法。

技能目标

能够进行滚动轴承的精度设计；
能够合理选用滚动轴承的配合公差。

素质目标

培养遵守国家标准的意识；
培养爱岗敬业的岗位意识；
培养实事求是、精益求精的工匠精神；
培育爱国主义情怀。

项目任务与要求

如图 7-1 所示为 C6132 车床主轴后支承上安装的两个单列向心深沟球轴承。外形尺寸为 $d×D×B = 50$ mm×90 mm×20 mm。要求：

（1）选择深沟球轴承的精度等级。

（2）用类比法确定与轴承配合的轴和轴承座孔的公差带代号，孔、轴的几何公差值和表面粗糙度，并将它们标注在装配图和零件图上。

 项目预备知识

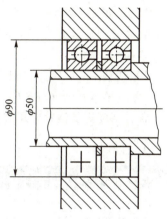

图 7-1 C6132 车床主轴后支承

一、滚动轴承的结构

滚动轴承是一种支承轴的标准件，根据其受力方向，滚动轴承可分为向心轴承和推力轴承两种，向心轴承主要用于承受径向载荷，推力轴承主要用于承受轴向载荷；根据滚动体的形状，滚动轴承分为球轴承和滚子轴承，滚子轴承中又有短圆柱滚子轴承（圆柱滚子的长度与直径之比小于或等于 3）、滚针轴承（滚针的长度与直径之比大于 3，但直径小于或等于 5mm）、长圆柱滚子轴承（滚子的长度与直径之比大于 3，直径大于 5mm）、圆锥滚子轴承、球面滚子轴承和螺旋滚子轴承；根据是否能调心，可分为调心滚动轴承和非调心滚动轴承；根据滚动体的列数不同，可分为单列滚动轴承、双列滚动轴承、多列滚动轴承。以上是滚动轴承主要的分类方法。

如图 7-2 所示为几种常用滚动轴承，其一般由内圈（上圈）、外圈（下圈）、滚动体、保持架四部分组成。其内圈内径与轴配合，外圈外径与轴承座孔配合。

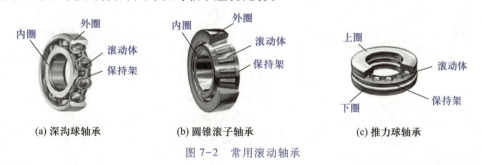

(a) 深沟球轴承　　　　(b) 圆锥滚子轴承　　　　(c) 推力球轴承

图 7-2 常用滚动轴承

二、滚动轴承的精度等级与公差带

1. 滚动轴承的精度等级

1）滚动轴承的精度等级是按其外形尺寸公差和旋转精度分级的，国家标准 GB/T 307.3—2017《滚动轴承 通用技术条件》规定滚动轴承的精度等级分为：

向心轴承（圆锥滚子轴承除外）：普通级、6、5、4、2 五级；

圆锥滚子轴承：普通级、6X、5、4、2 五级；

推力轴承：普通级、6、5、4 四级。

其中普通级精度最低，2 级精度最高，普通级、6（6X）、5、4、2 级的精度依次升高。

2）滚动轴承精度等级的标注按照 GB/T 272—2017《滚动轴承　代号方法》规定,其名称和代号由低到高分别为普通级/PN,6 级/P6、6X 级/P6X,5 级/P5,4 级/P4,2 级/P2。普通级精度的滚动轴承省略标注。如:

"滚动轴承　6206　GB/T 276—2013"表示:普通级精度的深沟球轴承。

"滚动轴承　6206/P6 GB/T 276—2013"表示:6 级精度的深沟球轴承。

各种精度等级滚动轴承应用示例见表 7-1。

表 7-1　各种精度等级滚动轴承应用示例

轴承的精度等级	应用示例
普通级	广泛应用于旋转精度和运转平稳性要求不高的一般旋转机构中,如普通机床的变速机构、进给机构,汽车、拖拉机的变速机构,普通减速器、水泵及农业机械等通用机械的旋转机构
6 级、6X 级、5 级	多用于旋转精密和运转平稳性要求较高或转速较高的旋转机构中,如普通机床的主轴轴系(前支承采用 5 级,后支承采用 6 级)和比较精密的仪器、仪表、机械的旋转机构中
4 级	多用于转速很高或旋转精度要求很高的机床等机器的旋转机构中,如高精度磨床和车床、精密螺纹车床和齿轮磨床等的主轴轴系
2 级	多用于精密机械的旋转机构中,如精密坐标镗床、高精度齿轮磨床和数控机床的主轴轴系

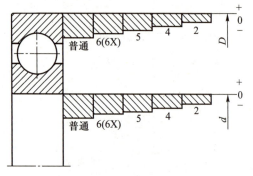

图 7-3　滚动轴承内外径公差带

2. 滚动轴承内、外径公差带

滚动轴承是标准件,为了便于互换,轴承内圈与轴的配合采用基孔制,轴承外圈与轴承座孔的配合采用基轴制。

滚动轴承内圈与轴多数情况下一起转动,配合应具有一定的过盈,但滚动轴承内圈是薄壁件,为保证拆卸方便,过盈量不宜过大。因此,国家标准规定轴承基准孔公差带位于公称内径 d 为零线的下方,如图 7-3 所示。

滚动轴承外圈与轴承座孔之间一般不做相对运动,国家标准规定轴承基准轴公差带位于公称外径 D 为零线的下方,如图 7-3 所示。

三、滚动轴承与相配的孔、轴配合

由于轴承是标准件,因此轴承配合的选用就是确定轴和轴承座孔的公差带。国家标准 GB/T 275—2015《滚动轴承　配合》对普通级公差轴承与轴配合规定了 17 个公差带、与轴承座孔配合规定了 16 个公差带,如图 7-4、图 7-5 所示。

四、滚动轴承配合的选择

1. 配合选择的主要依据

滚动轴承配合的选择,通常是根据滚动轴承运转条件(套圈相对于载荷的状况)、负荷的类型和大小、轴承的类型和尺寸、轴承的精度等级等因素来进行。

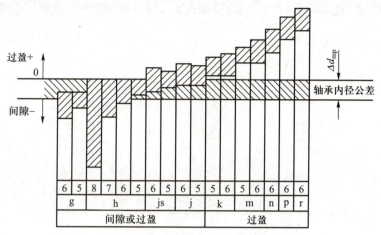

图 7-4　普通级公差轴承与轴配合的常用公差带关系图

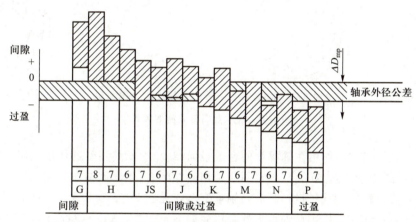

图 7-5　普通级公差轴承与轴承座孔配合的常用公差带关系图

1）运转条件　套圈相对于载荷方向旋转或摆动时，应选择过盈配合；套圈相对于载荷方向固定时，可选择间隙配合。见表 7-2 和图 7-6。载荷方向难以确定时，宜选择过盈配合。

表 7-2　套圈运转及承载情况

套圈运转情况	典型示例	示意图	套圈承载情况	推荐的配合
内圈旋转 外圈静止 载荷方向恒定	带驱动轴		内圈承受旋转载荷 外圈承受静止载荷	内圈过盈配合 外圈间隙配合

续表

套圈运转情况	典型示例	示意图	套圈承载情况	推荐的配合
内圈静止 外圈旋转 载荷方向恒定	传送带托辊 汽车轮毂轴承		内圈承受静止载荷 外圈承受旋转载荷	内圈间隙配合 外圈过盈配合
内圈旋转 外圈静止 载荷随内圈旋转	离心机、振动筛、 振动机械		内圈承受静止载荷 外圈承受旋转载荷	内圈间隙配合 外圈过盈配合
内圈静止 外圈旋转 载荷随外圈旋转	回转式破碎机		内圈承受旋转载荷 外圈承受静止载荷	内圈过盈配合 外圈间隙配合

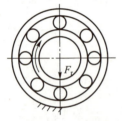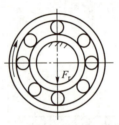

(a) 定向载荷、内圈旋转　　(b) 定向载荷、外圈旋转　　(c) 旋转载荷、内圈旋转　　(d) 旋转载荷、外圈旋转

图 7-6　轴承套圈与载荷的关系

　　定向载荷是轴承运转时,作用在轴承上的合成径向载荷,它始终不变的作用在套圈滚道的某一局部区域。一般运动圈应选用过盈配合、固定圈应选用间隙配合,使套圈在振动或冲击下被滚道间的摩擦力矩带动,产生缓慢转位,使磨损均匀,提高轴承寿命。见图 7-6a、b 和表 7-2 前两项。

　　旋转载荷是轴承运转时,作用在轴承上的合成径向载荷,它与套圈相对旋转,依次作用在套圈的各个轨道上。为防止套圈在轴或轴承座孔的配合表面打滑,配合应选得紧些,一般固定圈应选用过盈配合、运动圈选用间隙配合。见图 7-6c、d 和表 7-2 后两项。

　　2) 载荷大小　载荷越大,选择的配合过盈量就应越大。当承受重载荷或冲击载荷时,轴承在重载荷或冲击载荷的作用下变形增大,引起过盈量减小,间隙量增大,因此要选择较大过盈量,一般应选择比正常载荷、轻载荷更紧的配合。在轻载荷时选择较小的过盈配合。

　　国家标准 GB/T 275—2015《滚动轴承　配合》规定:对向心轴承,载荷的大小用径向当量动载荷 P_r 与径向额定动载荷 C_r 的比值来区分,见表 7-3。

表 7-3　向心轴承载荷大小

载荷大小	P_r/C_r
轻载荷	≤0.06
正常载荷	>0.06~0.12
重载荷	>0.12

3）轴承尺寸　轴承尺寸越大,过盈配合时的过盈量就应越大,间隙配合时的间隙量越大。

4）轴承游隙　采用过盈配合会导致轴承游隙减小。安装轴承后,应检验轴承游隙是否满足使用要求,以便正确选择配合及轴承游隙。

5）旋转精度　对旋转精度和运转平稳性要求较高的场合,一般不采用间隙配合。在提高轴承公差等级的同时,轴承配合部位也应相应提高精度。如与5级、4级轴承相配合的轴,其尺寸公差可取IT5,轴承座孔可取IT6;与普通级、6(6X)级轴承相配合的轴,其尺寸公差一般取IT6,轴承座孔一般为IT7。

轴承的旋转速度越高,则配合应越紧;旋转精度越高,越应避免选用间隙配合。

除了上述因素外,工作温度、孔轴结构和材料、安装与拆卸、轴承的轴向游动等均会影响轴承的运转,应作全面分析。

2. 公差带的选择

影响滚动轴承与轴和轴承座孔配合的因素很多,如工作温度、轴承的旋转速度、旋转精度、轴和轴承座的材料及结构、安装及拆卸方法等。在实际中一般采用类比法确定与滚动轴承配合的轴和轴承座孔的公差带。向心轴承和轴配合的轴公差带按表7-4选择;向心轴承和轴承座孔配合的孔公差带按表7-5选择;推力轴承和轴配合的轴公差带按表7-6选择;推力轴承和轴承座孔配合的孔公差带按表7-7选择。

表 7-4　向心轴承和轴配合——轴公差带(摘自 GB/T 275—2015)

载荷情况		举例	深沟球轴承、调心球轴承、角接触球轴承	圆柱滚子轴承圆锥滚子轴承	调心滚子轴承	公差带
			轴承公称内径/mm			
内圈承受旋转载荷或方向不定载荷	轻载荷	输送机、轻载齿轮箱	≤18	—	—	h5
			>18~100	≤40	≤40	j6[a]
			>100~200	>40~140	>40~100	k6[a]
			—	>140~200	>100~200	m6[a]
	正常载荷	一般通用机械、电动机、泵、内燃机、正齿轮传动装置	≤18	—	—	j5、js5
			>18~100	≤40	≤40	k5[b]
			>100~140	>40~100	>40~65	m5[b]
			>140~200	>100~140	>65~100	m6
			>200~280	>140~200	>100~140	n6
			—	>200~400	>140~200	p6
			—	—	>280~500	r6
	重载荷	铁路机车车辆轴箱、牵引电动机、破碎机等		>50~140	>50~100	n6[c]
				>140~200	>100~140	p6[c]
				>200	>140~200	r6[c]
				—	>200	r7[c]

续表

载荷情况		举例	深沟球轴承、调心球轴承、角接触球轴承	圆柱滚子轴承圆锥滚子轴承	调心滚子轴承	公差带
			轴承公称内径/mm			
内圈承受固定载荷	所有载荷	内圈需在轴向易移动	非旋转轴上的轮子	所有尺寸		f6 g6
		内圈不需在轴向易移动	张紧轮、绳轮			h6 j6
仅有轴向载荷			所有载荷			j6、js6
圆锥孔轴承						
所有载荷		铁路机车车辆轴箱	装在退卸套上	所有尺寸		h8(IT6)[d,e]
		一般机械传动	装在紧定套上			h9(IT7)[d,e]

a　凡精度要求较高的场合,应用 j5、k5、m5 代替 j6、k6、m6。
b　圆锥滚子轴承、角接触球轴承配合对游隙影响不大,可用 k6、m6 代替 k5、m5。
c　重载荷下轴承游隙应选大于 N 组。
d　凡精度要求较高或转速要求较高的场合,应选用 h7(IT5)代替 h8(IT6)等。
e　IT6、IT7 表示圆柱度公差数值。

表 7-5　向心轴承和轴承座孔的配合——孔公差带(摘自 GB/T 275—2015)

载荷情况		举例	其他状态	尺寸公差带[a]	
				球轴承	滚子轴承
外圈承受固定载荷	轻、正常、重	一般机械、铁路机车车辆轴箱	轴向易移动,可采用剖分式轴承座	H7、G7[b]	
	冲击		轴向能移动,采用整体式或剖分式轴承座	J7、JS7	
方向不定载荷	轻、正常	电动机、泵、曲轴主轴承			
	正常、重			K7	
	冲击	牵引电动机		M7	
外圈承受旋转载荷	轻	皮带张紧轮	轴向不移动,采用整体式轴承座	J7	K7
	正常	轮毂轴承		M7	N7
	重			—	N7、P7

a　并列公差带随尺寸的增大从左至右选择。对旋转精度有较高要求时,可相应提高一个公差等级。
b　不适用于剖分式轴承座。

表 7-6　推力轴承和轴配合——轴公差带(摘自 GB/T 275—2015)

载荷情况		轴承类型	轴承公称内径/mm	公差带
仅有轴向载荷		推力球和推力圆柱滚子轴承	所有尺寸	j6、js6
径向和轴向联合载荷	轴圈承受固定载荷	推力调心滚子轴承、推力角接触球轴承、推力圆锥滚子轴承	≤250	j6
			>250	js6
	轴圈承受旋转载荷或方向不定载荷		≤200	k6ᵃ
			>200～400	m6
			>400	n6

a　要求较小过盈时,可分别用 j6、k6、m6 分别代替 k6、m6、n6。

表 7-7　推力轴承和轴承座孔配合——孔公差带(摘自 GB/T 275—2015)

载荷情况		轴承类型	公差带
仅有轴向载荷		推力球轴承	H8
		推力圆柱、推力圆锥滚子轴承	H7
		推力调心滚子轴承	—ᵃ
径向和轴向联合载荷	座圈承受固定载荷	推力角接触球轴承、推力调心滚子轴承、推力圆锥滚子轴承	H7
	座圈承受旋转载荷或方向不定载荷		K7ᵇ
			M7ᶜ

a　轴承座孔与座圈间间隙为 $0.001D$ (D 为轴承公称外径)。
b　一般工作条件。
c　有较大径向载荷时。

3. 装配图标注

装配图上标注轴承与轴、轴承座孔的配合时只需标注轴、轴承座孔的公差带代号。

五、配合表面及端面的几何公差和表面粗糙度

为保证轴承正常运转,除了正确选择轴承精度等级、轴及轴承座孔的公差等级和配合外,还应对轴及轴承座孔的几何公差及表面粗糙度提出要求。

1. 配合表面及端面的几何公差

因轴承套圈是薄壁件,装配后靠轴和轴承座孔来矫正,套圈工作时的形状与轴及轴承座孔表面形状密切相关,故应对轴颈和轴承座孔表面提出圆柱度公差要求,如图 7-7、图 7-8 所示。

为保证轴承工作时有较高的旋转精度,应限制与套圈端面接触的轴肩及轴承座孔肩的倾斜,以避免轴承装配后滚道位置不正而使旋转不平稳,因此规定了轴肩和轴承座孔肩的轴向圆跳动公差,如图 7-7、图 7-8 所示。

国家标准推荐轴与轴承座孔的几何公差值见表 7-8。

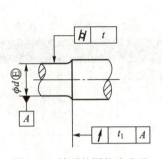

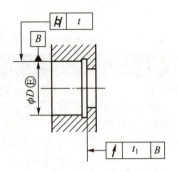

图 7-7   轴颈的圆柱度公差　　　图 7-8   轴承座孔表面的圆柱度
和轴肩的轴向圆跳动　　　　　公差和孔肩的轴向圆跳动

表 7-8　轴与轴承座孔的几何公差值（摘自 GB/T 275—2015）

公称尺寸/mm		圆柱度 t/μm				轴向圆跳动 t_1/μm			
		轴颈		轴承座孔		轴肩		轴承座孔肩	
		轴承精度等级							
>	≤	普通	6(6X)	普通	6(6X)	普通	6(6X)	普通	6(6X)
—	6	2.5	1.5	4	2.5	5	3	8	5
6	10	2.5	1.5	4	2.5	6	4	10	6
10	18	3	2	5	3	8	5	12	8
18	30	4	2.5	6	4	10	6	15	10
30	50	4	2.5	7	4	12	8	20	12
50	80	5	3	8	5	15	10	25	15
80	120	6	4	10	6	15	10	25	15
120	180	8	5	12	8	20	12	30	20
180	250	10	7	14	10	20	12	30	20
250	315	12	8	16	12	25	15	40	25
315	400	13	9	18	13	25	15	40	25
400	500	15	10	20	15	25	15	40	25
500	630	—	—	22	16	—	—	50	30
630	800	—	—	25	18	—	—	50	30
800	1 000	—	—	28	20	—	—	60	40
1 000	1 250	—	—	33	24	—	—	60	40

2. 配合表面及端面的粗糙度要求

　　表面粗糙度的大小直接影响配合的性质和联接强度,因此凡是与轴承内、外圈配合的表面通常都对粗糙度提出较高的要求。国家标准推荐的轴承配合面的表面粗糙度见表 7-9。

表 7-9 轴承配合面的表面粗糙度(摘自 GB/T 275—2015)

轴或轴承座 直径/mm		轴或轴承座孔配合表面直径公差等级					
		IT7		IT6		IT5	
		表面粗糙度 Ra/μm					
>	≤	磨	车	磨	车	磨	车
—	80	1.6	3.2	0.8	1.6	0.4	0.8
80	500	1.6	3.2	1.6	3.2	0.8	1.6
500	1 250	3.2	6.3	1.6	3.2	1.6	3.2
端面		3.2	6.3	3.2	6.3	3.2	3.2

 项目任务实施

任务分析与思考

C6132 车床属轻载的普通车床,主轴承受轻载荷。轴承内圈与主轴配合一起旋转,外圈装在轴承座中不转。主轴后支承主要承受齿轮传递力,故内圈承受旋转载荷,外圈承受定向载荷,根据表 7-2 可知,轴承内圈为过盈配合,轴承外圈为间隙配合。机床主轴前轴承已轴向定位,若后轴承外圈与轴承座孔配合无间隙,则不能补偿由于温度变化引起的主轴伸缩;若外圈与轴承座孔配合有间隙,会引起主轴跳动,影响车床的加工精度。

任务实施

拓展阅读
国产高铁轴承

一、选择滚动轴承的精度等级

C6132 车床属于小型车床,床身最大工件回转半径为 160 mm。相对于齿轮减速器中的轴承,C6132 车床主轴的转速较高,旋转精度要求较高,承受的是轻载荷。查阅表 7-1,选用 P6 级精度的滚动轴承。

二、选择主轴和轴承座孔尺寸的公差带

根据轴承的工作条件,内圈与主轴配合一起旋转,承受旋转载荷,配合应略紧;外圈装在轴承座中不转,承受固定载荷,配合应略松。根据表 7-4 可知,取轴的尺寸公差带代号为 j6;根据表 7-5,取轴承座孔的公差带为 H7。轴承与轴、轴承座孔的配合公差带标注如图7-9所示。

三、确定轴和轴承座孔的几何公差和表面粗糙度

1. 轴和轴承座孔的几何公差

根据轴承的公称尺寸及精度等级查表 7-8 可知,轴颈圆柱

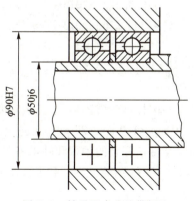

图 7-9 轴承配合公差带标注

度 $t=0.0025$；轴承座孔圆柱度 $t=0.006$；轴肩轴向圆跳动 $t_1=0.008$；轴承座孔肩轴向圆跳动 $t_1=0.015$。

2. 轴和轴承座孔的表面粗糙度

根据与轴承配合的轴、轴承座孔的尺寸及公差等级查表 7-9 可知，轴颈表面粗糙度 $Ra=0.8\ \mu m$；轴承座孔表面粗糙度 $Ra=1.6\ \mu m$；轴肩端面表面粗糙度 $Ra=6.3\ \mu m$；孔肩端面表面粗糙度 $Ra=3.2\ \mu m$。

如图 7-10 所示为孔、轴的尺寸公差、几何公差和表面粗糙度在零件图上的标注。

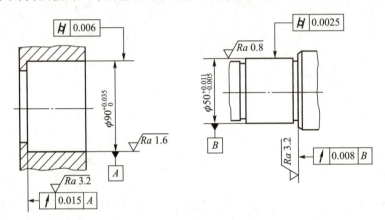

图 7-10　零件图上的标注

 项目知识拓展

相关国家标准：

1. GB/T 307.1—2017/ISO 492:2014《滚动轴承　向心轴承　产品几何技术规范(GPS)和公差值》

2. GB/T 307.3—2017《滚动轴承　通用技术规则》

3. GB/T 307.4—2017/ISO 199:2014《滚动轴承　推力轴承　产品几何技术规范(GPS)和公差值》

4. GB/T 275—2015《滚动轴承　配合》

5. GB/T 276—2013《滚动轴承　深沟球轴承　外形尺寸》

 项目思考与习题

一圆柱齿轮减速器，小齿轮轴要求较高的旋转精度，装有普通级单列深沟球轴承，轴承尺寸规格为 50 mm×110 mm×27 mm，径向额定动载荷 $C_r=32\ 000\ N$，径向当量动载荷 $P_r=4\ 000\ N$，试用类比法确定与轴承配合的轴颈和轴承座孔的公差带代号，孔、轴的几何公差和表面粗糙度，并将它们分别标注在图 7-11 的装配图 a 和零件图 b、c 中。

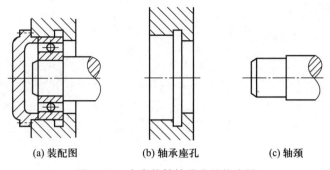

(a) 装配图   (b) 轴承座孔   (c) 轴颈

图 7-11 小齿轮轴轴承公差的选用

圆柱齿轮传动精度的
识读、选用与测量

项目一

圆柱齿轮误差分析及评定参数的识读

项目目标

知识目标

了解齿轮传动的基本要求；
了解齿轮加工误差的来源；
了解影响圆柱齿轮传动准确性、平稳性、载荷分布均匀性的误差及评定参数；
了解齿轮副误差及评定参数。

技能目标

能够进行零件图样中齿轮精度的识读；
能够在图样中正确标注齿轮的各项精度要求。

素质目标

培养遵守国家标准的意识；
培养爱岗敬业的岗位意识；
培养实事求是、精益求精的工匠精神；
培育爱国主义情怀。

项目任务与要求

如图 8-1-1 所示为某企业生产的圆柱齿轮零件图,说明齿轮精度表中单个齿距偏差、齿距累积总偏差、螺旋线总偏差、齿廓总偏差、径向综合总偏差、一齿径向综合偏差的含义。

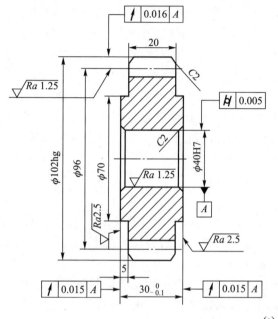

模数	m_n	3
齿数	z	32
法向压力角	α_n	20°
齿顶高系数	h_a^*	1
配对齿轮	图号	
齿厚及其偏差	$S_{E_{sni}}^{E_{sns}}$	$4.17_{-0.166}^{-0.080}$
精度		$8(F_p)$　$7(f_pF_\alpha F_\beta)$ GB/T 10095.1—2022 GB/T 10095.2—2023 R44(F_{id})R41(f_{id})
检验项目	代号	允许值/μm
单个齿距偏差	f_p	19
齿距累积总偏差	F_p	55
螺旋线总偏差	F_β	18
齿廓总偏差	F_α	17
径向综合总偏差	F_{id}	72
一齿径向综合偏差	f_{id}	20

$\sqrt{Ra\,6.3}$ ($\sqrt{}$)

(a)

(b)

图 8-1-1　圆柱齿轮零件图

项目预备知识

一、齿轮传动的基本要求

在机械产品中,齿轮传动的应用极为广泛,随着现代生产和科技的发展,要求机械产品自身重量轻,传动功率大,工作转速和工作精度高,从而对齿轮传动的精度提出了更高的要求。在不同机械中,对齿轮传动的精度要求因其用途不同而异,但可归纳为以下四项。

1)传递运动的准确性　限制齿轮在一转范围内传动比的变化幅度,以保证从动齿轮与主动齿轮运动的协调性。为保证齿轮传递运动的准确性,应限制齿轮在一转内的最大转角误差。

2）传递运动的平稳性 要求齿轮在转过一个齿的范围内，瞬时传动比的变化幅度小，以保证齿轮传动平稳，降低齿轮传动过程中的冲击，减小振动和噪声。

3）载荷分布的均匀性 要求齿轮啮合时工作齿面接触良好，在全齿宽上承载均匀，避免轮齿局部受力而引起应力集中，造成齿面局部过度磨损和折齿，保证齿轮的承载能力并延长齿轮使用寿命。

4）传动侧隙 要求齿轮副啮合时，非工作齿面间应留有一定的间隙，用以存储润滑油，补偿齿轮受力后的弹性变形、热变形以及齿轮传动机构的制造、安装误差，防止齿轮在传动过程中卡死或烧伤。但过大的间隙会在起动和反转时引起冲击，造成回程误差，因此侧隙的选择应在一个合理的范围内。

不同用途和不同工作条件的齿轮及齿轮副，对上述要求的侧重点也不同。读数装置和分度传动机构的齿轮，主要要求传递运动的准确性，以保证主、从齿轮的运动协调，而对接触均匀性的要求是次要的，如果需要正反转，应要求较小侧隙；汽车、拖拉机等变速齿轮传动则主要保证传动平稳性，以减小振动和降低噪声；低速重载齿轮（起重机械、重型机械）载荷分布均匀性要求较高，以保证承载能力，而对传递运动准确性则要求不高；高速重载齿轮（汽轮机减速器）传动对上述要求都很高，而且要求足够的齿侧间隙，以保证充分的润滑。

二、齿轮加工误差的来源

微课扫一扫
齿轮加工误差
的来源

在机械制造中，齿轮的加工方法很多，按齿廓形成原理可分为：仿形法和展成法。

采用仿形法加工齿轮时，刀具的齿形与被加工齿轮的齿槽形状相同。常用盘铣刀和指状铣刀在铣床上铣齿，如图 8-1-2 所示。

采用展成法加工齿轮时，齿轮表面通过专用齿轮加工机床的展成运动形成渐开线齿面。常用齿轮插刀加工（插齿加工）和齿轮滚刀加工（滚齿加工），如图 8-1-3 所示。

齿轮加工系统中的机床、刀具、齿坯的制造、安装等误差致使加工后的齿轮存在各种形式的误差。现以滚齿加工为例分析产生齿轮加工误差的主要原因，滚齿机切齿系统如图 8-1-4 所示。

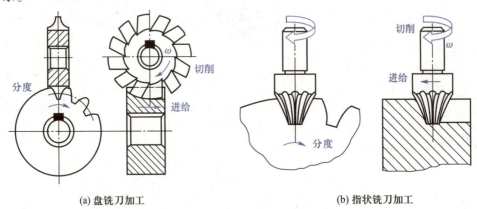

(a) 盘铣刀加工　　　　　　　　(b) 指状铣刀加工

图 8-1-2　仿形法加工

1. 几何偏心（$e_几$）

几何偏心（$e_几$）是由于加工时齿坯基准孔轴线（OO）与滚齿机工作台旋转轴线（$O'O'$）不重合而引起的安装偏心，如图 8-1-5 所示。几何偏心使加工过程中齿坯基准孔轴缘与滚刀的距离产生变化，

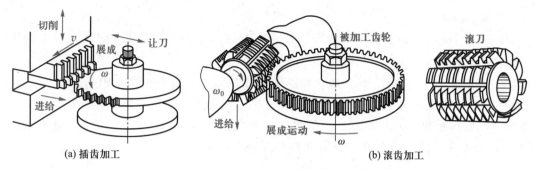

(a) 插齿加工   (b) 滚齿加工

图 8-1-3 展成法加工

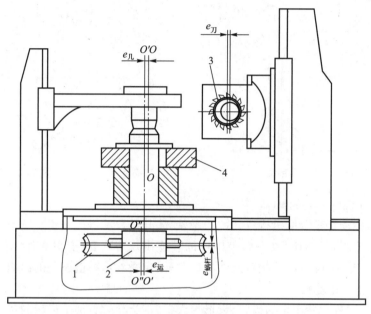

1—分度蜗轮;2—分度蜗杆;3—滚刀;4—齿坯;$O'O'$—机床工作台回转轴线;

OO—齿坯基准孔轴线;$O''O''$—分度蜗轮几何轴线

图 8-1-4 滚齿机切齿系统图

切出的齿一边短而宽,一边窄而长,加工出来的齿轮如图 8-1-6 所示。几何偏心引起齿轮径向误差,产生径向跳动,同时齿距和齿厚也产生周期性变化。

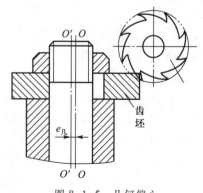

图 8-1-5 几何偏心

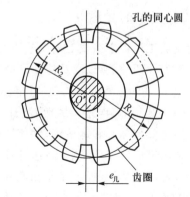

图 8-1-6 具有几何偏心的齿轮

2. 运动偏心（$e_运$）

运动偏心（$e_运$）是由于齿轮加工机床分度蜗轮本身的制造误差以及安装过程中分度蜗轮轴线（$O''O''$）与工作台旋转轴线（$O'O'$）不重合引起的，如图8-1-7所示。运动偏心使齿坯相对于滚刀的转速不均匀，而使被加工齿轮的齿廓产生切向位移。加工齿轮时，蜗杆的线速度恒定不变，蜗轮、蜗杆中心距呈周期性变化，即蜗轮（齿坯）在一转内的转速呈现周期性变化。当角速度 ω 增加到 $\omega+\Delta\omega$ 时，使被切齿轮的齿距和公法线都变长；当角速度由 ω 减小到 $\omega-\Delta\omega$ 时，切齿滞后使齿距和公法线都变短，如图8-1-8所示，使齿轮产生切向周期性变换的切向误差。

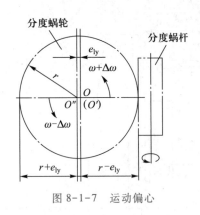

图 8-1-7　运动偏心　　　　　　图 8-1-8　具有运动偏心的齿轮

3. 机床传动链误差

加工直齿轮时，传动链中分度机构各元件的误差，尤其是分度蜗杆由于安装偏心引起的径向跳动和轴向窜动，将会造成蜗轮（齿坯）在一转范围内的转速出现多次变化，引起加工齿轮的齿距误差和齿形误差。加工斜齿轮时，除分度机构各元件的误差外，还受到传动链误差的影响。

4. 滚刀的制造和安装误差

滚刀本身在制造过程中所产生的齿距、齿形等误差，都会在刀具加工齿轮的过程中反映在被加工齿轮的每一个齿上，使被加工齿轮产生齿距误差和齿廓形状误差。

滚刀由于安装偏心，会使被加工齿轮产生径向误差。滚刀的轴向窜动及轴线歪斜，会使进刀方向与轮齿的理论方向产生误差，直接造成加工齿面沿齿长方向的歪斜，造成齿廓倾斜误差，影响载荷分布的均匀性。

三、齿轮误差的分类

由于齿轮加工过程中造成工艺误差的因素很多，齿轮加工后的误差形式也很多。为了便于分析齿轮各种误差的性质、规律以及对传动质量的影响，将齿轮的加工误差分类如下：

1. 按误差出现的频率分为长周期（低频率）误差和短周期（高频率）误差

1）长周期（低频率）误差　是指齿轮回转一转出现一次的周期性误差，如图8-1-9所示。齿轮加工过程中由于几何偏心和运动偏心引起的误差均属于长周期误差，它以齿轮一转为周期，对齿轮一转内传递运动的准确性产生影响，高速时，还会影响齿轮传动的平稳性。

2）短周期（高频率）误差　是指齿轮转动一个齿距角的过程中出现一次或多次的周期性误差，如图8-1-10所示。齿轮加工过程中由于机床的传动链及滚刀的制造和安装误差引起的误差均属于短周期（高频率）误差，以分度蜗轮的一转或齿轮的一齿为周期，在工作台回转一转中多次出现，对齿轮传动的平稳性产生影响。

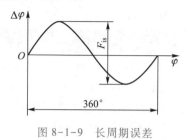

图 8-1-9 长周期误差

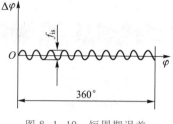

图 8-1-10 短周期误差

2. 按误差产生的方向分为径向误差、切向误差和轴向误差

1）径向误差 在齿轮加工过程中,由于切齿刀具与齿坯之间径向距离的变化而引起的加工误差称为齿廓的径向误差,如图8-1-11所示。例如,齿轮的几何偏心和滚刀的安装偏心,都会在切齿的过程中使齿坯相对于滚刀的距离发生变动,导致切出的齿廓相对于齿轮基准孔轴线产生径向位置变动,造成径向误差。

2）切向误差 在齿轮加工的过程中,由于滚刀的运动相对于齿坯回转速度的不均匀,致使齿廓沿齿轮切线方向产生的误差称为齿廓切向误差,如图8-1-11所示。如分度蜗轮的运动偏心、分度蜗杆的径向跳动和轴向跳动以及滚刀的轴向跳动等,都会使齿坯相对于滚刀回转速度不均匀,产生切向误差。

3）轴向误差 在齿轮加工过程中,由于切齿刀具沿齿轮轴线方向进给运动偏斜产生的加工误差称为齿廓的轴向误差,如图8-1-11所示。刀架导轨与机床工作台回转轴线不平行,齿坯安装偏斜等,均会造成齿廓的轴向误差。

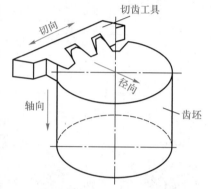

图 8-1-11 径向误差、切向误差和轴向误差

四、圆柱齿轮的误差分析及评定参数

最新齿轮标准 GB/T 10095.1—2022/ISO 1328—1:2013《圆柱齿轮 ISO 齿面公差分级制 第 1 部分:齿面偏差的定义和允许值》,GB/T 10095.2—2023/ISO 1328—2:2020《圆柱齿轮 ISO 齿面公差分级制 第 2 部分:径向综合偏差的定义和允许值》,GB/Z 18620.1—2008/ISO/TR 10064—1:1992《圆柱齿轮 检验实施规范 第 1 部分:轮齿同侧齿面的检验》,GB/Z 18620.2—2008/ISO/TR 10064—2:1996《圆柱齿轮 检验实施规范 第 2 部分:径向综合偏差、径向跳动、齿厚和侧隙的检验》,GB/Z 18620.3—2008/ISO/TR 10064—3:1996《圆柱齿轮 检验实施规范 第 3 部分:齿轮坯、轴中心距和轴线平行度的检验》,GB/Z 18620.4—2008/ISO/TR 10064—4:1998《圆柱齿轮 检验实施规范 第 4 部分:表面结构和轮齿接触斑点的检验》,完全接轨 ISO 标准,但其中个别精度参数及检验项目组未进行明确规定,企业如有需要,建议参考旧标准 GB/T 10095—1988 执行。

1. 影响传动准确性的误差及其评定参数

影响传动准确性是以齿轮一转为周期的误差(长周期误差),主要体现在齿轮轮齿中心与旋转中心不同轴,造成各轮齿相对于旋转中心不均匀分布,任意两齿距不相等,各齿齿高不相等,且齿距由小变大,再由大变小,在传动中产生转角误差,影响传递运动的准确性。另外,由于加工刀具安装位置偏差,使加工出的齿轮上各齿轮的形状和位置相对于旋转中心产生误差,也会造成传动中产生转角误差。影响齿轮传动准确性的参数见表8-1-1。

表8-1-1　影响齿轮传动准确性的参数

参数符号	含义
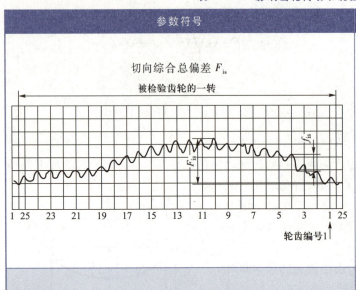 切向综合总偏差 F_{is}	切向综合总偏差(F_{is})是指被测齿轮与理想精确的测量齿轮单面啮合时,在被测齿轮一转内,齿轮分度圆上实际圆周位移与理论圆周位移的最大差值,以分度圆弧长计值。 切向综合总偏差反映出由机床、刀具、工件系统的周期误差所造成的齿轮一转的转角误差,说明齿轮运动的不均匀性。切向综合总偏差是几何偏心、运动偏心及各种短周期误差综合影响的结果。切向综合总偏差是评定齿轮传递运动准确性较为完善的指标,反映了齿轮总的使用质量,更接近实际使用情况
动画　齿距测量 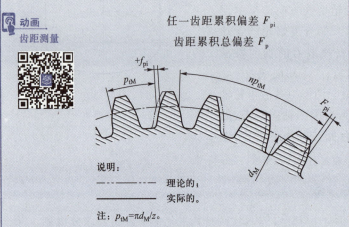 任一齿距累积偏差 F_{pi} 齿距累积总偏差 F_p	任一齿距累积偏差(F_{pi})是指在齿轮的端平面内,测量基圆上,n个相邻齿距的弧长与理论弧长的代数差。n的范围从1到z。左侧齿面和右侧齿面F_{pi}值的个数均等于齿数。(理论上,F_{pi}等于这n个齿距的任一单个齿距偏差的代数和,是相对于一个基准轮齿齿面,任意轮齿齿面偏离其理论位置的偏离量。) 齿距累积总偏差(F_p)是指齿轮所有齿的指定齿面的任一齿距累积偏差的最大代数差。 齿距累积总偏差反映齿轮一转的偏心误差(几何偏心和运动偏心)引起的转角误差,因此齿距累积总偏差可代替切向综合总偏差作为评定齿轮运动准确性的指标。目前工厂中常用齿距累积总偏差来评定齿轮运动精度
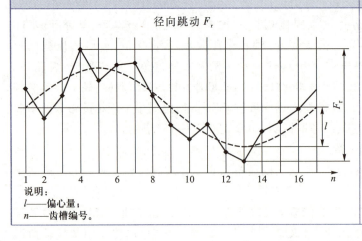 径向跳动 F_r	径向跳动(F_r)是指测头(球形、圆柱形、砧形)相继置于每个齿槽内时,从它到齿轮轴线的最大和最小径向距离之差。检查中,测头在近似齿高中部与左右齿面接触。 径向跳动主要是由几何偏心引起的,反映了齿轮轮齿相对于旋转中心的偏心情况,齿轮的基圆齿距偏差对其也有影响。径向跳动小能反映运动偏心,不能完全反映齿轮传递运动的准确性

续表

参数符号	含义
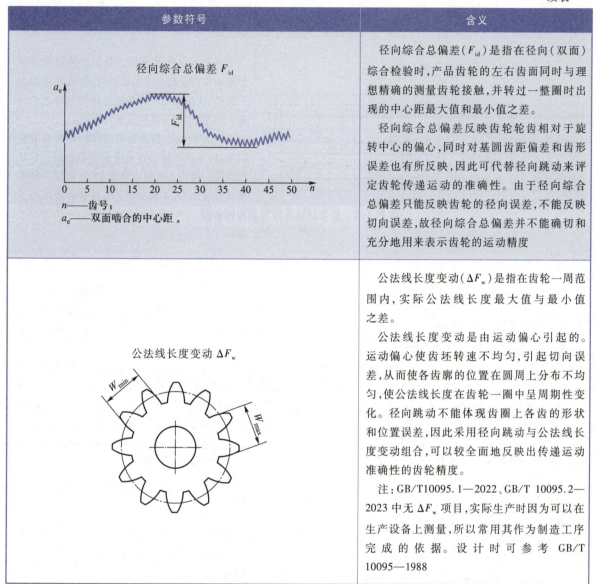 径向综合总偏差 F_{id} n——齿号； a_e——双面啮合的中心距。	径向综合总偏差（F_{id}）是指在径向（双面）综合检验时，产品齿轮的左右齿面同时与理想精确的测量齿轮接触，并转过一整圈时出现的中心距最大值和最小值之差。 　　径向综合总偏差反映齿轮轮齿相对于旋转中心的偏心，同时对基圆齿距偏差和齿形误差也有所反映，因此可代替径向跳动来评定齿轮传递运动的准确性。由于径向综合总偏差只能反映齿轮的径向误差，不能反映切向误差，故径向综合总偏差并不能确切和充分地用来表示齿轮的运动精度
公法线长度变动 ΔF_w	公法线长度变动（ΔF_w）是指在齿轮一周范围内，实际公法线长度最大值与最小值之差。 　　公法线长度变动是由运动偏心引起的。运动偏心使齿坯转速不均匀，引起切向误差，从而使各齿廓的位置在圆周上分布不均匀，使公法线长度在齿轮一圈中呈周期性变化。径向跳动不能体现齿圈上各齿的形状和位置误差，因此采用径向跳动与公法线长度变动组合，可以较全面地反映出传递运动准确性的齿轮精度。 　　注：GB/T10095.1—2022、GB/T 10095.2—2023 中无 ΔF_w 项目，实际生产时因为可以在生产设备上测量，所以常用其作为制造工序完成的依据。设计时可参考 GB/T 10095—1988

2. 影响传动平稳性的误差及其评定参数

　　影响传动平稳性的主要是一齿啮合范围内引起瞬时传动比不断变化的误差（短周期误差）。两个齿正确啮合的条件之一是两齿轮的基圆齿距相等。若两齿轮的齿距不相等，则轮齿在进入或退出啮合时会产生撞击，引起振动和噪声，影响传动的平稳性。两轮齿的基圆齿距差值越大，则在进入啮合过程中引起的瞬时传动比的变化就越大，引起的振动和噪声越大。由共轭齿形的啮合状态可知，当实际齿形偏离渐开线时，会使齿轮在一齿啮合范围内的传动比不断变化，而引起振动和噪声，影响传动平稳性。影响齿轮传动平稳性的参数见表 8-1-2。

表 8-1-2　影响齿轮传动平稳性的参数

参数符号	含义
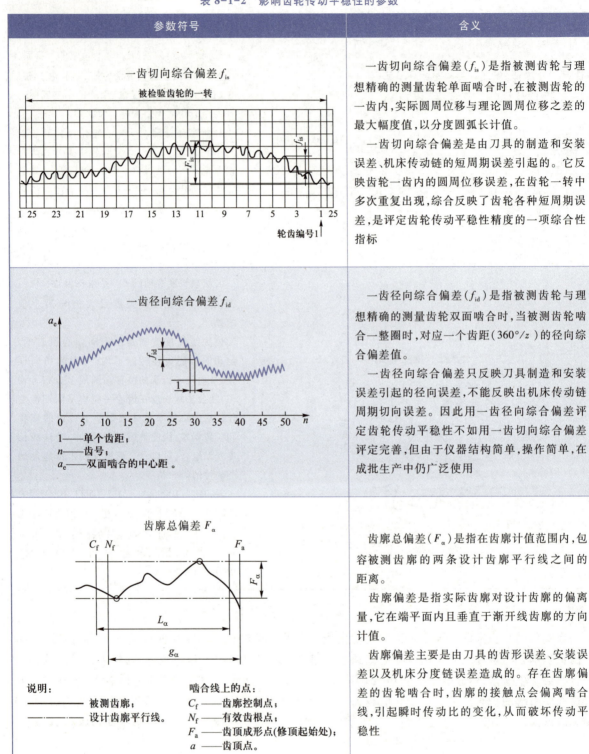 一齿切向综合偏差 f_{is} 被检验齿轮的一转 1 25 23 21 19 17 15 13 11 9 7 5 3 1 25 轮齿编号1	一齿切向综合偏差(f_{is})是指被测齿轮与理想精确的测量齿轮单面啮合时,在被测齿轮的一齿内,实际圆周位移与理论圆周位移之差的最大幅度值,以分度圆弧长计值。 一齿切向综合偏差是由刀具的制造和安装误差、机床传动链的短周期误差引起的。它反映齿轮一齿内的圆周位移误差,在齿轮一转中多次重复出现,综合反映了齿轮各种短周期误差,是评定齿轮传动平稳性精度的一项综合性指标
一齿径向综合偏差 f_{id} a_e 0 5 10 15 20 25 30 35 40 45 50 n 1——单个齿距; n——齿号; a_e——双面啮合的中心距 。	一齿径向综合偏差(f_{id})是指被测齿轮与理想精确的测量齿轮双面啮合时,当被测齿轮啮合一整圈时,对应一个齿距($360°/z$)的径向综合偏差值。 一齿径向综合偏差只反映刀具制造和安装误差引起的径向误差,不能反映出机床传动链周期切向误差。因此用一齿径向综合偏差评定齿轮传动平稳性不如用一齿切向综合偏差评定完善,但由于仪器结构简单,操作简单,在成批生产中仍广泛使用
齿廓总偏差 F_α C_f　N_f　　　　F_a F_α L_α g_α 说明: ——— 被测齿廓; ---- 设计齿廓平行线。 啮合线上的点: C_f ——齿廓控制点; N_f ——有效齿根点; F_a ——齿顶成形点(修顶起始处); a ——齿顶点。	齿廓总偏差(F_α)是指在齿廓计值范围内,包容被测齿廓的两条设计齿廓平行线之间的距离。 齿廓偏差是指实际齿廓对设计齿廓的偏离量,它在端平面内且垂直于渐开线齿廓的方向计值。 齿廓偏差主要是由刀具的齿形误差、安装误差以及机床分度链误差造成的。存在齿廓偏差的齿轮啮合时,齿廓的接触点会偏离啮合线,引起瞬时传动比的变化,从而破坏传动平稳性

续表

参数符号	含义
齿廓形状偏差 $f_{f\alpha}$ 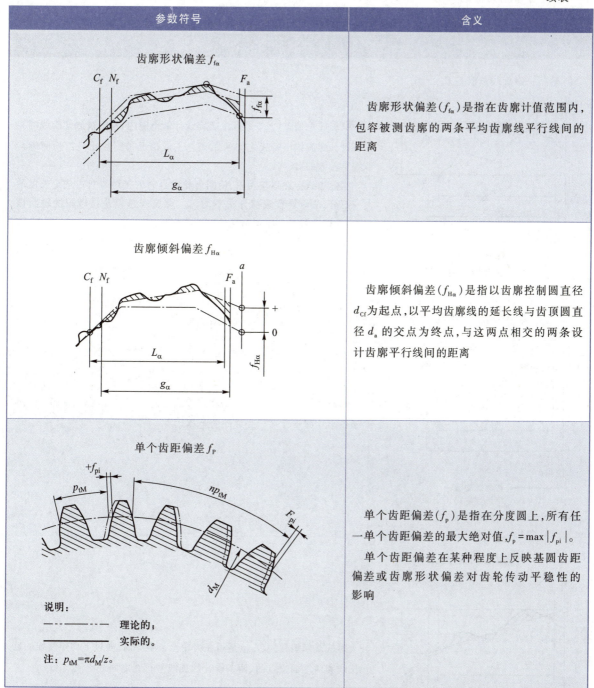	齿廓形状偏差($f_{f\alpha}$)是指在齿廓计值范围内，包容被测齿廓的两条平均齿廓线平行线间的距离
齿廓倾斜偏差 $f_{H\alpha}$	齿廓倾斜偏差($f_{H\alpha}$)是指以齿廓控制圆直径 d_{Cf} 为起点，以平均齿廓线的延长线与齿顶圆直径 d_a 的交点为终点，与这两点相交的两条设计齿廓平行线间的距离
单个齿距偏差 f_P 说明： —·—·—　理论的； ——————　实际的。 注：$p_{tM}=\pi d_M/z$。	单个齿距偏差(f_P)是指在分度圆上，所有任一单个齿距偏差的最大绝对值，$f_p=\max\|f_{pi}\|$。 单个齿距偏差在某种程度上反映基圆齿距偏差或齿廓形状偏差对齿轮传动平稳性的影响

3. 影响载荷分布均匀性的误差及其评定参数

由于齿轮的制造和安装误差，一对齿轮在啮合过程中沿齿长方向和齿高方向都不是全齿接触的，实际接触线只是理论接触线的一部分，影响了载荷分布的均匀性。国家标准规定用螺旋线偏差来评定载荷分布均匀性。螺旋线偏差是指在端面基圆切线方向上，实际螺旋线对设计螺旋线的偏离量。

影响载荷分布均匀性的参数见表8-1-3。

表 8-1-3 影响载荷分布均匀性的参数

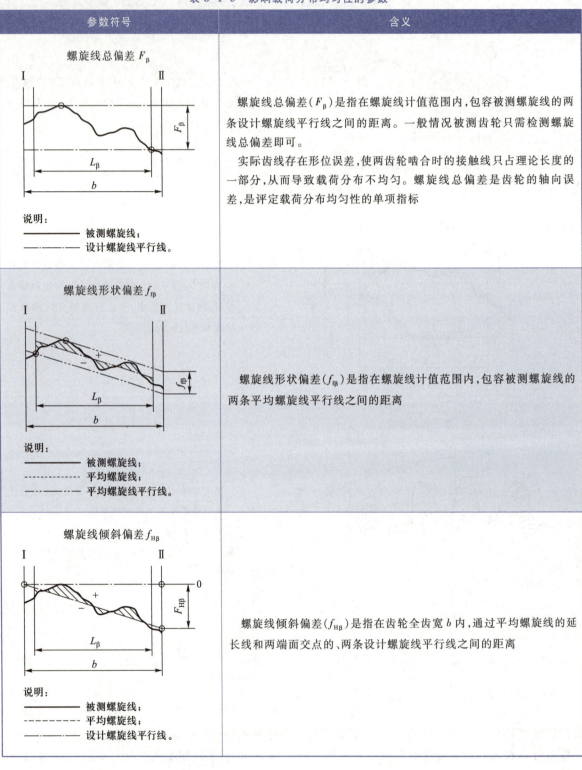

参数符号	含义
螺旋线总偏差 F_β 说明： ——— 被测螺旋线； — - — 设计螺旋线平行线。	螺旋线总偏差（F_β）是指在螺旋线计值范围内,包容被测螺旋线的两条设计螺旋线平行线之间的距离。一般情况被测齿轮只需检测螺旋线总偏差即可。 实际齿线存在形位误差,使两齿轮啮合时的接触线只占理论长度的一部分,从而导致载荷分布不均匀。螺旋线总偏差是齿轮的轴向误差,是评定载荷分布均匀性的单项指标
螺旋线形状偏差 $f_{f\beta}$ 说明： ——— 被测螺旋线； - - - - 平均螺旋线； — - — 平均螺旋线平行线。	螺旋线形状偏差（$f_{f\beta}$）是指在螺旋线计值范围内,包容被测螺旋线的两条平均螺旋线平行线之间的距离
螺旋线倾斜偏差 $f_{H\beta}$ 说明： ——— 被测螺旋线； - - - - 平均螺旋线； — - — 设计螺旋线平行线。	螺旋线倾斜偏差（$f_{H\beta}$）是指在齿轮全齿宽 b 内,通过平均螺旋线的延长线和两端面交点的、两条设计螺旋线平行线之间的距离

五、齿轮副误差及其评定参数

相互啮合的一对齿轮组成的传动机构称为齿轮副,虽然对齿轮副中每一个齿轮都提出了精度要求,但齿轮副由于种种因素影响,也会影响齿轮传动的性能。评定齿轮副精度参数见表8-1-4。

表 8-1-4　评定齿轮副精度参数

参数符号	含义
轴线的平行度误差 轴线平面内的平行度误差 $f_{\Sigma\delta}$ 垂直平面上的平行度误差 $f_{\Sigma\beta}$ 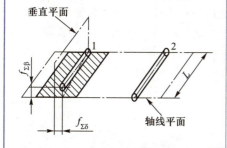	轴线的平行度误差的影响与向量的方向有关,有轴线平面内的平行度误差和垂直平面上的平行度误差。 　轴线平面内的平行度误差($f_{\Sigma\delta}$)是指一对齿轮的轴线在其基准平面上投影的平行度误差。 　垂直平面上的平行度误差($f_{\Sigma\beta}$)是指一对齿轮的轴线在垂直于基准平面且平行于基准轴线的平面上投影的平行度误差,如左图所示。 　基准平面是包含基准轴线并通过由另一轴线与齿宽中间平面相交的点所形成的平面。两条轴线中任何一条轴线都可以作为基准轴线。 　$f_{\Sigma\delta}$ 和 $f_{\Sigma\beta}$ 均在等于全齿宽的长度上测量
中心距偏差 f_a 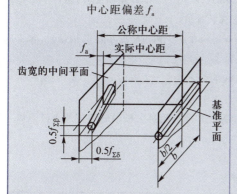	中心距偏差(f_a)是指齿轮副的齿宽中间平面内,实际中心距与公称中心距之差。它影响齿轮副的侧隙。 　中心距偏差会影响齿轮工作时的侧隙,当实际中心距小于公称中心距时,会使侧隙减小;反之,会使侧隙增大。 　注:新国标中未给出中心距的允许偏差值,可参照旧国标 GB/T 10095—1988 中的中心距极限偏差±f_a 给出的数值
齿轮副的切向综合总偏差 F'_{ic} 齿轮副的一齿切向综合偏差 f'_{ic} 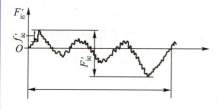	齿轮副的切向综合总偏差(F'_{ic})是指安装好的齿轮副,在啮合转动足够多的转数内,一个齿轮相对于另一个齿轮的实际转角与理论转角之差的总幅度值,以分度圆弧长计值,如左图所示。一对工作齿轮的切向综合总偏差等于两齿轮的切向综合总偏差 F'_{ic} 之和,是评定齿轮副传递运动准确性的指标。 　齿轮副的一齿切向综合偏差(f'_{ic})是指安装好的齿轮副,在啮合转动足够多的转数内,一个齿轮相对于另一个齿轮,在一个齿距角内的实际转角与理论转角之差的最大幅度值,以分度圆弧长计值。齿轮副的一齿切向综合偏差是评定齿轮副传动平稳性直接的指标。 　注:新国标中未给出允许偏差值,如对齿轮有该两项要求时,可参照旧国标 GB/T 10095—1988 规定的 $\Delta F'_{ic}$ 和 $\Delta f'_{ic}$ 执行

续表

参数符号	含义
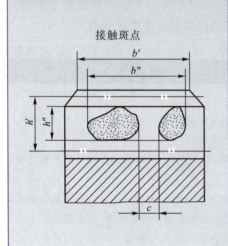 接触斑点	接触斑点是指安装好的齿轮副,在轻微制动下,运转后齿面上分布的接触擦亮痕迹。 　接触痕迹的大小在齿面展开图上用百分数计算,沿齿长方向,为接触痕迹的长度与设计长度之比的百分数,即 $[(b''-c)/b']\times100\%$;沿齿高方向,为接触痕迹的平均高度与设计工作高度之比的百分数,即 $(h''/h')\times100\%$。 　所谓"轻微制动"是指所加制动转矩应以不使啮合齿面脱离,而又不致使任何零部件产生可以察觉的弹性变形为限度。 　沿齿长方向的接触斑点主要影响齿轮副的承载能力,沿齿高方向的接触斑点高度主要影响工作平稳性。齿轮副的接触斑点综合反映了齿轮副的加工误差和安装误差,是评定齿轮接触精度的一项综合性指标。对接触斑点的要求,应标注在齿轮传动装配图的技术要求中
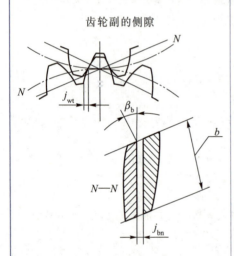 齿轮副的侧隙	齿轮副的侧隙可分为圆周侧隙(j_{wt})和法向侧隙(j_{bn})。 　圆周侧隙(j_{wt})是指装配好的齿轮副中一个齿轮固定时,另一个齿轮圆周的晃动量,以分度圆上弧长计值。 　法向侧隙(j_{bn})是指装配好的齿轮副中两齿轮的工作面接触时,非工作齿面之间的法向距离。 　法向侧隙与圆周侧隙之间的关系为 $j_{bn}=j_{wt}\cos\beta_b\cos\alpha$。式中:$\beta_b$——基圆螺旋角,$\alpha$——端面分度圆压力角。 　齿轮副的侧隙要求,应根据工作条件用最大极限侧隙与最小极限侧隙来规定

 项目任务实施

任务回顾

　　本项目要求说明如图 8-1-1 所示的齿轮零件图样精度表中,如图 8-1-12 所示,单个齿距偏差、齿距累积总偏差、螺旋线总偏差、齿廓总偏差、径向综合总偏差、一齿径向综合偏差的含义。

任务实施

　　单个齿距偏差 f_p(19):所有任一单个齿距偏差的最大绝对值为 0.019 mm。单个齿距偏差在某种程度上反映基圆齿距偏差或齿廓形状偏差对齿轮传动平稳性的影响。

齿距累积总偏差 F_p(55)：齿轮所有齿的指定齿面任一齿距累积偏差的最大代数差为 0.055 mm。齿距累积总偏差可代替切向综合总偏差作为评定齿轮运动准确性的指标。工厂中常用齿距累积总偏差来评定齿轮运动精度。

螺旋线总偏差 F_β(18)：指在螺旋线计值范围内，包容被测螺旋线的两条设计螺旋线平行线的距离为 0.018 mm。螺旋线总偏差是齿轮的轴向误差，是评定载荷分布均匀性的单项指标。

齿廓总偏差 F_α(17)：指在齿廓计值范围内，包容被测齿廓的两条设计齿廓平行线间的距离为 0.017 mm。存在齿廓偏差的齿轮啮合时，齿廓的接触点会偏离啮合线，引起瞬时传动比的变化，从而破坏传动平稳性。

模数	m_n	3
齿数	z	32
法向压力角	α_n	20°
齿顶高系数	h_a^*	1
配对齿轮	图号	
齿厚及其偏差	$S_{E_{sni}}^{E_{sns}}$	$4.17_{-0.166}^{-0.080}$
精度		8(F_p)　7($f_p F_\alpha F_\beta$) GB/T 10095.1—2022 GB/T 10095.2—2023 R44(F_{id})R41(f_{id})
检验项目	代号	允许值/μm
单个齿距偏差	f_p	19
齿距累积总偏差	F_p	55
螺旋线总偏差	F_β	18
齿廓总偏差	F_α	17
径向综合总偏差	F_{id}	72
一齿径向综合偏差	f_{id}	20

图 8-1-12　齿轮精度表

径向综合总偏差 F_{id}(72)：指被测齿轮与理想精确的测量齿轮双面啮合时，在被测齿轮一转内的双面啮中心距的最大变动量为 0.072 mm。径向综合总偏差可代替径向跳动来评定齿轮传递运动的准确性。

一齿径向综合偏差 f_{id}(20)：指被测齿轮与理想精确的测量齿轮双面啮合时，在被测齿轮一齿距角内，双面啮中心距的最大变动量为 0.020 mm。一齿径向综合偏差反映刀具制造和安装误差引起的径向误差。

 项目思考与习题

1. 齿轮传动的使用要求有哪些？
2. 影响齿轮传递运动准确性的主要误差来源于什么？其特性如何？
3. 评定齿轮传递运动准确性和评定齿轮传动平稳性的指标都有哪些？

项目二

圆柱齿轮精度的选用

项目目标

知识目标

了解齿轮精度选择需要考虑的因素；

掌握齿轮的精度等级、检验组、侧隙指标、齿坯公差和表面粗糙度的选择方法。

技能目标

能够根据工作要求合理选用齿轮各项精度；

能够将齿轮的各项精度要求正确标注到齿轮零件图样中。

素质目标

培养遵守国家标准的意识；

培养向他人学习的意识；

培养善于总结的习惯；

培养实事求是、脚踏实地的职业精神；

培育爱国主义情怀。

项目任务与要求

某企业生产的减速箱输出轴上的直齿轮,已知:模数 $m=3.0$ mm,输入轴齿数 $z_1=26$,输出轴齿数 $z_2=76$,法向压力角 $\alpha=20$,齿宽 $b=63$ mm,中心距 $=153$ mm,孔径 $D=60$ mm,输出转速 $n=500$ r/min,轴承跨距 $L=110$ mm,齿轮材料为 45 钢,减速器箱体为铸铁,齿轮工作温度为 55 ℃,小批量生产。要求:

(1) 确定输出轴上大齿轮的精度等级、检验组、有关侧隙的指标、齿轮坯公差和表面粗糙度。

(2) 绘制齿轮图。

项目预备知识

一、齿轮精度等级及其应用

1. 齿轮的精度等级及表示方法

GB/T 10095.1—2022《圆柱齿轮　ISO 齿面公差分级制　第 1 部分:齿面偏差的定义和允许值》主要说明对于单个齿轮齿面的基本偏差(齿距偏差、齿廓偏差、螺旋线偏差和径向跳动)的各个精度等级的公差计算方法;精度等级定为 11 级,从高到低为 1 级到 11 级;基于单个圆柱齿轮单侧齿面的坐标式测量,使用坐标类测量仪。

GB/T 10095.2—2023《圆柱齿轮　ISO 齿面公差分级制第 2 部分:径向综合偏差的定义和允许值》对径向综合偏差(F_{id}、f_{id})规定了 21 个精度等级,用数字 4~12 按由高到低的顺序排列,其中 R30 级精度最高,R50 级精度最低。

0~2 级精度齿轮的精度要求非常高,目前我国只有极少数单位能够制造和测量 2 级精度齿轮,因此 0~2 级属于有待发展的精度等级;而 3~5 级为高精度等级,6~9 级为中等精度等级,10~12 级为低精度等级。

齿轮副中两个齿轮的精度等级一般相同,也允许取不同值,但对单个齿轮同一使用要求的检验项目,各项公差或极限偏差应规定相同的精度等级。

齿轮精度等级标注方法如下:

当齿轮各使用要求的检验项目为同一精度等级时,可标注精度等级和标准号。例如,同为 8 级时,可标注为 8 GB/T 10095.1—2022、8 GB/T 10095.2—2023。

当齿轮各使用要求的检验项目精度等级不同时,可按齿轮传递运动准确性、齿轮传动平稳性和载荷分布均匀性的顺序进行标注。例如,齿距累积总偏差 F_p、单个齿距极限偏差 f_p 和齿廓总偏差 F_α 皆为 7 级精度,螺旋线总偏差 F_β 为 6 级精度时,可标注为 7(F_p,f_p,F_α)、6(F_β) GB/T 10095.1—2022,径向综合公差等级的标注方式 GB/T 10095.2—2023,R××级,其中 ×× 为设计的径向综合公差等级,如果未列出年代,则是当前最新标准。

2. 齿轮的公差

齿轮各精度等级的数值是以 5 级精度为基本精度等级,计算其他精度等级公差的。两相邻公差等级的级间比是 $\sqrt{2}$,本级公差级数乘以(或除以)$\sqrt{2}$ 可得相邻较大(或较小)一级的数值。5 级精度的未圆整计算值乘以 $\sqrt{2}^{A-5}$ 即可得任一齿面公差等级的待求值,A 为指定齿面公差等级。标准 GB/T

10095.1—2022、GB/T 10095.2—2023、GB/Z 18620.3—2008 齿轮公差计算公式见表 8-2-1。

表 8-2-1　齿轮公差计算公式

序号	项目名称及代号	计算公式
1	单个齿距公差 f_{pT}	$f_{pT}=\left(0.001d+0.4m_n+5\right)\sqrt{2}^{\,A-5}$
2	齿距累积公差 F_{piT}	$F_{piT}=f_{pT}+\dfrac{4k}{z}\left(0.001d+0.55\sqrt{d}+0.3m_n+7\right)\sqrt{2}^{\,A-5}$
3	齿距累积总公差 F_{pT}	$F_{pT}=\left(0.002d+0.55\sqrt{d}+0.7m_n+12\right)\sqrt{2}^{\,A-5}$
4	齿廓倾斜公差 $f_{H\alpha T}$	$f_{H\alpha T}=\left(0.4m_n+0.001d+4\right)\sqrt{2}^{\,A-5}$
5	齿廓形状公差 $f_{f\alpha T}$	$f_{f\alpha T}=\left(0.55m_n+5\right)\sqrt{2}^{\,A-5}$
6	齿廓总公差 $F_{\alpha T}$	$F_{\alpha T}=\sqrt{f_{H\alpha T}^{2}+f_{f\alpha T}^{2}}$
7	螺旋线倾斜公差 $f_{H\beta T}$	$f_{H\beta T}=\left(0.05\sqrt{d}+0.35\sqrt{b}+4\right)\sqrt{2}^{\,A-5}$
8	螺旋线形状公差 $f_{f\beta T}$	$f_{f\beta T}=\left(0.07\sqrt{d}+0.45\sqrt{b}+4\right)\sqrt{2}^{\,A-5}$
9	螺旋线总公差 $F_{\beta T}$	$F_{\beta T}=\sqrt{f_{H\beta T}^{2}+f_{f\beta T}^{2}}$
10	一齿切向综合公差 f_{isT}	$f_{isT,max}=f_{is(design)}+\left(0.375m_n+5.0\right)\sqrt{2}^{\,A-5}$ $f_{isT,min}=f_{is(design)}-\left(0.375m_n+5.0\right)\sqrt{2}^{\,A-5}$ 或 $f_{isT,min}=0$ 切向综合偏差的短周期成分（高通滤波）的峰-峰值振幅用来确定一齿综合偏差。最大峰-峰值振幅应不大于 $f_{isT,max}$，且最小峰-峰值应不小于 $f_{isT,min}$。峰-峰值振幅是齿轮副测量的运动曲线中一个齿距内的最高点和最低点的差。
11	切向综合总公差 F_{isT}	$F_{isT}=F_{pT}+f_{isT,max}$
12	径向综合总公差 F_{idT}	圆柱齿轮及齿数大于 2/3 整圆齿数的扇形齿轮的径向综合总公差 $F_{idT}=\left(0.08\dfrac{z_em_n}{\cos\beta}+64\right)2^{\left[\,(R-44)/4\,\right]}$ $z_e=\min\left(\,|z|,200\right)$
13	一齿径向综合公差 f_{idT}	$f_{idT}=\left(0.08\dfrac{z_em_n}{\cos\beta}+64\right)2^{\left[\,(R-R_x-44)/4\,\right]}=\dfrac{F_{idT}}{2^{\left(R_x/4\right)}}$ $R_x=5\left\{1-1.12^{\left[\,(1-z_e)/1.12\,\right]}\right\}$
14	径向跳动偏差 F_r	$F_r=0.9F_{pT}=0.9\left(0.002d+0.55\sqrt{d}+0.7m_n+12\right)\sqrt{2}^{\,A-5}$
15	轴线平面内的平行度误差 $f_{\Sigma\delta}$	$f_{\Sigma\delta}=\left(L/b\right)F_\beta$
16	垂直平面上的平行度误差 $f_{\Sigma\beta}$	$f_{\Sigma\beta}=0.5\left(L/b\right)F_\beta$

注：各计算式中 m_n、d、b、L 分别表示齿轮的法向模数、分度圆直径、齿宽、支承相啮合齿轮轴的轴承间最长跨距（mm）。

公差计算值中小数点后的数值应圆整，圆整规则为：如果计算值大于 10 μm，圆整到最接近的整数值；如果计算值小于 10 μm，且不小于 5 μm，圆整到最接近的尾数为 0.5 μm 的值；如果计算值小于

5 μm，圆整到最接近尾数为 0.1 μm 的值。

GB/T 10095.1—2022 和 GB/T 10095.2—2023 仅提供了齿轮公差的计算公式，没有提供计算值，GB/T 10095.1—2008 和 GB/T 10095.2—2008 还提供了齿轮公差的计算值，虽然该标准已经作废，但用户如果需要可以参考，齿轮各级精度指标的部分公差和极限偏差值见表 8-2-2～表 8-2-4。

表 8-2-2　齿轮各级精度指标的公差和极限偏差（摘自 GB/T 10095.1—2008）

分度圆直径 d/mm	法向模数 m_n 或齿宽 b/mm	精度等级												
		0	1	2	3	4	5	6	7	8	9	10	11	12
齿轮传递运动准确性		齿距累积总偏差 F_p 值/μm												
50<d≤125	0.5<m_n≤2	3.3	4.6	6.5	9.0	13.0	18.0	26.0	37.0	52.0	74.0	104.0	147.0	208.0
	2<m_n≤3.5	3.3	4.7	6.5	9.5	13.0	19.0	27.0	38.0	53.0	76.0	107.0	151.0	241.0
	3.5<m_n≤6	3.4	4.9	7.0	9.5	14.0	19.0	28.0	39.0	55.0	78.0	110.0	156.0	220.0
125<d≤280	0.5<m_n≤2	4.3	6.0	8.5	12.0	17.0	24.0	35.0	49.0	69.0	98.0	138.0	195.0	276.0
	2<m_n≤3.5	4.4	6.0	9.0	12.0	18.0	25.0	35.0	50.0	70.0	100.0	141.0	199.0	282.0
	3.5<m_n≤6	4.5	6.5	9.0	13.0	18.0	25.0	36.0	51.0	72.0	102.0	144.0	204.0	288.0
齿轮传动平稳性		单个齿距偏差 ±f_{pt} 值/μm												
50<d≤125	0.5<m_n≤2	0.9	1.3	1.9	2.7	3.8	5.5	7.5	11.0	15.0	21.0	30.0	43.0	61.0
	2<m_n≤3.5	1.0	1.5	2.1	2.9	4.1	6.0	8.5	12.0	17.0	23.0	33.0	47.0	66.0
	3.5<m_n≤6	1.1	1.6	2.3	3.2	4.6	6.5	9.0	13.0	18.0	26.0	36.0	52.0	73.0
125<d≤280	0.5<m_n≤2	1.1	1.5	2.1	3.0	4.2	6.0	8.5	12.0	17.0	24.0	34.0	48.0	67.0
	2<m_n≤3.5	1.1	1.6	2.3	3.2	4.6	6.5	9.0	13.0	18.0	26.0	36.0	52.0	73.0
	3.5<m_n≤6	1.2	1.8	2.5	3.5	5.0	7.0	10.0	14.0	20.0	28.0	40.0	56.0	79.0
齿轮传动平稳性		齿廓总偏差 F_α 值/μm												
50<d≤125	0.5<m_n≤2	1.0	1.5	2.1	2.9	4.1	6.0	8.5	12.0	17.0	23.0	33.0	47.0	66.0
	2<m_n≤3.5	1.4	2.0	2.8	3.9	5.5	8.0	11.0	16.0	22.0	31.0	44.0	63.0	89.0
	3.5<m_n≤6	1.7	2.4	3.4	4.8	6.5	9.5	13.0	19.0	27.0	38.0	54.0	76.0	108.0
125<d≤280	0.5<m_n≤2	1.2	1.7	2.4	3.5	4.9	7.0	10.0	14.0	20.0	28.0	39.0	55.0	78.0
	2<m_n≤3.5	1.6	2.2	3.2	4.5	6.5	9.0	13.0	18.0	25.0	36.0	50.0	71.0	101.0
	3.5<m_n≤6	1.9	2.6	3.7	5.5	7.5	11.0	15.0	21.0	30.0	42.0	60.0	84.0	119.0
轮齿载荷分布均匀性		螺旋线总偏差 F_β 值/μm												
50<d≤125	10<b≤20	1.3	1.9	2.6	3.7	5.5	7.5	11.0	15.0	21.0	30.0	42.0	60.0	84.0
	20<b≤40	1.5	2.1	3.0	4.2	6.0	8.5	12.0	17.0	24.0	34.0	48.0	68.0	95.0
	40<b≤80	1.7	2.5	3.5	4.9	7.0	10.0	14.0	20.0	28.0	39.0	56.0	79.0	111.0
125<d≤280	10<b≤20	1.4	2.0	2.8	4.0	5.5	8.0	11.0	16.0	22.0	32.0	45.0	63.0	90.0
	20<b≤40	1.6	2.2	3.2	4.5	6.5	9.0	13.0	18.0	25.0	36.0	50.0	71.0	101.0
	40<b≤80	1.8	2.6	3.6	5.0	7.5	10.0	15.0	21.0	29.0	41.0	58.0	82.0	117.0

表 8-2-3 齿轮径向跳动公差值 F_r/μm(摘自 GB/T 10095.2—2008)

分度圆直径 d/mm	法向模数 m_n/mm	精度等级												
		0	1	2	3	4	5	6	7	8	9	10	11	12
50<d≤125	0.5<m_n≤2	2.5	3.5	5.0	7.5	10	15	21	29	42	59	83	118	167
	2<m_n≤3.5	2.5	4.0	5.5	7.5	11	15	21	30	43	61	86	121	171
	3.5<m_n≤6	3.0	4.0	5.5	8.0	11	16	22	31	44	62	88	125	176
125<d≤280	0.5<m_n≤2	3.5	5.0	7.0	10	14	20	28	39	55	78	110	156	221
	2<m_n≤3.5	3.5	5.0	7.0	10	14	20	28	40	56	80	113	159	225
	3.5<m_n≤6	3.5	5.0	7.0	10	14	20	29	41	58	82	115	163	231

表 8-2-4 齿轮双啮精度指标的公差值(摘自 GB/T 10095.2—2008)

分度圆直径 d/mm	法向模数 m_n/mm	精度等级								
		4	5	6	7	8	9	10	11	12
齿轮传递运动准确性		径向综合总偏差 F_{id}值/μm								
50<d≤125	1.5<m_n≤2.5	15	22	31	43	61	86	122	173	244
	2.5<m_n≤4.0	18	25	36	51	72	102	144	204	288
	4.0<m_n≤6.0	22	31	44	62	88	124	176	248	351
125<d≤280	1.5<m_n≤2.5	19	26	37	53	75	106	149	211	299
	2.5<m_n≤4.0	21	30	43	61	86	121	172	243	343
	4.0<m_n≤6.0	25	36	51	72	102	144	203	287	406
齿轮传动平稳性		一齿径向综合偏差 f_{id}值/μm								
50<d≤125	1.5<m_n≤2.5	4.5	6.5	9.5	13	19	26	37	53	75
	2.5<m_n≤4.0	7.0	10	14	20	29	41	58	82	116
	4.0<m_n≤6.0	11	15	22	31	44	62	87	123	174
125<d≤280	1.5<m_n≤2.5	4.5	6.5	9.5	13	19	27	38	53	75
	2.5<m_n≤4.0	7.5	10	15	21	29	41	58	82	116
	4.0<m_n≤6.0	11	15	22	31	44	62	87	124	175

3. 齿坯的精度

（1）齿坯的尺寸公差

齿坯是指切齿工序前的工件(毛坯)，齿坯的精度对切齿工序的精度有很大影响，适当提高齿坯的精度，可以获得较高的齿轮精度，而且比提高切齿工序的精度更为经济。

齿坯尺寸公差可参考表 8-2-5。

表 8-2-5 齿坯尺寸公差

齿轮精度等级		5	6	7	8	9	10	11	12
孔	尺寸公差	IT5	IT6	IT7		IT8		IT9	
轴	尺寸公差	IT5		IT6		IT7		IT8	
顶圆直径尺寸公差		$\pm 0.05\ m_n$							

注：m_n 为齿轮模数。

（2）齿坯的几何公差

一个零件的基准轴线是用基准面来确定的,有三种基本方法实现:

1）用一个"长的"圆柱(圆锥)形面来同时确定轴线的位置和方向,孔的轴线可以用与之相匹配的,正确装配的工作芯轴的轴线来代表,如图 8-2-1 所示。

2）轴线的位置用一个"短的"圆柱形基准面的一个圆的圆心来确定,其方向用垂直于轴线的一个基准端面来确定,如图 8-2-2 所示。

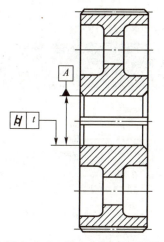

图 8-2-1 用一个"长的"基准
面确定基准轴线

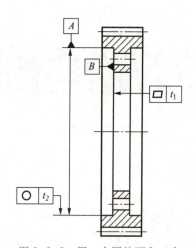

图 8-2-2 用一个圆柱面和一个
端面确定基准轴线

3）用两个"短的"圆柱(圆锥)形基准面上设定的两个圆的圆心来确定轴线上的两个点,如图8-2-3 所示。

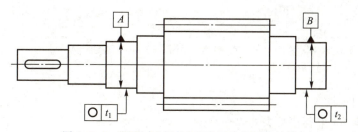

图 8-2-3 用两个"短的"基准面确定基准轴线

由于齿轮的齿廓、齿距等要素的精度都是相对于其轴线定义的,因此,齿坯的几何精度要求主要体现在对基准轴线和相关要素几何公差的要求上,如图 8-2-1~图8-2-4 所示。

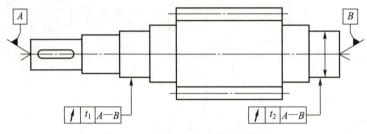

图 8-2-4   用中心孔确定基准轴线

齿坯基准面的精度对齿轮的加工质量有很大影响,应控制其几何公差,国家标准规定的圆度和圆柱度如表 8-2-6 所示。

当基准轴线与工作轴线不重合时,工作安装面相对于基准轴线的跳动必须在图样上予以控制,跳动公差应不大于表 8-2-6 中的数值。

表 8-2-6   齿坯基准面与安装面形状公差及安装面的跳动公差(参考自 GB/Z 18620.3—2008)

确定轴线的 基准面	形状公差项目		
	圆度	圆柱度	平面度
两个短圆柱(锥)面 的公共轴线基准	$0.04(L/b)F_\beta$ 或 $0.1F_P$,取两者中的小值		
一个"长的"圆柱 或圆锥形基准面		$0.04(L/b)F_\beta$ 或 $0.1F_P$,取两者中的小值	
一个"短的"圆柱基准 面和一个端面基准面	$0.06F_P$		$0.06(D_d/b)F_\beta$
确定轴线的 基准面	跳动公差项目		
	径向	轴向	
圆柱或圆锥形基准面	$0.15(L/b)F_\beta$ 或 $0.3F_P$,取两者中的大值		
一个圆柱基准面和 一个端面基准面	$0.3F_P$	$0.2(D_d/b)F_\beta$	

注:1. L——支承齿轮所在轴的轴承跨距;D_d——齿坯基准面直径;b——齿轮宽度。

2. 齿坯的公差应减到能经济制造的最小值。

(3) 齿坯表面粗糙度

齿坯表面粗糙度 Ra 推荐值见表 8-2-7。

表 8-2-7　齿坯表面粗糙度 *Ra* 推荐值（摘自 GB/Z 18620.4—2008）

齿轮精度等级	$Ra/\mu m$		齿轮精度等级	$Ra/\mu m$	
	$m<6$	$6\leqslant m\leqslant 25$		$m<6$	$6\leqslant m\leqslant 25$
5	0.5	0.63	9	3.2	4.0
6	0.8	1.0	10	5.0	6.3
7	1.25	1.6	11	10.0	12.5
8	2.0	2.5	12	20	25

齿轮各基准面的表面粗糙度推荐值见表 8-2-8。

表 8-2-8　齿轮各基准面的表面粗糙度推荐值　　　　　　　　　　　　μm

齿轮精度等级	5	6	7		8	9
齿面加工方法	磨	磨或珩	剃或珩	精滚、精插	滚、插	滚、铣
齿轮基准孔	0.32~0.63	1.25	1.25~2.5			5
齿轮轴基准轴径	0.32	0.63	1.25		2.5	
基准端面	1.25~2.5	2.5~5			3.2~5	
顶圆	3.2~5					

二、齿轮副侧隙

齿轮副侧隙是相互啮合轮齿间的间隙，是齿轮在节圆上齿槽宽度超过相啮合齿轮齿厚的量。为了保证齿轮良好的润滑，补偿齿轮因制造误差、安装误差以及热变形等对齿轮传动造成的不良影响，必须在非工作面留有最小侧隙。

最小侧隙与齿轮本身制造精度无关，取决于轮齿的齿厚偏差、轴中心距偏差和齿轮副轴线平行度的综合影响。在最小中心距条件下，通过改变齿厚偏差来获得大小不同的齿侧间隙。

1. 齿厚极限偏差的确定

齿厚极限偏差的确定一般采用计算法。

（1）确定齿轮副所需的最小法向侧隙

齿轮副的侧隙按齿轮的工作条件确定，与齿轮的精度等级无关。在工作时有较大温升的齿轮，为避免发热卡死，要求有较大的侧隙。对于需要正反转或有读数机构的齿轮，为避免空程影响，则要求较小的侧隙。设计齿轮的最小法向侧隙（j_{bnmin}）应足以补偿齿轮工作时温升所引起的变形，并保证正常润滑。

1）当采用油池润滑或喷油润滑时，考虑润滑所需最小侧隙 j_{bnmin1} 的数值见表 8-2-9。

表 8-2-9　最小侧隙 j_{bnmin1}

润滑方式	齿轮圆周速度/（m/s）			
	≤ 10	>10~25	>25~60	>60
喷油润滑	10 m	20 m	30 m	30~50 m
油池润滑	(5~10) m			

2）当温度变化时，侧隙变化量 j_{bnmin2} 为补偿齿轮及箱体变形所必需的最小侧隙，计算公式为

$$j_{bnmin2} = a(\alpha_1 \Delta t_1 - \alpha_2 \Delta t_2)2\sin\alpha_n \qquad (8-2-1)$$

式中　a——齿轮副中心距；

α_1、α_2——分别为齿轮材料与箱体材料的线膨胀系数；

Δt_1、Δt_2——分别为齿轮、箱体的工作温度与标准温度 20℃ 之差；

α_n——法向压力角，$\alpha_n = 20°$。

故　　　　　　　　$$j_{bnmin} = j_{bnmin1} + j_{bnmin2} \qquad (8-2-2)$$

3）对于用黑色金属材料制造的齿轮及箱体，齿轮工作时节圆线速度小于 15m/s 时，可按式 (8-2-3)确定，表 8-2-10 所示最小侧隙推荐数值为国家标准根据公式计算圆整所得。

$$j_{bnmin} = \frac{2}{3}(0.06 + 0.0005a + 0.03m_n) \qquad (8-2-3)$$

表 8-2-10　最小侧隙推荐数值（摘自 GB/Z 18620.2—2008）

模数 m/mm	中心距 a/mm			
	100	200	400	800
1.5	0.11	—	—	—
2	0.12	0.15	—	—
3	0.14	0.17	0.24	—
5	0.18	0.21	0.28	—
8	0.24	0.27	0.34	0.47

（2）确定齿厚的上偏差

确定齿轮副中两个齿轮齿厚的上偏差 E_{sns1} 和 E_{sns2} 时，应考虑除保证形成齿轮副所需的最小极限侧隙外，还要补偿由于齿轮的制造误差和安装误差所引起的侧隙减小量。因此，齿厚上偏差取决于侧隙而与齿轮精度无关。由于实际齿轮是在公称齿厚基础上减薄一定数值来获得齿侧间隙的，故齿厚的上、下偏差均为负值。

在齿轮副中，两齿轮的齿厚上偏差一般采用等值分配，即 $E_{sns1} = E_{sns2} = E_{sns}$，则齿厚上偏差按式 (8-2-4)确定。

$$E_{sns} = -\frac{j_{bnmin}}{2\cos\alpha} \qquad (8-2-4)$$

如果采用不等值分配，一般大齿轮的齿厚减薄量略大于小齿轮的齿厚减薄量，以尽量保证小齿轮的齿轮强度。

（3）确定齿厚公差 T_{sn} 和齿厚下偏差 E_{sni}

齿厚公差反映齿厚的允许变动范围,应按齿轮加工的技术水平或由实践经验确定。齿厚公差由齿圈径向跳动公差和切齿时的径向进刀公差 b_r 组成,可按式（8-2-5）确定。

$$T_{sn} = \sqrt{F_r^2 + b_r^2} \times 2\tan\alpha_n \qquad (8-2-5)$$

式中: F_r——齿圈径向跳动公差;

b_r——切齿时径向进刀公差,大小见表 8-2-11。

表 8-2-11　切齿径向进刀公差 b_r

公差等级	4	5	6	7	8	9
$b_r/\mu m$	1.26(IT7)	IT8	1.26(IT8)	IT9	1.26(IT9)	IT10

注:表中 IT 值按齿轮分度圆直径从标准公差数值表中查取。

齿厚下偏差 E_{sni} 可按式（8-2-6）确定。

$$E_{sni} = E_{sns} - T_{sn} \qquad (8-2-6)$$

齿厚和齿厚偏差如图 8-2-5 所示。

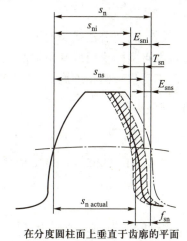

在分度圆柱面上垂直于齿廓的平面

——理论的;——实际的;---极限; s_n—法向齿厚; s_{ni}—齿厚的最小极限;

s_{ns}—齿厚的最大极限; $s_{n\,actual}$—实际齿厚; E_{sni}—齿厚允许的下偏差;

E_{sns}—齿厚允许的上偏差; f_{sn}—齿厚偏差; T_{sn}—齿厚公差

图 8-2-5　齿厚和齿厚偏差

2. 计算公法线平均长度上偏差 E_{bns}、下偏差 E_{bni} 和公差 T_{bn}

如前所述,公法线平均长度极限偏差能反映齿厚减薄的情况,且测量准确、方便。因此,对于外齿轮可以用公法线平均长度的极限偏差代替齿厚极限偏差,换算关系如式（8-2-7）~式（8-2-9）所示。

$$E_{bns} = E_{sns}\cos\alpha_n \qquad (8-2-7)$$

$$E_{bni} = E_{sni}\cos\alpha_n \qquad (8-2-8)$$

$$T_{bn} = T_{sn}\cos\alpha_n \qquad (8-2-9)$$

用计算法确定齿厚上、下偏差的代号比较麻烦。对一般的传动齿轮,也可参考《机械设计手册》,用类比法确定。

3. 计算法向(公称弦)齿厚、分度圆(公称)弦齿高、公法线长度

齿厚是以分度圆弧长(弧齿厚)计值,而测量时以弦长(弦齿厚)计值。

直齿圆柱齿轮法向压力角为 20°、变位系数为 0 时,齿轮分度圆上法向齿厚(公称弦齿厚)(s_n)与分度圆(公称)弦齿高(h_e)计算公式分别为:

$$s_n = m_n z \sin \frac{90°}{z} \tag{8-2-10}$$

$$h_e = m_n \left[1 + \frac{z}{2} \left(1 - \cos \frac{90°}{z} \right) \right] \tag{8-2-11}$$

测量齿厚是以齿顶圆为基准,测量结果受齿顶圆精度影响,此法适用于精度较低、模数较大的齿轮。

公法线长度 W_k 是在基圆柱切平面(公法线平面)上,跨 k 个齿(对外齿轮)或 k 个齿槽(对内齿轮),在接触到一个齿的右齿面和另一个齿的左齿面的两个平行平面之间测得的距离。

直齿圆柱齿轮法向压力角为 20°、变位系数为 0 时,公法线长度 W_k 的公称值及跨齿数 k 的计算公式分别为:

$$W_k = m_n \left[1.476(2k-1) + 0.014z \right] \tag{8-2-12}$$

$$k = \frac{z}{9} + 0.5 \tag{8-2-13}$$

因为齿轮的运动偏心会影响公法线长度,使公法线长度不相等,为了排除运动偏心对公法线长度的影响,应在齿轮圆周上 6 个部位测量取得实际值后取其平均值。

测量公法线长度与测量齿厚不同,不受齿顶圆精度影响,方法简单,因此被广泛应用。

三、齿轮精度的标注与设计

1. 齿轮精度的标注

齿轮精度指标在图样上的标注按照 GB/T 10095.1—2022 标准执行,如图 8-1-1 所示。

2. 齿轮精度设计

(1)确定齿轮的精度等级

选择齿轮的精度等级时,必须以齿轮传动的用途、使用条件以及对它的技术要求为依据,即要考虑齿轮的圆周速度,所传递的功率,工作持续时间,工作规范,对传递运动的准确性、平稳性、无噪声和振动性的要求。

确定齿轮精度等级的方法有计算法和类比法两种。由于影响齿轮传动精度的因素多而复杂,按计算法确定齿轮精度比较困难。类比法是根据以往产品设计、性能试验、使用过程中所积累的经验以及较可靠的技术资料进行对比,从而确定齿轮的精度等级。

生产实践中各级齿轮精度等级的应用如表 8-2-12 所示。

表 8-2-12　齿轮精度等级的应用

齿轮用途	精度等级	齿轮用途	精度等级	齿轮用途	精度等级
测量齿轮	2~5	轻型汽车	5~8	轧钢机	5~10
汽轮机减速器	3~6	机车	6~7	起重机械	6~10
金属切削机床	3~8	通用减速器	6~8	矿山绞车	8~10
航空发动机	3~7	载重汽车、拖拉机	6~9	农业机械	8~10

在机械传动中应用最多的齿轮既传递运动又传递动力,其精度等级与圆周速度密切相关。因此可计算出齿轮的最高圆周速度,再选用齿轮精度等级,如表 8-2-13 所示。

表 8-2-13　齿轮精度等级的选用

精度等级	圆周速度/(m/s)		齿面的终加工	工作条件
	直齿	斜齿		
3 级(极精密)	~40	~75	特别精密的磨削和研齿;用精密滚刀或单边剃齿后的大多数不经淬火的齿轮	要求特别精密的或在最平稳且无噪声的特别高速下工作的齿轮传动;特别精密机构中的齿轮;特别高速传动(透平齿轮);检测 5~6 级齿轮用的测量齿轮
4 级(特别精密)	~35	~70	精密磨齿;用精密滚刀和插齿或单边剃齿后的大多数齿轮	特别精密分度机构中或在最平稳且无噪声的极高速下工作的齿轮传动;特别精密分度机构中的齿轮;调整透平传动;检测 7 级齿轮用的测量齿轮
5 级(高精密)	~20	~40	精密磨齿;大多数用精密滚刀加工,进而挤齿或剃齿的齿轮	精密分度机构中或要求极平稳且无噪声的高速工作的齿轮传动;精密机构用齿轮;透平齿轮;检测 8 级和 9 级齿轮用测量齿轮
6 级(高精密)	~16	~30	精密磨齿或剃齿	要求最高效率且无噪声的调整下平衡工作的齿轮传动或分度机构的齿轮传动;特别重要的航空、汽车齿轮;读数装置用特别精密的传动齿轮
7 级(精密)	~10	~15	无须热处理仅用精确刀具加工的齿轮;至于淬火齿轮必须精整加工(磨齿、挤齿、珩齿等)	增速和减速用齿轮传动;金属切削机床送刀机构用齿轮;调整减速器用齿轮;航空、汽车用齿轮;读数装置用齿轮
8 级(中等精密)	~6	~10	不磨齿,必要时光整加工或对研	无须特别精密的一般机械制造用齿轮;包括在分度链中的机床传动齿轮;飞机、汽车制造业中的不重要齿轮;起重机构用齿轮;农业机械中的重要齿轮;通用减速器齿轮
9 级(较低精度)	~2	~4	无须特殊光整工作	用于粗糙工作的齿轮

(2)确定检验项目

根据新精度标准的规定,单个齿轮的检验可根据/考虑齿轮批量大小、供需双方意见、应用质量及成本等因素,选择测量参数,被测量参数表见表 8-2-14。典型测量方法及最少测量齿数见表 8-2-15。

表 8-2-14　被测量参数表

直径 /mm	齿面公差等级	最少可接受参数	
		默认参数表	备选参数表
$d \leqslant 4000$	$10 \sim 11$	$F_p, f_p, s, F_\alpha, F_\beta$	$s, c_p^2, F_{id}^1(F_i''), f_{id}^1(f_i'')$
	$7 \sim 9$	$F_p, f_p, s, F_\alpha, F_\beta$	s, c_p^2, F_{is}, f_{is}
	$1 \sim 6$	F_p, f_p, s $F_\alpha, f_{f\alpha}, f_{H\alpha}$ $F_\beta, f_{f\beta}, f_{H\beta}$	s, c_p^2, F_{is}, f_{is}
$d > 4000$	$7 \sim 11$	$F_p, f_p, s, F_\alpha, F_\beta$	$F_p, f_p, s, (f_{f\beta}$ 或 $c_p^2)$

注:1. 根据 GB/T 10095.2—2023,仅限于齿轮尺寸不受限制时。GB/T 10095.2—2023 标准中:径向综合总偏差用 F_{id} 表示,一齿径向综合偏差用 f_{id} 表示。GB/T 10095.2—2008 标准中:径向综合总偏差 F_i'' 表示,一齿径向综合偏差用 f_i'' 表示。

2. 采用接触斑点 c_p 评价时,应经供需双方同意。

表 8-2-15　典型测量方法及最少测量齿数

检查项目	典型测量方法	最少测量齿数
要素: F_p:齿距累积总偏差	双测头 单测头	全齿 全齿
f_p:单个齿距偏差	双测头 单测头	全齿 全齿
F_α:齿廓总偏差 $f_{f\alpha}$:齿廓形状偏差 $f_{H\alpha}$:齿廓倾斜偏差	齿廓测量	三齿
F_β:螺旋线总偏差 $f_{f\beta}$:螺旋线形状偏差 $f_{H\beta}$:螺旋线倾斜偏差	螺旋线测量	三齿
综合: F_{is}:切向综合总偏差	—	全齿
f_{is}:一齿切向综合偏差	—	全齿
c_p:接触斑点评价	—	三处
尺寸: s:齿厚	齿厚卡尺 跨棒距或棒间距 跨齿测量距 综合测量	三齿 两处 两处 全齿

（3）确定最小侧隙和计算齿厚偏差

由齿轮副的中心距合理地确定最小侧隙值,计算确定齿厚极限偏差。

（4）确定齿坯公差和表面粗糙度

根据齿轮的工作条件和使用要求,参考 GB/Z 18620.3—2008《圆柱齿轮检验实施规范　第 3 部分:齿轮坯、轴中心距和轴线平行度的检验》、GB/Z 18620.4—2008《圆柱齿轮检验实施规范　第 4 部分:表面结构和轮齿接触斑点的检验》确定齿坯的尺寸公差、几何公差和表面粗糙度。

(5)绘制齿轮工作图

绘制齿轮工作图,填写规格数据表,标注相应的技术要求。

 项目任务实施

任务回顾

本项目要求确定减速器输出轴上齿轮的精度等级、检验组、有关侧隙的指标、齿轮坯公差和表面粗糙度,并绘制齿轮图。已知:模数 $m_n = 3.0$ mm,输入轴齿数 $z_1 = 26$,输出轴齿数 $z_2 = 76$,法向压力角 $\alpha_n = 20°$,齿宽 $b = 63$ mm,中心距 $= 153$ mm,孔径 $D = 60$ mm,输出转速 $n = 500$ r/min,轴承跨距 $L = 110$ mm,齿轮材料为 45 钢,减速器箱体为铸铁,齿轮工作温度为 55℃,小批量生产。

任务实施

一、确定齿轮精度

(1)确定齿轮的精度等级

普通减速器传动齿轮,由表 8-2-12 初步选定,齿轮的精度等级在 6～8 级。根据齿轮输出轴转速 $n = 500$ r/min,齿轮的圆周速度为:

$$v = \frac{\pi dn}{1\ 000 \times 60} = \frac{3.14 \times 3 \times 76 \times 500}{1\ 000 \times 60} \text{ m/s} \approx 5.96 \text{ m/s}$$

由表 8-2-13 确定齿轮的精度等级为 7。一般减速器对传递运动准确性要求不高,从而确定齿轮传递运动准确性、传动平稳性、载荷分布均匀性的精度等级分别为 8、7、7 级。

(2)确定齿轮检验项目及其公差值

普通减速器传动齿轮,小批量生产,中等精度,无振动、噪声等特殊要求,由表8-2-14 选用 F_p,f_p,s,F_α,F_β 检验项目。

减速器从动齿轮的分度圆直径 $d = m_n \times z_2 = 3 \times 76$ mm $= 228$ mm

由表 8-2-1 得 $F_{pT} = (0.002d + 0.55\sqrt{d} + 0.7m_n + 12)\sqrt{2}^{A-5} = 64.66$ μm $= 0.065$ mm

由表 8-2-1 得 $f_{pT} = (0.001d + 0.4m_n + 5)\sqrt{2}^{A-5} = 12.856$ μm $= 0.013$ mm

由表 8-2-1 得 $f_{H\alpha T} = (0.4m_n + 0.001d + 4)\sqrt{2}^{A-5} = 10.856$ μm

$$f_{f\alpha T} = (0.55m_n + 5)\sqrt{2}^{A-5} = 13.3 \text{ μm}$$

$$F_{\alpha T} = \sqrt{f_{H\alpha T}^2 + f_{f\alpha T}^2} = 17.168 \text{ μm} = 0.017 \text{ mm}$$

由表 8-2-1 得

$$f_{H\beta T} = (0.05\sqrt{d} + 0.35\sqrt{b} + 4)\sqrt{2}^{A-5} = 15.066 \text{ μm}$$

$$f_{f\beta T} = (0.07\sqrt{d} + 0.45\sqrt{b} + 4)\sqrt{2}^{A-5} = 17.257 \text{ μm}$$

$$F_{\beta T} = \sqrt{f_{H\beta T}^2 + f_{f\beta T}^2} = 22.9 \ \mu m = 0.023 \ mm$$

二、确定齿轮副公差

（1）确定最小侧隙

减速器中两齿轮中心距：$a = \dfrac{m_n(z_1 + z_2)}{2} = 153 \ mm$

由于 $v = 5.96 m/s < 15 m/s$

所以最小侧隙按式（8-2-3）计算为

$$j_{bnmin} = \frac{2}{3}(0.06 + 0.000\,5a + 0.03\,m_n) = 0.151 \ mm$$

（2）计算齿厚偏差

由式（8-2-4）得齿厚上偏差 E_{sns} 为

$$E_{sns} = -\frac{j_{bnmin}}{2\cos\alpha_n} = -0.080 \ mm$$

由表 8-2-11 得 $b_r = 1.26 \times IT9 = 0.145 \ mm$。

由式（8-2-5）得齿厚公差 T_{sn} 为

$$T_{sn} = \sqrt{F_r^2 + b_r^2} \times 2\tan\alpha = 0.113 \ mm = 113 \ \mu m$$

由式（8-2-6）得齿厚下偏差 E_{sni} 为

$$E_{sni} = E_{sns} - T_{sn} = -0.080 \ mm - 0.113 \ mm = -0.193 \ mm$$

由式（8-2-10）得法向（公称弦）齿厚 $s_n = m_n z_2 \sin\dfrac{90°}{z} = 4.712 \ mm$。

三、确定齿坯精度

（1）确定齿坯尺寸公差

查表 8-2-5 可知齿坯内孔尺寸精度等级为 IT7。齿轮与轴配合选用基孔制，则孔的公差带代号为 $\phi 60H7 = \phi 60_{\ 0}^{+0.030} \ mm$。

齿顶圆直径 $d_a = (z_2 + 2)m = 234 \ mm$。当以齿顶圆作为测量齿厚的基准时，查表 8-2-5 齿顶圆直径极限偏差为：

$$\pm T_d = \pm 0.05\,m = \pm 0.15 \ mm$$

（2）各基准面的几何公差

本齿轮是长圆柱面为定位基准，需要控制定位孔的圆柱度。查表 8-2-6 可知各基准面的几何公差。

内孔圆柱度公差 t：$0.04(L/b)F_\beta = 0.002 \ mm$，$0.1F_p = 0.007 \ mm$，取两者中小者，得 $t = 0.002 \ mm$

（3）齿轮表面粗糙度

查表 8-2-7 确定齿轮表面粗糙度。

模数 $m = 3.0 \ mm$，齿轮精度为 7 级，硬齿面 $Ra \leqslant 1.6 \ \mu m$；齿坯内孔 Ra 上限值为 $1.6 \ \mu m$；

端面 Ra 上限值为 3.2 μm；顶圆 Ra 上限值为 6.3 μm；其余表面粗糙度上限值为12.5 μm。

四、绘制齿轮工作图

绘制齿轮工作图,标注相应的技术要求如图 8-2-6 所示。

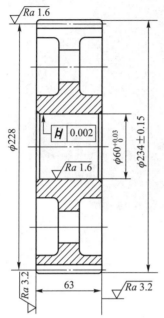

模数	m_n	3
齿数	z	76
法向压力角	α_n	20°
齿顶高系数	h_a^*	1
精度等级	8-7-7	GB/T 10095.1—2022
齿距累积总偏差	F_p	0.065
单个齿距偏差	f_p	0.013
齿廓总偏差	F_α	0.017
螺旋线总偏差	F_β	0.023
齿厚及其偏差	$S_{E_{sni}}^{E_{sns}}$	$4.712_{-0.192}^{-0.080}$

图 8-2-6　齿轮工作图

 项目思考与习题

1. 某直齿轮图样上标注了 7-6-6GB/T 10095.1—2022,模数 $m_n = 3$ mm,法向压力角 $\alpha_n = 20°$,齿数 $z = 32$,齿宽 $b = 30$ mm,该齿轮加工后经测量的结果为:$\Delta F_p = 0.040$ mm,$\Delta F_\alpha = 0.010$ mm,$\Delta F_\beta = 0.015$ mm,$\Delta f_p = 0.008$ mm。试判断该齿轮精度指标的合格性;如采用 7-6-6 GB/T 10095.1—2022 的标注方式,试计算 F_{pT},f_{pT},$F_{\alpha T}$,$F_{\beta T}$。

2. 在某普通机床的主轴箱中有一对直齿轮副,采用油池润滑。已知:$z_1 = 20$, $z_2 = 48$, $m_n = 2.75$ mm,$B_1 = 24$ mm,$B_2 = 20$ mm,法向压力角 $\alpha_n = 20°$,$n_1 = 1\,750$ r/min;齿轮材料是 45 钢,其线胀系数 $\alpha_1 = 11.5 \times 10^{-6}/℃$,箱体为铸铁材料,其线胀系数 $\alpha_2 = 10.5 \times 10^{-6}/℃$;齿轮工作温度 $t_1 = 60℃$,箱体温度 $t_2 = 40℃$;内孔直径为 30 mm。试设计小齿轮的精度,并将设计确定的各项技术要求标注在小齿轮工作图上。

项目三

圆柱齿轮的测量

项目目标

知识目标

掌握使用齿厚游标卡尺测量直齿圆柱齿轮齿厚的检测原理；

掌握使用公法线千分尺测量直齿圆柱齿轮公法线长度的检测原理；

掌握使用便携式齿轮齿距仪测量直齿圆柱齿轮齿距的检测原理；

掌握使用齿轮径向跳动检查仪测量直齿圆柱齿轮径向跳动的检测原理；

了解齿轮检测中心测量齿轮齿形、齿向、齿距偏差的检测原理。

技能目标

能够使用齿厚游标卡尺检测直齿圆柱齿轮的齿厚，并判断其合格性；

能够使用公法线千分尺检测直齿圆柱齿轮的公法线长度，并判断其合格性；

能够使用便携式齿轮齿距仪检测直齿圆柱齿轮的齿距，并判断其合格性；

能够使用齿轮径向跳动检查仪检测直齿圆柱齿轮的径向跳动，并判断其合格性；

能够使用齿轮检测中心检测齿轮齿形、齿向、齿距偏差，并判断其合格性。

素质目标

培养安全第一的职业素养；

培养规范操作的职业习惯；

培养勤于动手、实事求是、精益求精的工匠精神。

项目任务与要求

（1）使用齿厚游标卡尺测量直齿圆柱齿轮的齿厚，判定合格性。
（2）使用公法线千分尺测量直齿圆柱齿轮的公法线长度，判定合格性。
（3）使用便携式齿轮齿距仪测量直齿圆柱齿轮的齿距，判定合格性。
（4）使用齿轮径向跳动检查仪测量直齿圆柱齿轮的径向跳动，判定合格性。
（5）使用齿轮检测中心测量斜齿圆柱齿轮的齿形、齿向、齿距，判定合格性。

项目预备知识

一、齿厚游标卡尺

齿厚游标卡尺测量齿厚如图 8-3-1 所示。齿厚游标卡尺的分度值是 0.02 mm，可测量模数为 1~26 mm 的齿轮。它相当于两个游标卡尺的组合，高度游标卡尺用来控制弦齿高 h，水平游标卡尺用来测量弦齿厚 s。其原理和读数方法与普通游标卡尺相同。

动画
齿厚测量

二、公法线千分尺

公法线千分尺测量公法线长度如图 8-3-2 所示。公法线的分度值是 0.01 mm，测量范围有 0~25、25~50、50~75 mm 等。其原理和读数方法与普通外径千分尺相同。

动画
公法线测量

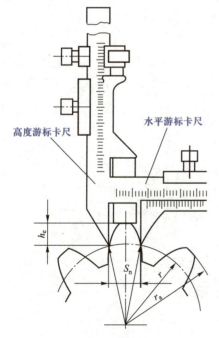

图 8-3-1　齿厚游标卡尺
测量齿厚

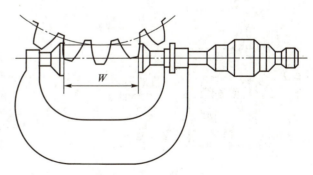

图 8-3-2　公法线千分尺
测量公法线长度

三、便携式齿轮齿距仪

便携式齿轮齿距仪测量齿距如图 8-3-3 所示,使用步骤如下:

1) 根据被测齿轮的模数,调整固定量爪 4 的位置到模数标尺的相应刻线上,再用固定螺钉 6 紧固。

2) 调整基准齿距　将齿距仪以底面上的三个圆销放置在平板上,使活动量爪 3 和固定量爪 4 能与被测齿轮相邻两个同侧齿面在分度圆附近接触,同时调整两个定位支脚 2 的位置,使它们与被测齿轮的齿顶圆接触,并拧紧四个固定螺钉 5(注意:指示表指针应有一定的压缩量)。

3) 旋转指示表的表盘,使零刻线对准指针。

4) 将齿距仪的量爪和定位支脚稍稍移开齿轮,使其重新接触,以检查指示表示值的稳定性,重复三次,待指示表示值稳定后,重新调整示值零位。以此处齿距作为测量其余齿距的基准齿距。

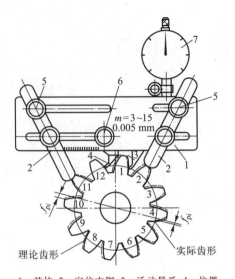

1—基体;2—定位支脚;3—活动量爪;4—位置
可调整的固定量爪;5—支脚 2 的固定螺钉;
6—量爪 4 的固定螺钉;7—指示表

图 8-3-3　便携式齿轮齿距仪测量齿距

四、齿轮径向跳动检查仪

齿轮径向跳动测量原理如图 8-3-4 所示。径向圆跳动误差 ΔF_r 是指在齿轮一转范围内,测头在齿槽内或轮齿上与齿高中部双面接触,测头相对于齿轮轴心线的最大变动量。

齿轮径向跳动检查仪如图 8-3-5 所示。被测齿轮与心轴一起装在两顶针之间,两顶针架装在滑板 1 上。转动手轮 2,可使滑板纵向移动。扳动提升器 9,可使指示表下降,测头伸入齿槽或抬起退出齿槽。该仪器可测模数为 0.3~5 mm 的齿轮。为了测量各种不同模数的齿轮,仪器备有不同直径的球形测头、锥形测头、V 形测头。

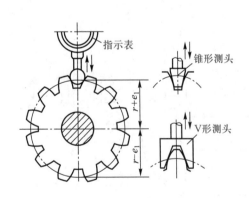

图 8-3-4　齿轮径向跳动测量原理

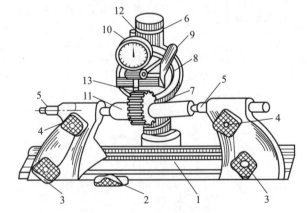

1—滑板;2—手轮;3、4、12—紧固螺钉;5—顶尖;
6—立柱;7—指示表架升降调节螺母;8—指示表架;
9—提升器;10—百分表;11—心轴;13—百分表测头

图 8-3-5　齿轮径向跳动检查仪

为了使侧头球面在被测齿轮的分度附近与齿面接触,球形测头 d_p 的直径应按下式选取:

$$d_p = 1.68m_n$$

式中,m_n——齿轮法向模数,mm。

五、 齿轮测量中心

齿轮测量中心如图 8-3-6 所示,该设备的主要特点如下:

图 8-3-6　齿轮测量中心

1. 稳定高效的主机系统

机械主机包括:基座,一个由 DDR 电动机驱动、带高分辨率封闭圆光栅的精密密珠数控圆转台(C);三个(X、Y、Z)由交流伺服驱动的单元、精密滚珠丝杠、滚动直线钢导轨、高精度光栅等组成的直线轴;工件立柱导轨(精密直线导轨),交流伺服电动机驱动上顶尖座移动,压紧自动停止,上顶尖为精密密珠轴系。

2. 先进的准 3D 数字扫描测头系统

扫描式传感器采用准 3D 数字测头系统,可同时使用任意两个测量方向(XY,XZ,YZ)进行测量。其测量方向采用高精度光栅,信号稳定抗干扰,测球更换采用三点定位磁力吸盘,更换简单方便,重复定位精度高,具有 $X/Y/Z$ 向过量程保护和机械限位保护功能,并且 $X/Y/Z$ 向都可单独锁定绝对零位。此测头可满足齿轮、刀具及各种复杂表面的不同测量要求,达到世界先进水平。

3. 国际化的测头管理系统

采用国际高档齿轮测量中心通常使用的测头管理系统,对每个测球、每根测杆预先进行变形修正,对切向、垂直、径向分别进行标定、保存,通过三点定位磁力吸盘进行测球更换,无需频繁进行测头标定,管理系统按时间进行人性化管理、提醒。

4. 精准的控制及采集系统

实现真正的全闭环控制。仪器各直线运动轴采用交流伺服电动机驱动,圆向旋转轴采用直接驱动电动机,与各坐标轴的高精度光栅配合,在控制器的统一协调下达到仪器坐标轴的全闭环动态位置控制和测量位置全量数据采集,全自动完成测量。

5. 独特的层次控制理念

采用了全新的分层控制理念,把实时性要求高的动作放在底层完成,而顶层的计算机系统主要完成数据录入、计算、处理、显示和打印,合理的分工大大提高了仪器整体的可靠性、效率和速度,对任何测量都提供了可能。

项目任务实施

一、使用齿厚游标卡尺测量直齿圆柱齿轮的齿厚，判定合格性

1. 读零件图,获取技术信息

2. 测量器具及被测齿轮的准备

操作视频
直齿圆柱齿轮
齿厚的测量

① 选用齿厚游标卡尺和外径千分尺(或游标卡尺)。

② 检查测量器具,清洁测量器具和待测齿轮,校对零位。

3. 用外径千分尺(或游标卡尺)测量齿顶圆实际直径 d'_a,计算齿顶圆的实际偏差 $\Delta r_e \left(\Delta r_e = \dfrac{1}{2} (d_a - d'_a) \right)$

4. 计算分度圆上的弦齿高 h_e 和法向齿厚 s_n。

$$h_e = m_n \left[1 + \frac{z}{2} \left(1 - \cos \frac{90°}{z} \right) \right]$$

$$s_n = m_n z \sin \frac{90°}{z}$$

考虑到定位基准(齿顶圆)可能有加工误差,测量弦齿高 h 应根据齿顶圆半径的实际偏差加以修正,即

$$h = m_n \left[1 + \frac{z}{2} \left(1 - \cos \frac{90°}{z} \right) \right] (r_a - r'_a)$$

式中:r_a——齿顶圆公称半径,mm;

$\quad\quad r'_a$——齿顶圆实际半径,mm;

$\quad m_n$——齿轮法向模数,mm。

5. 按修正后的 h 调整齿厚游标卡尺的高度游标卡尺,锁紧高度游标卡尺。

6. 采集数据。

如图 8-3-1 所示,将齿厚游标卡尺置于轮齿上,使定位高度游标卡尺与齿顶接触,利用测量爪与齿面接触(可用是否透光判断接触是否良好),从水平游标卡尺读出分度圆弦齿厚的实际值,做好测试记录。

重复前述操作,在齿圈上每隔90°检查一个齿,至少测量四个齿的实际弦齿厚值。

7. 数据处理

实际弦齿厚减去公称弦齿厚,即为分度圆上的齿厚偏差值 ΔE_s。

取差值最大者作为被测齿轮的实际齿厚偏差。

8. 完成检测记录,判断合格性

9. 整理检测现场

二、使用公法线千分尺测量直齿圆柱齿轮的公法线长度，判定合格性

1. 读零件图，获取技术信息

2. 确定跨齿数 k，计算公法线长度公称值 W

操作视频
直齿圆柱齿轮
公法线长度的
测量

$$W_k = m_n \left[1.476(2k-1) + 0.014z \right]$$

式中：m_n——齿轮法向模数，mm；

k——跨齿数，对于标准直齿轮，$k = \dfrac{z}{9} + 0.5$（采用四舍五入法取整数）；

z——齿数。

3. 测量器具及被测齿轮的准备

① 根据公法线长度公称值选择相应的公法线千分尺。

② 检查测量器具，清洁测量器具和待测齿轮。

③ 选择量块，用量块校对公法线千分尺零位。

4. 采集数据

如图 8-3-2 所示，逐次测量所有的公法线实际长度，做好记录。

5. 数据处理

找出实测公法线长度的最大值 W_{max} 与最小值 W_{min}，计算公法线长度变动 ΔF_w。

$$\Delta F_w = W_{max} - W_{min}$$

取测得的公法线长度的平均值 $\overline{W}$ 与公称值 W_k 之差，计算公法线平均长度偏差 ΔE_{bn}。$\Delta E_{bn} = \overline{W} - W_k$

6. 完成检测记录，判断合格性

按 $\Delta F_W \leqslant T_{bn}$ 和 $E_{bni} \leqslant \Delta E_{bn} \leqslant E_{bns}$ 判断合格性。

三、使用便携式齿轮齿距仪测量直齿圆柱齿轮的齿距，判定合格性。

1. 读零件图，获取技术信息

2. 测量器具及被测齿轮的准备

① 选用便携式齿轮齿距仪，如图 8-3-3 所示。

② 检查测量器具，清洁测量器具和待测齿轮。

③ 调整固定量爪位置。

3. 采集数据

逐齿测量各个实际齿距相对于理论齿距的任一单个齿距偏差 f_{pi}（对每个齿距测量两次，取两次指示表示值的平均值），列表记录指示表的示值（测完所有的齿距后，复查指示表示值零位）。

4. 数据处理

① 按齿序记录指示表示值 f_{pi}（测量数据）；

② 单个齿距偏差 $f_p = \max |f_{pi}|$；

③ 将 n 个 f_{pi} 逐齿累加，得到任一齿距累积偏差 F_{pi}，任一齿距累积偏差 $F_{pi} = \sum\limits_{i=1}^{n} f_{pi}$；

④ 齿距累积总偏差 $F_p = F_{pi,max} - F_{pi,min}$

5. 完成检测记录,判断合格性

6. 整理检测现场

四、使用齿轮径向跳动检查仪测量直齿圆柱齿轮径向跳动，判定合格性。

1. 读零件图,获取技术信息

2. 测量器具及被测齿轮的准备

① 选用齿轮径向跳动检查仪,如图 8-3-5 所示。

② 检查测量器具,清洁测量器具和待测齿轮。

③ 根据被测齿轮的模数选取适当直径的球形测头装于指示表测杆下端。

④ 将齿轮安装在仪器的两顶尖上,使其既能转动又无轴向窜动。

⑤ 转动手轮,移动滑板使齿轮位于指示表的下方。

3. 采集数据

① 向前搬动手柄,使测量头进入齿槽。松开立柱背后的锁紧螺母,转动螺母,使测量架下降,直至测量头与齿槽接触,并且指示表指针大致指在零点附近,然后锁紧。转动表盘使指示表指针对零。

② 向后搬动手柄,抬起指示表。转动被测齿轮,使测量头进入第二齿槽的测量部位,记录表示值。

③ 重复步骤②的操作,逐齿测量一圈。

4. 数据处理

指示表上读得的最大读数与最小读数之差,即为齿轮径向跳动误差 ΔF_r 值。

5. 完成检测记录,判断合格性

6. 整理检测现场

操作视频

三坐标齿轮测量

五、使用齿轮检测中心测量斜齿圆柱齿轮的齿形、齿向、齿距，判定合格性。

主要检测内容有,齿形:齿廓总偏差 F_α、齿廓形状偏差 $f_{f\alpha}$、齿廓倾斜偏差 $f_{H\alpha}$;齿向:螺旋线总偏差 F_β、螺旋线形状偏差 $f_{f\beta}$、螺旋线倾斜偏差 $f_{H\beta}$;齿距:单个齿距偏差 f_p、任一齿距累积偏差 f_{pi}、累积总偏差 F_p 等检验项目。

1. 安装齿轮

将齿轮的齿面、内孔擦拭干净,安装到已经擦拭干净的检验轴上(如果是齿轮轴,擦拭干净齿面及轴两端的中心孔),将检验轴安装到齿轮测量中心的上下顶尖中。

2. 输入参数

在计算机软件中输入齿轮待检测的齿数、模数、压力角、螺旋角、变位系数等参数。

3. 自动测量

参数输入完成后,进行全自动控制仪器误差补偿(安装偏心、导轨误差自动修正)、依次测量各检测项目、进行数据采集、测量结果误差评值及测量结果输出。

4. 判断合格性

5. 整理检测现场

零件测量实验工作手册

班级 _____

学号 _____

姓名 _____

目　　录

任务一　用外径千分尺测量联接轴轴径尺寸

班级：＿＿＿＿＿＿＿　姓名：＿＿＿＿＿＿　学号：＿＿＿＿＿＿　日期：＿＿＿＿＿＿＿＿＿＿

小组序号：＿＿＿＿　成员：＿＿＿＿＿＿＿＿＿＿＿＿＿＿＿＿＿＿＿＿＿＿＿＿＿＿＿

项目评价表

考核项目	权重	评分			
		自评得分　　%	互评得分　　%	教师评分　　%	综合评分
项目计划决策	%				
项目实施过程	%				
项目评估讨论	%				
职 业 素 养	%				

一、项目任务

如图 1-1 所示为某企业加工的联接轴零件图样。用外径千分尺测量该联接轴的两外圆直径尺寸 $\phi 45^{+0.001}_{-0.025}$ 和 $\phi 25^{-0.020}_{-0.041}$，并判断连接轴的两外圆直径是否合格。

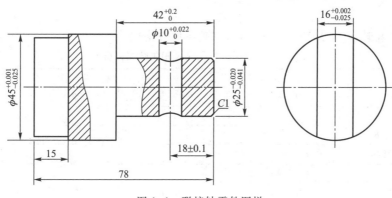

图 1-1　联接轴零件图样

二、项目计划决策

1. 检测任务

本任务要求用＿＿＿＿＿＿＿＿测量联接轴＿＿＿＿＿＿和＿＿＿＿＿＿的两外圆尺寸，并判断其是否合格。

2. 验收极限及工量具选用

在表 1-1 中列出本次任务的检测内容及工量具名称和规格。

表 1-1　检测内容及工量具名称和规格

公称尺寸	极限偏差		极限尺寸		验收极限(安全裕度 $A=$)	
	es	ei	上极限尺寸	下极限尺寸	上验收极限	下验收极限
计量器具	名称		分度值		示值范围	测量范围
测量方向示意图						

3. 检测计划

写出小组讨论后制定的检测计划或方案。

三、项目实施

1. 按照制定的检测计划或方案,完成各自的任务准备工作。

2. 按照计划流程,完成检测并写出测量步骤。

3. 记录测量数据,填入表 1-2 中并处理,判断零件合格性。

表 1-2　测量数据记录及相关数据分析

被测尺寸 $\phi 45^{+0.001}_{-0.025}$				判断合格性
测量位置	Ⅰ—Ⅰ	Ⅱ—Ⅱ	Ⅲ—Ⅲ	
测量方向 $A—A'$				
$B—B'$				
实测尺寸平均值/mm				
被测尺寸 $\phi 25^{-0.020}_{-0.041}$				判断合格性
测量位置	Ⅰ—Ⅰ	Ⅱ—Ⅱ	Ⅲ—Ⅲ	
测量方向 $A—A'$				
$B—B'$				
实测尺寸平均值/mm				

四、项目讨论、评估和总结

根据检测完成过程情况,进行讨论、小组评估和总结。

五、项目思考

1. 如何对外径千分尺调零?

2. 使用外径千分尺的注意事项有哪些?

3. 外径千分尺如何保养?

任务二 用内径百分表测量轴套孔径尺寸

班级：＿＿＿＿＿＿＿ 姓名：＿＿＿＿＿＿ 学号：＿＿＿＿＿ 日期：＿＿＿＿＿＿＿＿＿＿

小组序号：＿＿＿＿ 成员：＿＿＿＿＿＿＿＿＿＿＿＿＿＿＿＿＿＿＿＿＿＿＿＿

项目评价表

考核项目	权重	评分			
		自评得分 ＿＿＿%	互评得分 ＿＿＿%	教师评分 ＿＿＿%	综合评分
项目计划决策	＿％				
项目实施过程	＿％				
项目评估讨论	＿％				
职 业 素 养	＿％				

一、项目任务

如图 2-1 所示为某企业的轴套零件图样，用内径百分表测量 $\phi32^{+0.050}_{0}$ 的孔径尺寸，并判断其是否合格。

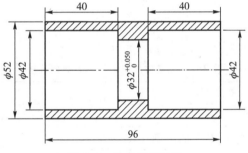

图 2-1 轴套零件图样

二、项目计划决策

1. 检测任务

本任务要求用＿＿＿＿＿＿＿＿测量轴套孔径尺寸＿＿＿＿＿＿＿＿，并判断其是否合格。

2. 验收极限及工量具选用

在表 2-1 中列出本次任务的检测内容及工量具名称和规格。

表 2-1 检测内容及工量具名称和规格

公称尺寸	极限偏差		极限尺寸		验收极限（安全裕度 $A=$ ）	
	ES	EI	上极限尺寸	下极限尺寸	上验收极限	下验收极限

计量器具	名称	分度值	示值范围	测量范围

测量方向示意图 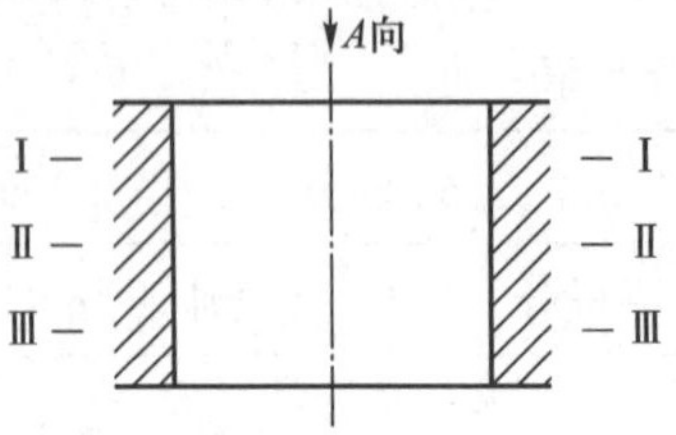 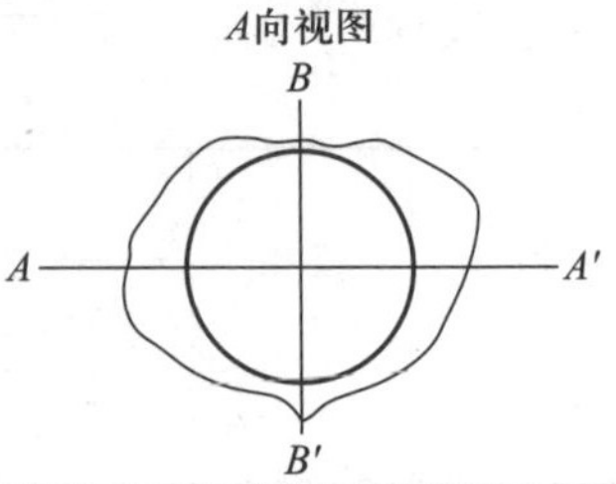	

3.检测计划

写出小组讨论后制定的检测计划或方案。

三、项目实施

1.按照制定的检测计划或方案,完成各自的任务准备工作。

2.按照计划流程,完成检测并写出测量步骤。

3.记录测量数据,填入表 2-2 中并处理,判断零件合格性。

表 2-2　测量数据记录及相关数据分析

被测内孔尺寸 $\phi 32^{+0.050}_{0}$							判断合格性
测量位置		偏差/mm			实际尺寸/mm		
		Ⅰ—Ⅰ	Ⅱ—Ⅱ	Ⅲ—Ⅲ	Ⅰ—Ⅰ	Ⅱ—Ⅱ	Ⅲ—Ⅲ	
测量方向	A—A'							
	B—B'							
实测尺寸平均值								

四、项目讨论、评估和总结

根据检测完成过程情况,进行讨论、小组评估和总结。

五、项目思考

1.为什么要在摆动内径百分表时调零和读数? 指针转折点是最小值还是最大值,为什么?

2.可换固定测量头磨损对测量结果有影响吗?

3.怎样判断孔类零件尺寸是否符合装配要求?

任务三　用水平仪测量车床导轨直线度误差

班级：＿＿＿＿＿＿＿＿　姓名：＿＿＿＿＿＿＿　学号：＿＿＿＿＿＿　日期：＿＿＿＿＿＿＿＿＿＿＿＿

小组序号：＿＿＿＿　成员：＿＿＿＿＿＿＿＿＿＿＿＿＿＿＿＿＿＿＿＿＿＿＿＿＿＿

项目评价表

考核项目	权重	评分			
		自评得分　　　　%	互评得分　　　　%	教师评分　　　　%	综合评分
项目计划决策	%				
项目实施过程	%				
项目评估讨论	%				
职 业 素 养	%				

一、项目任务

如图 3-1 所示为某企业生产的卧式车床 V 型导轨，图中给出了 V 型导轨上棱边的直线度公差要求。本任务的要求是：

1. 识读 V 型导轨上棱边的直线度公差要求；

2. 用水平仪测量 V 型导轨两斜面交线的直线度误差值，判断导轨的直线度是否合格。

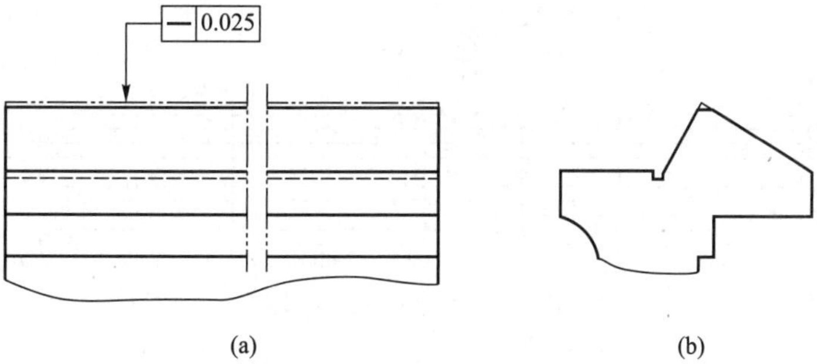

(a)　　　　　　　　　　　　　　　　　　　(b)

图 3-1　卧式车床 V 型导轨

二、项目计划决策

1. 检测内容

被测零件名称：＿＿＿＿＿＿＿＿＿＿＿＿ ，直线度公差要求：＿＿＿＿＿＿＿＿＿＿＿mm。

2. 工量具选用

在表 3-1 中列出本次任务所使用的检测工量具名称及规格。

表 3-1　检测工量具名称及规格

名称				
规格				

3. 检测计划

写出小组讨论后制定的检测计划或方案。

三、项目实施

1. 按照制定的检测计划或方案,完成各自的任务准备工作。

2. 按照计划流程,完成检测并写出测量步骤。

3. 记录并处理测量数据,填入表 3-2。

表 3-2   导轨直线度检测数据记录表

节距序号	1	2	3	4	5	6	7	8
测得数值(格)								
相对值(格)								
累积值(格)								

4. 处理数据,分析测量结果,判断零件合格性。

(1)为了便于绘制曲线图及简化计算,将测得的原始数值统一减去＿＿＿,得出相对值,填入数据记录表 3-2。表中相对值是指两相邻节距点读数的差值。

(2)被测节距点相对于起始点读数的差值称为累积值,计算累积值并填入表 3-2。

(3)绘制图 3-2 导轨直线度曲线图。

图 3-2   导轨直线度曲线图

(4)计算最大误差格数

(5)计算导轨直线度误差

(6)判断零件直线度是否合格

四、项目讨论、评估和总结

根据检测完成过程情况,进行讨论、小组评估和总结。

五、项目思考

用最小包容区域作出平行线后,为什么不用平行线的间距作为直线度误差值,而取纵坐标方向的距离?

任务四　用千分表测量小平板工作面平面度误差

班级:＿＿＿＿＿＿＿　姓名:＿＿＿＿＿＿　学号:＿＿＿＿＿　日期:＿＿＿＿＿＿＿＿＿＿＿

小组序号:＿＿＿＿　成员:＿＿＿＿＿＿＿＿＿＿＿＿＿＿＿＿＿＿＿＿＿＿＿＿＿＿

项目评价表

考核项目	权重	评分			
		自评得分　　%	互评得分　　%	教师评分　　%	综合评分
项目计划决策	%				
项目实施过程	%				
项目评估讨论	%				
职 业 素 养	%				

一、项目任务

如图4-1所示是某企业加工的一块工作面为 300 mm×200 mm 的长方形小平板图样,图中给出了工作面的平面度公差。本任务的要求是:

1. 识读小平板工作面平面度公差要求;

2. 用三点法测量小平板工作面的平面度误差值,并判断工作面的平面度是否合格。

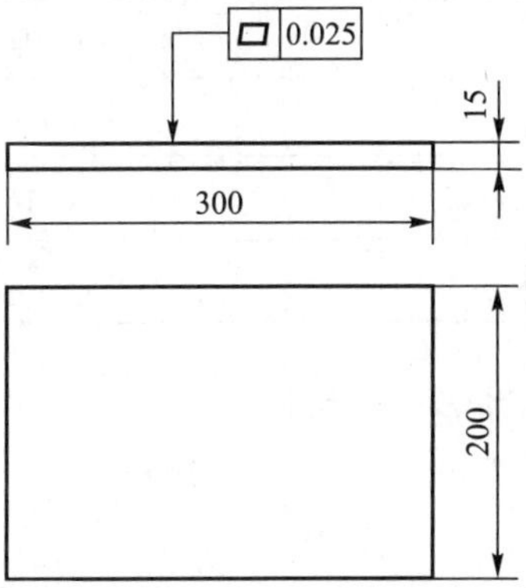

图4-1　小平板图样

二、项目计划决策

1. 检测内容

被测零件名称:＿＿＿＿＿＿＿ ,平面度公差要求:＿＿＿＿＿＿＿mm。

2. 工量具选用

在表4-1中列出本次任务所使用的检测工量具名称及规格。

表 4-1　检测工量具名称及规格

名称				
规格				

3. 检测计划

写出小组讨论后制定的检测计划或方案。

三、项目实施

1. 按照制定的检测计划或方案,完成各自的任务准备工作。

2. 按照计划流程完成检测,并写出测量步骤。

3. 记录并处理测量数据,填入表 4-2。

表 4-2　平面度误差各测点千分表读数值　　　　　　　　　mm

测点序号	1	2	3	4	5	6	7	8	9	10
千分表示值										
测点序号	11	12	13	14	15	16	17	18	19	20
千分表示值										

4. 处理数据,分析测量结果,判断零件合格性。

测点＿＿＿处相对于基准平面最低,为＿＿＿＿＿mm;测点＿＿＿＿＿处相对于基准平面最高,为＿＿＿＿＿＿＿mm。

四、项目讨论、评估和总结

根据检测完成过程情况,进行讨论、小组评估和总结。

五、项目思考

平面度的最小包容区域判别准则是什么?

任务五　用百分表测量薄壁套圆度误差

班级：＿＿＿＿＿＿＿　姓名：＿＿＿＿＿＿＿　学号：＿＿＿＿＿＿　日期：＿＿＿＿＿＿＿＿＿＿

小组序号：＿＿＿＿　成员：＿＿＿＿＿＿＿＿＿＿＿＿＿＿＿＿＿＿＿＿＿＿＿＿＿

项目评价表

考核项目	权重	评分			
		自评得分　　％	互评得分　　％	教师评分　　％	综合评分
项目计划决策	％				
项目实施过程	％				
项目评估讨论	％				
职 业 素 养	％				

一、项目任务

如图 5-1 所示是某企业用三爪自定心卡盘装夹加工的薄壁套图样。本任务的要求是：

1. 识读薄壁套的圆度公差要求；

2. 用三点法测量该薄壁套的圆度误差值，判断薄壁套的圆度是否合格。

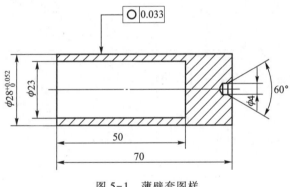

图 5-1　薄壁套图样

二、项目计划决策

1. 检测内容

被测零件名称：＿＿＿＿＿＿＿＿＿，圆度公差要求：＿＿＿＿＿＿＿＿＿mm。

2. 工量具选用

在表 5-1 中列出本次任务所使用的检测工量具名称及规格。

表 5-1　检测工量具名称及规格

名称				
规格				

3. 检测计划

写出小组讨论后制定的检测计划或方案。

三、项目实施

1. 按照制定的检测计划或方案,完成各自的任务准备工作。

2. 按照计划流程,完成检测并写出测量步骤。

3. 记录并处理测量数据,填入表 5-2。

表 5-2 薄壁套圆度检测数据记录表   mm

测量截面序号	1	2	3	4	5	6
最大读数值 f_{max}						
最小读数值 f_{min}						
差值 Δ						

4. 处理数据,分析测量结果,判断零件合格性。

四、项目讨论、评估和总结

根据检测完成过程情况,进行讨论、小组评估和总结。

五、项目思考

本项目薄壁套圆柱面的棱数是多少?为什么?其圆柱度误差采用的是几点法测量?

任务六　用百分表测量导轨平行度误差

班级：＿＿＿＿＿＿＿　姓名：＿＿＿＿＿＿　学号：＿＿＿＿＿　日期：＿＿＿＿＿＿＿＿＿

小组序号：＿＿＿＿　成员：＿＿＿＿＿＿＿＿＿＿＿＿＿＿＿＿＿＿＿＿＿＿＿＿＿

项目评价表

考核项目	权重	评分				
		自评得分　　%	互评得分　　%	教师评分　　%	综合评分	
项目计划决策	%					
项目实施过程	%					
项目评估讨论	%					
职 业 素 养	%					

一、项目任务

如图 6-1 所示为某企业生产的卧式车床导轨图样，图中给出了平面导轨对 V 型导轨棱线的平行度公差要求。本任务的要求是：

1. 识读平面导轨平行度公差要求；

2. 用百分表测量平面导轨对 V 型导轨棱线的平行度误差值，并判断导轨的平行度是否合格。

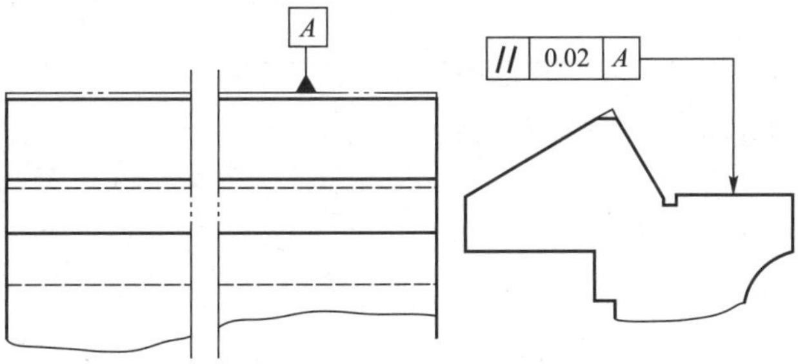

图 6-1　卧式车床导轨图样

二、项目计划决策

1. 检测内容

被测零件名称：＿＿＿＿＿＿＿＿＿，平行度公差要求：＿＿＿＿＿＿＿＿mm。

2. 工量具选用

在表 6-1 中列出本次任务所使用的检测工量具名称及规格。

表 6-1　检测工量具名称及规格

名称			
规格			

3. 检测计划

写出小组讨论后制定的检测计划或方案。

三、项目实施

1. 按照制定的检测计划或方案,完成各自的任务准备工作。

2. 按照计划流程,完成检测并写出测量步骤。

3. 记录并处理测量数据,填入表 6-2。

表 6-2　平行度误差测量数据及处理
mm

测量线序号	百分表最小示值	百分表最大示值	该测线的平行度误差	平面导轨的平行度误差
1				
2				
3				

4. 处理数据,分析测量结果,判断零件合格性。

四、项目讨论、评估和总结

根据检测完成过程情况,进行讨论、小组评估和总结。

五、项目思考

本任务卧式车床导轨 V 型导轨棱边与平面导轨的平行度,为什么选用 V 型导轨棱边作为基准要素,而不是反过来以平面导轨为基准?

任务七　用百分表测量阶梯轴径向圆跳动误差

班级：＿＿＿＿＿＿＿　姓名：＿＿＿＿＿＿　学号：＿＿＿＿＿＿　日期：＿＿＿＿＿＿＿＿＿＿＿

小组序号：＿＿＿＿　成员：＿＿＿＿＿＿＿＿＿＿＿＿＿＿＿＿＿＿＿＿＿＿＿＿＿＿＿＿＿＿

项目评价表

考核项目	权重	评分			综合评分
		自评得分　　%	互评得分　　%	教师评分　　%	
项目计划决策	%				
项目实施过程	%				
项目评估讨论	%				
职业素养	%				

一、项目任务

如图 7-1 所示为某企业的阶梯轴图样，其中间段 $\phi 45$ mm 圆柱提出了径向圆跳动公差要求。本任务的要求是：

（1）识读图中径向圆跳动公差要求；

（2）用偏摆仪测量阶梯轴中间段 $\phi 45$ mm 圆柱的径向圆跳动误差值，并判断该段径向圆跳动误差是否合格。

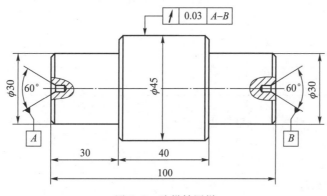

图 7-1　阶梯轴图样

二、项目计划决策

1. 检测内容

被测零件名称：＿＿＿＿＿＿＿＿＿＿，径向圆跳动公差要求：＿＿＿＿＿＿＿＿＿＿mm。

2. 工量具选用

在表 7-1 中列出本次任务所使用的检测工量具名称及规格。

表 7-1 检测工量具名称及规格

名称				
规格				

3. 检测计划

写出小组讨论后制定的检测计划或方案。

三、项目实施

1. 按照制定的检测计划或方案,完成各自的任务准备工作。

2. 按照计划流程,完成检测并写出测量步骤。

3. 记录并处理测量数据,填入表 7-2。

表 7-2 径向圆跳动误差测量数据及处理

截面序号	百分表最大示值	百分表最小示值	该截面径向圆跳动误差	被测面径向圆跳动误差
1				
2				
3				

4. 处理数据,分析测量结果,判断零件合格性。

四、项目讨论、评估和总结

根据检测完成过程情况,进行讨论、小组评估和总结。

五、项目思考

1. 评定跳动误差时需要依据最小区域的宽度或直径进行判断吗?检测时需要遵循哪些原则?

2. 径向圆跳动公差带与圆度公差带有何异同?评定时有何异同?

任务八　用杠杆千分表测量销轴轴向圆跳动误差

班级：＿＿＿＿＿＿　　姓名：＿＿＿＿＿＿　　学号：＿＿＿＿＿　　日期：＿＿＿＿＿＿＿

小组序号：＿＿＿＿　成员：＿＿＿＿＿＿＿＿＿＿＿＿＿＿＿＿＿＿＿＿＿＿＿＿

项目评价表

考核项目	权重	评分			
		自评得分　　　%	互评得分　　　%	教师评分　　　%	综合评分
项目计划决策	%				
项目实施过程	%				
项目评估讨论	%				
职 业 素 养	%				

一、项目任务

如图 8-1 所示为某企业的销轴产品图样,其台阶面提出了轴向圆跳动公差要求。本任务的要求是：

1. 识读图中轴向圆跳动公差要求；

2. 用杠杆千分表测量 $\phi50$ mm 圆柱左端面的轴向圆跳动误差值,并判断该轴向圆跳动误差是否合格。

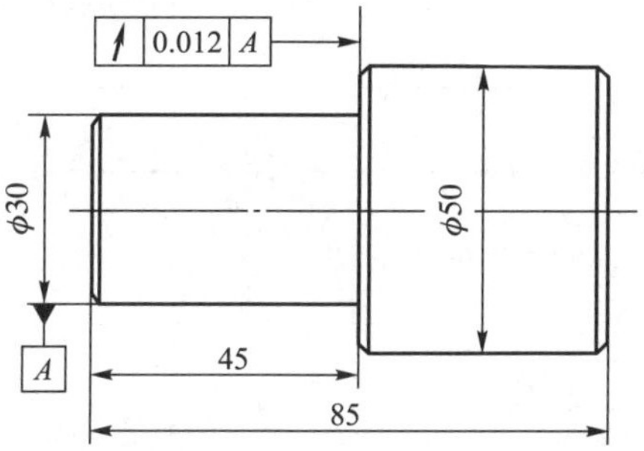

图 8-1　销轴产品图样

二、项目计划决策

1. 检测内容

被测零件名称：＿＿＿＿＿＿＿＿,直线度公差要求：＿＿＿＿＿＿＿＿mm。

2. 工量具选用

在表 8-1 中列出本次任务所使用的检测工量具名称及规格。

表 8-1　检测工量具名称及规格

名称			
规格			

3. 检测计划

写出小组讨论后制定的检测计划或方案。

三、项目实施

1. 按照制定的检测计划或方案,完成各自的任务准备工作。

2. 按照计划流程,完成检测并写出测量步骤。

3. 记录并处理测量数据,填入表 8-2。

表 8-2　轴向圆跳动误差测量数据及处理

截面序号	杠杆千分表最大示值	杠杆千分表最小示值	该截面轴向圆跳动误差	被测面轴向圆跳动误差
1				
2				
3				

4. 处理数据,分析测量结果,判断零件合格性。

四、项目讨论、评估和总结

根据检测完成过程情况,进行讨论、小组评估和总结。

五、项目思考

以轴线为基准的轴向全跳动和端面垂直度,两者公差带有何异同?

任务九　用万能角度尺测量锥塞圆锥角角度

班级：＿＿＿＿＿＿＿　姓名：＿＿＿＿＿＿　学号：＿＿＿＿＿＿　日期：＿＿＿＿＿＿＿＿＿＿＿

小组序号：＿＿＿＿　成员：＿＿＿＿＿＿＿＿＿＿＿＿＿＿＿＿＿＿＿＿＿＿＿＿＿＿＿

项目评价表

考核项目	权重	评分			综合评分
		自评得分　　　%	互评得分　　　%	教师评分　　　%	
项目计划决策	%				
项目实施过程	%				
项目评估讨论	%				
职 业 素 养	%				

一、项目任务

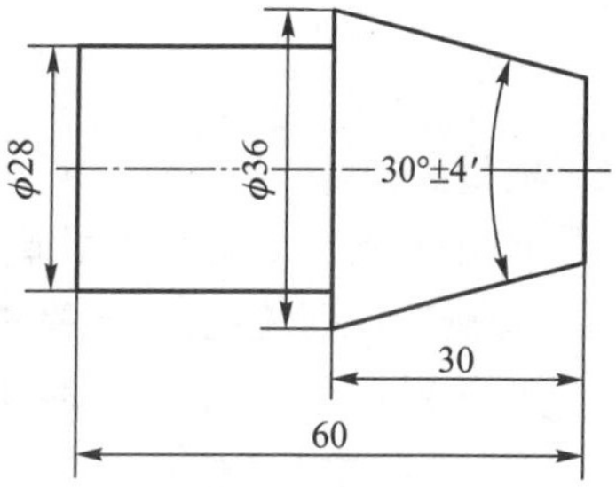

如图 9-1 所示为锥塞图样,圆锥面的圆锥角及其公差为 30°±4′、圆锥的大端直径为 φ36 mm 和两底面间的轴向距离为 30 mm。

1. 识读锥塞的圆锥角公差;

2. 用万能角度尺测量锥塞的锥角,并判断是否合格。

二、项目计划决策

1. 检测任务

本任务要求用＿＿＿＿＿＿＿＿＿测量锥塞的锥角＿＿＿＿＿＿,并判断是否合格。

图 9-1　锥塞图样

2. 验收极限及工量具选用

在表 9-1 中列出本次实验的检测内容及工量具规格。

表 9-1　检测内容及工量具规格

公称尺寸	极限偏差		极限尺寸		验收极限(安全裕度 A = 　)	
	上极限偏差	下极限偏差	上极限尺寸	下极限尺寸	上验收极限	下验收极限
计量 器具	名称		分度值	示值范围	测量范围	

测量示意图	

3. 检测计划

写出小组讨论后制定的检测计划或方案。

三、项目实施

1. 按照制定的检测计划或方案,完成各自的任务准备工作。

2. 按照计划流程,完成检测并写出测量步骤。

3. 记录测量数据,填入表 9-2 中并处理,判断零件合格性。

表 9-2　测量数据记录及相关数据分析

测量次数	1	2	3	4	5	6	7	8
所测 β 角								
换算成 $\alpha/2$								
圆锥角 α								
圆锥角误差								
判断零件合格性								

四、项目讨论、评估和总结

根据检测完成过程情况,进行讨论、小组评估和总结。

五、项目思考

1. 如何对万能角度尺调零?

2. 测量 50°~320°时如何使用万能角度尺?

任务十　普通螺纹的测量

班级：_____　姓名：_____　学号：_____　日期：_____

小组序号：_____　成员：_____

项目评价表

考核项目	权重	评分			
		自评得分　　%	互评得分　　%	教师评分　　%	综合评分
项目计划决策	%				
项目实施过程	%				
项目评估讨论	%				
职 业 素 养	%				

一、项目任务

如图 10-1 所示为某企业生产的螺纹轴套图样,本任务的要求是:

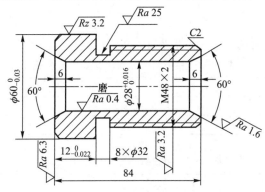

图 10-1　螺纹轴套图样

1. 用螺纹千分尺检测螺纹轴套的螺纹中径,判断螺纹中径是否合格;

2. 用三针法检测螺纹轴套的螺纹中径,判断螺纹中径是否合格。

3. 用螺纹环规检测螺纹轴套的螺纹,判断螺纹是否合格。

二、项目计划决策

1. 检测内容

（1）被测零件名称：_____,被测外螺纹尺寸代号：_____,基本中径_____ mm,螺距_____mm。

（2）螺纹中径极限尺寸_____mm 和_____mm。

2. 工量具选用

在表 10-1 中列出本次任务所使用的检测工量具的规格参数。

表 10-1 检测工量具的规格参数

名称	分度值/mm	示值范围/mm	测量范围/mm
螺纹千分尺			
螺纹千分尺测头			
杠杆千分尺			
量块	精度等级_____级,组合尺寸_____mm		
采用三针直径 d_0	_____mm	最佳三针直径 $d_{0佳}$	_____mm
螺纹环规	_____级		

3.检测计划

写出小组讨论后制定的检测计划或方案。

三、项目实施

1.按照制定的检测计划或方案,完成各自的任务准备工作。

2.按照计划流程,完成检测并写出测量步骤。

3.记录并处理测量数据,填入表 10-2、表 10-3。

表 10-2 用螺纹千分尺检测数据记录表

检测位置	1-1		2-2	
	I - I	II - II	I - I	II - II
测得的 d_2 值/mm				

表 10-3 用三针法检测数据记录表

检测位置	1-1		2-2	
	I - I	II - II	I - I	II - II
测得的 M 值/mm				
$d_{2实际}$ 值/mm				

螺纹环规通规通过螺纹的情况_____(全通、顺通、紧通),螺纹环规止规通过螺纹的情况_____。

4.处理数据,分析测量结果,判断零件合格性。

四、项目讨论、评估和总结

根据检测完成过程情况,进行讨论、小组评估和总结。

五、项目思考

三针法测得的螺纹中径是作用中径还是单一中径?

任务十一　用齿厚游标卡尺测量直齿圆柱齿轮齿厚

班级：＿＿＿＿＿＿　姓名：＿＿＿＿＿　学号：＿＿＿＿　日期：＿＿＿＿＿＿＿

小组序号：＿＿＿　成员：＿＿＿＿＿＿＿＿＿＿＿＿＿＿＿＿＿＿＿＿＿＿＿＿

项目评价表

考核项目	权重	评分				
		自评得分　%	互评得分　%	教师评分　%	综合评分	
项目计划决策	%					
项目实施过程	%					
项目评估讨论	%					
职 业 素 养	%					

一、项目任务

某企业生产的直齿圆柱齿轮零件如图 11-1 所示,本任务的要求是:测量直齿圆柱齿轮的齿厚,判断直齿圆柱齿轮齿厚是否合格。

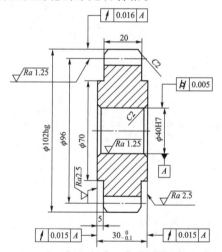

模数	m_n	3
齿数	z	32
法向压力角	α_n	20°
齿顶高系数	h_a^*	1
配对齿轮	图号	
齿厚及其偏差	$S\begin{smallmatrix}E_{sns}\\E_{sni}\end{smallmatrix}$	$4.17^{-0.080}_{-0.166}$
精度		$8(F_p)$　$7(f_pF_\alpha F_\beta)$ GB/T 10095.1—2022 GB/T 10095.2—2023 R44(F_{id})R41(f_{id})

检验项目	代号	允许值/μm
单个齿距偏差	f_p	19
齿距累积总偏差	F_p	55
螺旋线总偏差	F_β	18
齿廓总偏差	F_α	17
径向综合总偏差	F_{id}	72
一齿径向综合偏差	f_{id}	20

图 11-1　直齿圆柱齿轮零件

二、项目计划决策

1. 检测内容

（1）被测零件名称：＿＿＿＿＿＿＿＿。

（2）齿轮精度等级：＿＿,齿数 z＿＿,法向压力角 α_n＿＿°,模数 m_n＿＿,变位系数 x＿＿。

（3）与该齿轮相啮合的齿轮齿数＿＿＿＿＿＿。中心距 a＿＿＿＿＿＿mm。

2. 工量具选用

在表 11-1 中列出本次任务所使用的检测工量具名称及参数。

表 11-1　检测工量具名称及参数

名称	分度值/mm	示值范围/mm	测量范围/mm
齿厚游标卡尺			

3. 检测计划

写出小组讨论后制定的检测计划或方案。

三、项目实施

1. 按照制定的检测计划或方案,完成各自的任务准备工作。

2. 按照计划流程,完成检测并写出测量步骤。

3. 记录并处理测量数据,填入表 11-2。

表 11-2　用齿厚游标卡尺检测数据记录表

查表和计算	齿轮径向跳动公差 F_r/mm		最小侧隙 $j_{bnmin} = \dfrac{2}{3}(0.06+0.0005a+0.03m_n)$ =＿＿＿＿＿ mm			
	切齿径向进刀公差 b_r/mm					
	齿厚公差 $T_{sn} = \sqrt{F_r^2+b_r^2} \times 2\tan\alpha_n =$ ＿＿＿＿＿＿ mm					
	齿轮齿厚上偏差 $E_{sns} = -\dfrac{j_{bnmin}}{2\cos\alpha} =$ ＿＿＿＿＿＿ mm					
	齿轮齿厚下偏差 $E_{sni} = E_{sns} - T_{sn} =$ ＿＿＿＿＿＿ mm					
测量记录	沿齿轮一转五次实际齿厚值 $s_{实际}$	1	2	3	4	5
	齿厚偏差 $\Delta E_s = s_{实际} - \bar{s}$					

4. 处理数据,分析测量结果,判断零件合格性。

四、项目讨论、评估和总结

根据检测完成过程情况,进行讨论、小组评估和总结。

五、项目思考

1. 测量齿厚的目的是什么?

2. 齿厚的测量精度与哪些因素有关?

任务十二　用公法线千分尺测量直齿圆柱齿轮公法线长度

班级：_____　姓名：_____　学号：_____　日期：_____

小组序号：_____　成员：_____

项目评价表

考核项目	权重	评分			
		自评得分　　　%	互评得分　　　%	教师评分　　　%	综合评分
项目计划决策	%				
项目实施过程	%				
项目评估讨论	%				
职 业 素 养	%				

一、项目任务

　　某企业生产的直齿圆柱齿轮如图 11-1 所示,本任务的要求是:测量直齿圆柱齿轮的公法线长度,判断直齿圆柱齿轮公法线长度是否合格。

二、项目计划决策

　　1. 检测内容

　　(1) 被测零件名称：_____。

　　(2) 齿轮精度等级：____,齿数 z____,法向压力角 α_n____°,模数 m_n____,变位系数 x____。

　　(3) 与该齿轮相啮合的齿轮齿数_____。中心距 a_____mm。

　　2. 工量具选用

　　在表 12-1 中列出本次任务所使用的检测工量具名称及参数。

表 12-1　检测工量具名称及参数

名称	分度值/mm	示值范围/mm	测量范围/mm
公法线千分尺			
量块	精度等级_____级,组合尺寸_____mm		

　　3. 检测计划

　　写出小组讨论后制定的检测计划或方案。

三、项目实施

　　1. 按照制定的检测计划或方案,完成各自的任务准备工作。

　　2. 按照计划流程,完成检测并写出测量步骤。

3. 记录并处理测量数据，填入表 12-2。

表 12-2   用公法线千分尺检测数据记录表

查表和计算	齿轮公法线长度公称值 W/mm		最小侧隙
	跨齿数 k		$j_{bnmin} = \dfrac{2}{3}(0.06 + 0.0005a + 0.03m_n)$
	齿轮径向跳动公差 F_r/mm		
	切齿径向进刀公差 b_r/mm		$= \underline{\hspace{3cm}}$ mm
	齿厚公差 $T_{sn} = \sqrt{F_r^2 + b_r^2} \times 2\tan \alpha_n = \underline{\hspace{3cm}}$ mm		
	齿轮齿厚上偏差 $E_{sns} = -\dfrac{j_{bnmin}}{2\cos \alpha} = \underline{\hspace{3cm}}$ mm		
	齿轮齿厚下偏差 $E_{sni} = E_{sns} - T_{sn} = \underline{\hspace{3cm}}$ mm		
	公法线长度上偏差 $E_{bns} = E_{sns}\cos \alpha_n = \underline{\hspace{3cm}}$ mm		
	公法线长度下偏差 $E_{bni} = E_{sni}\cos \alpha_n = \underline{\hspace{3cm}}$ mm		

测量记录	沿齿轮一转五次实际公法线长度值 $W_{实际}$	1	2	3	4	5
	公法线长度变动 ΔF_w	$\Delta F_w = W_{实际max} - W_{实际min} = \underline{\hspace{3cm}}$ mm				
	公法线平均长度偏差 ΔE_{bn}	$\Delta E_{bn} = \dfrac{1}{5}\sum W_{实际} - W_k = \underline{\hspace{3cm}}$ mm				

4. 处理数据，分析测量结果，判断零件合格性。

四、项目讨论、评估和总结

根据检测完成过程情况，进行讨论、小组评估和总结。

五、项目思考

1. 测量 ΔF_w 和 ΔE_{bn} 的目的有什么不同？

2. 测量公法线长度偏差，为何取平均值？

3. 若一个齿轮经测量后确定其公法线平均长度偏差合格，而公法线长度变动不合格，试分析其原因。

任务十三　用便携式齿距仪测量直齿圆柱齿轮齿距

班级：＿＿＿＿＿＿　姓名：＿＿＿＿＿　学号：＿＿＿＿＿　日期：＿＿＿＿＿＿＿＿

小组序号：＿＿＿　成员：＿＿＿＿＿＿＿＿＿＿＿＿＿＿＿＿＿＿＿＿＿＿＿＿＿＿

项目评价表

考核项目	权重	评分			
		自评得分　　%	互评得分　　%	教师评分　　%	综合评分
项目计划决策	%				
项目实施过程	%				
项目评估讨论	%				
职 业 素 养	%				

一、项目任务

某企业生产的直齿圆柱齿轮如图 11-1 所示,本任务的要求是:测量直齿圆柱齿轮的齿距,判断直齿圆柱齿轮齿距是否合格。

二、项目计划决策

1. 检测内容

（1）被测零件名称：＿＿＿＿＿＿＿。

（2）齿轮精度等级：＿＿＿,齿数 z＿＿＿,法向压力角 α_n＿＿＿°,模数 m_n＿＿＿,变位系数 x＿＿＿。

2. 工量具选用

在表 13-1 中列出本次任务所使用的检测工量具名称及参数。

表 13-1　检测工量具名称及参数

名称	分度值/mm	示值范围/mm	测量范围/mm

3. 检测计划

写出小组讨论后制定的检测计划或方案。

三、项目实施

1. 按照制定的检测计划或方案,完成各自的任务准备工作。

2. 按照计划流程,完成检测并写出测量步骤。

3. 记录并处理测量数据,填入表 13-2。

表 13-2　用便携式齿距仪检测数据记录表

齿序	表上读数 f_{pi}	F_{pi}	齿序	表上读数 f_{pi}	F_{pi}	齿序	表上读数 f_{pi}	F_{pi}
1			13			25		
2			14			26		
3			15			27		
4			16			28		
5			17			29		
6			18			30		
7			19			31		
8			20			32		
9			21			33		
10			22			34		
11			23			35		
12			24			36		

$f_p = \max |f_{pi}| =$ _____ μm

$F_{pi} = \sum\limits_{i=1}^{n} f_{pi}$,$F_p = F_{pi,max} - F_{pi,min} =$ _____ μm

计算单个齿距公差 $f_{pT} = (0.001d + 0.4m_n + 5)\sqrt{2}^{A-5} =$ _____ μm

计算齿距累积总公差 $F_{pT} = (0.002d + 0.55\sqrt{d} + 0.7m_n + 12)\sqrt{2}^{A-5} =$ _____ μm

4. 处理数据,分析测量结果,判断零件合格性。

四、项目讨论、评估和总结

根据检测完成过程情况,进行讨论、小组评估和总结。

五、项目思考

齿距的测量精度与哪些因素有关?

任务十四　用齿轮跳动检查仪测量直齿圆柱齿轮径向跳动

班级：_____　姓名：_____　学号：_____　日期：_____

小组序号：_____　成员：_____

项目评价表

考核项目	权重	评分			
		自评得分　　%	互评得分　　%	教师评分　　%	综合评分
项目计划决策	____%				
项目实施过程	____%				
项目评估讨论	____%				
职 业 素 养	____%				

一、项目任务

某企业生产的直齿圆柱齿轮如图 11-1 所示，本任务的要求是：测量直齿圆柱齿轮的径向跳动，判定其合格性。

二、项目计划决策

1. 检测内容

（1）被测零件名称：_____。

（2）齿轮精度等级：____，齿数 z____，齿形角 α_n____°，模数 m_n____，变位系数 x____。

2. 工量具选用

在表 14-1 中列出本次任务所使用的检测工量具名称及参数。

表 14-1　检测工量具名称及参数

名称	分度值/mm	示值范围/mm	测量范围/mm
齿轮跳动检查仪			
跳动检查仪指示表			
心轴	直径_____mm		
测头	直径_____mm		

3. 检测计划

写出小组讨论后制定的检测计划或方案。

三、项目实施

1. 按照制定的检测计划或方案，完成各自的任务准备工作。

2. 按照计划流程，完成检测并写出测量步骤。

3. 记录并处理测量数据,填入表 14-2。

表 14-2　用齿轮跳动检查仪检测数据记录表

齿序	表上读数	齿序	表上读数	齿序	表上读数	齿序	表上读数	齿序	表上读数
1		11		21		31		41	
2		12		22		32		42	
3		13		23		33		43	
4		14		24		34		44	
5		15		25		35		45	
6		16		26		36		46	
7		17		27		37		47	
8		18		28		38		48	
9		19		29		39		49	
10		20		30		40		50	
齿轮径向圆跳动 $\Delta F_r = M_{max} - M_{min} = $ _____ μm									
查表得齿轮径向跳动公差 $F_r = $ _____ μm									

4. 处理数据,分析测量结果,判断零件合格性。

四、项目讨论、评估和总结

根据检测完成过程情况,进行讨论、小组评估和总结。

五、项目思考

1. 为什么测量齿轮径向圆跳动时,要根据齿轮的模数不同,选用不同直径的球形测头?

2. 齿轮径向圆跳动误差产生的原因是什么?它对齿轮转动有什么影响?

[1] 吴拓.公差配合与技术测量[M].北京:机械工业出版社,2021.

[2] 张皓阳.公差配合与技术测量[M].2版.北京:人民邮电出版社,2015.

[3] 徐茂功.公差配合与技术测量[M].北京:机械工业出版社,2015.

[4] 王希波.极限配合与技术测量[M].4版.北京:中国劳动社会保障出版社,2011.

[5] 张继东.机械测量入门与提高[M].北京:机械工业出版社,2011.

[6] 胡照海.零件几何量检测[M].北京:北京理工大学出版社,2011.

[7] 张彩霞,赵正文.图解机械测量入门100例[M].北京:化学工业出版社,2011.

[8] 陈于萍.互换性与技术测量[M].北京:高等教育出版社,2010.

[9] 南秀蓉.公差与测量技术[M].北京:电子工业出版社,2014.

[10] 姚云.公差配合与测量技术[M].2版.北京:机械工业出版社,2015.

[11] 李正峰,黄淑琴.互换性与测量技术[M].2版.北京:科学出版社,2015.

[12] 金波.典型零件测量与计算机绘图[M].北京:科学出版社,2009.

[13] 徐红兵,王亚元,杨建风.几何量公差与检测实验指导书[M].2版.北京:化学工业出版社,2012.

读者意见反馈

为收集对教材的意见建议,进一步完善教材编写并做好服务工作,读者可将对本教材的意见建议通过如下渠道反馈至我社。

咨询电话　400-810-0598

反馈邮箱　gjdzfwb@pub.hep.cn

通信地址　北京市朝阳区惠新东街4号富盛大厦1座

　　　　　高等教育出版社总编辑办公室

邮政编码　100029